山东小麦玉米周年"双少耕"技术

理论与实践

李升东　张卫峰　韩 伟 等 著

中国农业出版社

北 京

图书在版编目（CIP）数据

山东小麦玉米周年"双少耕"技术理论与实践/李
升东等著．—北京：中国农业出版社，2020.10
　ISBN 978-7-109-27411-2

　Ⅰ.①山…　Ⅱ.①李…　Ⅲ.①小麦－栽培技术②玉米
－栽培技术　Ⅳ.①S512.1②S513

中国版本图书馆 CIP 数据核字（2020）第 188319 号

中国农业出版社出版
地址：北京市朝阳区麦子店街 18 号楼
邮编：100125
责任编辑：李　蕊　阎莎莎
版式设计：王　晨　责任校对：赵　硕
印刷：中农印务有限公司
版次：2020 年 10 月第 1 版
印次：2020 年 10 月北京第 1 次印刷
发行：新华书店北京发行所
开本：787mm×1092mm　1/16
印张：16.25
字数：410 千字
定价：59.00 元

著 者 名 单

学术顾问：刘开昌

著　　者：

李升东	张卫峰	韩　伟	李宗新	冯　波
毕香君	朱保侠	王旭清	王宗帅	钟　文
宋华东	王法宏	鞠正春	胡　斌	钱　欣
毛瑞喜	史　嵩	高华鑫	朱　鹏	田大永
储成高	樊庆奇	戴海英	刘　佳	吕　鹏
马煜平	李豪圣	司纪升	赵长星	王　娜
刘义国	李华伟	刘树堂	陈国庆	张志伟
魏秀华	石军萍	张　宾	王　峥	曹　芳
张立宏	王　义	张　平	李朝刚	吴汉花
辛相启	殷复伟	李令伟	汪　岩	王寿辰
于绍山	姜常松	韩雪梅	高英波	张　慧

目　　录

第一章

山东小麦、玉米种植业结构调整的历程

第一节　产量提升，粮经趋向协调发展阶段
（1979—1990 年）

一、背景

1949 年中华人民共和国建立后，国家百业待兴，特别是解决人民群众的吃饭问题，成为党和政府的头等大事。在党中央统一领导下，山东开展了恢复和发展农业生产的工作，粮、棉、油总产量均比 1949 年之前有了大幅提高。到 1965 年，全省粮食总产比 1962 年增长 52.4%，棉花总产增长 4 倍多。后来种植业生产上强调"以粮为纲"，忽视了经济作物和多种经营，且平均主义倾向严重，挫伤了农民发展生产的积极性，种植业生产总体呈现停滞和下降局面，种植业内部结构失衡的问题较为突出，农村经济发展缓慢。

二、主要措施

党的十一届三中全会后，党中央提出要把党的工作重心转移到经济建设上来。山东省认真执行中央关于农村经济体制改革的决定和改革开放的各项方针政策，及时纠正了农村工作中长期束缚生产力发展的僵化模式，按照《中共中央关于加快农业发展的若干问题的决定》要求，全面调整农业产业结构，并把种植业结构调整作为农业产业结构调整工作的重中之重来抓，逐步降低粮食作物在种植业中的比重，鼓励有条件的地方发展棉、油、菜、果等经济作物，不断提高种植业效益。为推动农业结构调整，山东省委、省政府采取了一系列措施：

（1）在政策推动方面。全面推行家庭联产承包责任制。1979 年，山东省委出台了《关于落实农村经济政策若干问题的决定》和《关于落实农村经济政策若干问题的试行规定》，开始在全省推行农业生产责任制。1981 年，鲁西北地区普遍推行了以"大包干"为主要形式的责任制。1983 年，家庭联产承包责任制在全省基本普及。家庭联产承包责任制极大调动了广大农民的生产积极性，全省粮、棉、油、菜、果等主要作物产量均实现突破性增长。

提出了正确处理"三个关系"，调整农村产业结构。一是调整第一、二、三产业的关系，加强第一产业基础地位，积极发展第二、三产业。二是在农业内部，在绝不放松粮食生产的基础上，因地制宜促进农林牧渔全面发展。三是在种植业内部，正确处理粮食作物

与经济作物的关系，在确保粮食稳定增产、保障供给的前提下，大力发展经济作物，使粮食作物与经济作物生产协调发展。

大力发展农村商品经济。1986年，山东省委、省政府出台了《关于进一步搞活农村商品经济若干问题的试行规定》，在完善粮、棉、油合同定购制度、坚持农产品多渠道经营等10个方面提出了具体的政策措施，显著改变了农村长期单一经营农业的状况，推动了种植业的发展。

（2）在科技支撑方面。恢复建立了省市科研机构。1977年，恢复了一大批在"文化大革命"中被撤销、下放的科研机构，同时根据农村农业经济和社会发展的需要，1977—1979年又新建了一批省属农业科研机构，在科技支撑方面为农业特别是种植业的发展奠定了基础。

组织实施了农业科技攻关项目。1978年，山东省科学技术委员会组织编制了《1978—1985年科学技术发展规划》，农业科技攻关项目数量、经费均逐年递增。据统计，改革开放初期（1978—1985年）及"七五"期间（1986—1990年），全省农业攻关立项数量达到1 015项，总经费达到8 330.45万元，极大地增强了全省农业的科技支撑能力和发展后劲，农业科技工作由此进入大发展时期。

大力实施科技兴农战略。1990年，山东省委、省政府提出"科技兴农战略"，下派科技副县长160多名、科技乡镇长1 300多名，支持基层农业发展，并在政策、资金等方面不断向农业倾斜。同年，省政府出台了《关于依靠科技进步，振兴山东农业的决定》，提出全面实施"丰收计划"，并在全省广泛开展了"科技推广年"活动，推广了一大批作物良种和高产栽培技术，有力地促进了种植业的全面发展。

（3）在基础条件建设方面。实施了贫困山区、湖区和海岛、浅海滩涂三大开发。在贫困山区开发方面，重点在沂蒙山区改善农田灌溉条件，治理水土流失，发展果树生产。在湖区开发方面，重点改善"南四湖"湖区农业生产条件。在海岛、浅海滩涂开发方面，大力开发海岛、水域，重点发展水产事业。经过几年的努力，山区、湖区基础生产条件得到了很大改善，部分地区成为全省重要的粮食、水果生产基地。

实施了黄淮海平原农业综合开发。为加快推动农林牧渔业综合发展，1988年山东省委、省政府决定对黄淮海平原地区、黄河三角洲地区进行大规模农业开发。在兴修水利、开荒改土、林业建设、畜牧业建设、淡水养殖等五个方面进行重点开发，全面提高了该地区农业的综合生产能力。

开展了吨粮田建设。1989年，山东选择生产条件较好、科学种田水平较高的54个县（市、区）292个乡镇，开展吨粮田科技开发试验项目。1990年，项目区粮食平均亩①产达到1 024.5kg，实现了吨粮田目标，为全省开展粮食高产田建设积累了经验、提供了模式。

开展了商品基地建设。1985—1990年，在国家扶持下，山东省先后投资5.76亿元，建设了一批不同类型的农牧业商品生产基地。共建设粮食基地县75个、商品粮基地22个、优质棉基地（项目）64个、优质农产品基地19个、农副产品出口基地53个、名特

---

① 亩为非法定计量单位，1亩＝1/15hm²。全书同。

优项目 36 个。同时，在农产品集中产区，建设了包括寿光蔬菜批发市场在内的一批农产品专业市场，有力推动了全省种植业的发展。

三、主要成效

通过加大政策支持、强化科技支撑、加强农业生产基础条件建设等一系列措施，农村生产力得到极大解放，全省种植业快速发展。

（1）全省粮、棉、油、菜、果等主要农产品综合生产能力显著提升，人民群众吃饭穿衣问题得到了基本解决。据统计，1990 年全省粮食、棉花、油料、蔬菜、水果总产量分别达到 3 570 万 t、102.75 万 t、212.1 万 t、1 401.2 万 t 和 246.3 万 t，分别是 1978 年的 1.5 倍、6.7 倍、2.2 倍、2 倍和 1.6 倍。

（2）粮经作物逐步协调发展，种植业结构渐趋合理。在粮食作物稳定增产的基础上，油料、蔬菜、水果等经济作物面积不断扩大。粮食作物在农作物总播种面积中所占比例由 1978 年的 82% 调整到 1990 年的 75% 以下；经济作物所占比例由 1978 年的 18% 调整到 1990 年的 25%，粮经结构渐趋合理。

（3）农业生产基础条件得到较大改善，农业发展基础不断夯实。农田有效灌溉面积大幅增加，1990 年全省农田有效灌溉面积 6 696 万亩，比 1980 年增加了 84 万亩。农业机械化水平得到较大提高，全省农业机械总动力由 1980 年的 1 371.8 万 kW，增加到 1990 年的 3 215.8 万 kW，增加了 1.3 倍；机耕面积由 1980 年的 6 844.7 万亩，增加到 1990 年的 7 787.1 万亩，增 13.8%。化肥施用折纯量由 1980 年的 135.4 万 t，增加到 1990 年的 245.5 万 t，增 81.3%。

（4）种植业优势区域布局初步形成。随着商品经济和规模经营的发展，全省种植业出现集聚发展趋势，逐步形成了鲁东粮油果菜区、鲁中粮油烟菜果区、鲁南粮棉菜区、鲁西粮棉瓜果区和黄河三角洲粮棉区五大区域，为种植业结构进一步优化调整打下良好基础。

四、主要作物发展情况

（一）粮食作物

小麦、玉米是山东省两大主要粮食作物，其他还有稻谷、大豆、甘薯以及杂粮等。1978—1990 年，山东始终把稳定粮食生产、增加粮食供给作为解决温饱问题及脱贫致富的战略任务来抓，实行了家庭联产承包责任制，改革了粮食购销体制，提高了粮食收购价格，极大调动了农民的生产积极性，再加上新育成良种大量用于生产、栽培技术进一步提高、配方施肥工作广泛开展等，科技因素迅速转化为生产力，"农业学大寨"运动中水利和农田基本建设工程陆续发挥作用，化肥生产能力大幅度提高等，全省粮食作物在播种面积逐步减少的情况下，总产连续跨越了 250 亿 kg、300 亿 kg 和 350 亿 kg 三个大的台阶。同时，粮食作物内部结构也发生了很大的变化，小麦、玉米在粮食作物中所占比重大幅增加，稻谷、大豆、甘薯、高粱、谷子、小杂粮等所占比重下降（表 1-1、表 1-2）。

1. 小麦　1978—1990 年，山东省把发展小麦作为粮食"上台阶"的重点，大力推广间作套种，扩大小麦面积，小麦播种面积回升较快，到 1990 年麦田面积达到 6 000 万亩以上，与 1957 年相当。在此阶段，小麦品种更新步伐不断加快，精播、半精播等小麦高产栽培技术得到大面积推广，全省小麦面积、单产、总产"三量齐增"。1990 年全省小麦播种面积 6 220.8 万亩，比 1978 年增加 649.7 万亩，增长率 11.7%；平均亩产 267kg，比 1978 年增加 123kg，增长率 85.4%；总产达到 1 161.4 万 t，比 1978 年增加 357.9 万 t。

2. 玉米 1978—1990 年，各地大力推广麦田套种，玉米播种面积进一步扩大。随着玉米优良品种特别是单交种应用于生产，再加上合理密植、适时套种、高产综合配套技术等关键增产措施的推广普及，山东省玉米单产、总产大幅增加。1990 年全省玉米播种面积 3 607.8 万亩，比 1978 年增加 405.9 万亩，增长率 12.7%；平均亩产 347kg，比 1978 年增加 156kg，增长率 82%；总产达到 1 252.0 万 t，比 1978 年增加 640 万 t，增长了 1.05 倍。

3. 其他粮食作物 山东其他粮食作物主要包括稻谷、大豆、甘薯、高粱、谷子、小杂粮等。1978—1990 年，山东稻谷、大豆、甘薯、谷子、小杂粮等作物，逐步被高产的玉米所取代，播种面积大幅减少。但随着品种更新、投入增加和技术水平的提高，这些粮食作物的单产水平显著提高，其中，稻谷、大豆、谷子、高粱等 1990 年的平均单产均比 1978 年提高了 60% 以上。

表 1-1 1978—1990 年山东省粮食作物播种面积及占比情况

（面积：万亩 占比:%）

年度	总面积	小麦		玉米		稻谷		大豆		甘薯		谷子		高粱	
		面积	占比	面积	占比	面积	占比	面积	占比	面积	占比	面积	占比	面积	占比
1978	13 212.0	5 571.1	42.2	3 201.9	24.2	232.4	1.8	839.3	6.4	2 382.8	18.0	311.6	2.4	455.2	3.4
1979	13 102.5	5 581.8	42.6	3 204.3	24.5	258.2	2.0	951.1	7.3	2 192.2	16.7	320.4	2.4	398.9	3.0
1980	12 712.5	5 502.7	43.3	3 214.1	25.3	258.8	2.0	1 042.6	8.2	1 912.3	15.0	253.7	2.0	351.5	2.8
1981	12 225.0	5 264.9	43.1	3 301.1	27.0	208.4	1.7	1 078.8	8.8	1 724.8	14.1	217.4	1.8	26.6	0.2
1982	11 527.5	5 014.8	43.5	3 250.9	28.2	149.3	1.3	907.6	7.9	1 621.4	14.1	225.3	2.0	219.4	1.9
1983	11 692.5	5 380.5	46.0	3 287.3	28.1	157.5	1.3	768.3	6.6	1 510.7	12.9	271.2	2.3	185.7	1.6
1984	11 749.5	5 704.1	48.5	3 108.3	26.5	162.6	1.4	725.1	6.2	1 390.0	11.8	345.0	2.9	172.4	1.5
1985	11 976.0	5 928.5	49.5	3 131.3	26.1	167.8	1.4	766.8	6.4	1 231.0	10.3	367.4	3.1	223.3	1.9
1986	12 672.0	6 326.9	49.9	3 365.7	26.6	159.8	1.3	931.3	7.3	1 227.6	9.7	313.2	2.5	185.0	1.5
1987	12 322.5	6 006.6	48.7	3 471.8	28.2	151.4	1.2	874.7	7.1	1 225.9	9.9	268.2	2.2	172.1	1.4
1988	12 141.0	6 077.9	50.1	3 485.5	28.7	132.5	1.1	780.9	6.4	1 157.1	9.5	236.8	2.0	134.4	1.1
1989	12 087.0	5 987.2	49.5	3 597.1	29.8	152.8	1.3	731.2	6.0	1 148.6	9.5	220.6	1.8	111.5	0.9
1990	12 228.0	6 220.8	50.9	3 607.8	29.5	186.4	1.5	672.5	5.5	1 114.7	9.1	209.3	1.7	101.5	0.8

数据来源于《山东农村统计年鉴》《山东省志 农业志》。

注：本书第二章、第三章表格中的数据均经过修约处理，保留小数点后一位数字。

表1-2　1978—1990年山东省粮食作物产量及占比情况

（总产：万t　占比：%）

年度	总产	小麦		玉米		稻谷		大豆		甘薯		谷子		高粱	
		总产	占比	总产	占比	总产	占比	总产	占比	总产	占比	总产	占比	总产	占比
1978	2 288.0	803.5	35.1	612.0	26.7	60.0	2.6	57.5	2.5	661.0	28.9	42.0	1.8	35.5	1.6
1979	2 472.0	957.0	38.7	730.0	29.5	65.5	2.6	71.5	2.9	554.5	22.4	42.0	1.7	34.0	1.4
1980	2 384.0	766.0	32.1	826.0	34.6	74.0	3.1	84.0	3.5	555.5	23.3	31.5	1.3	31.5	1.3
1981	2 312.5	870.0	37.6	794.0	34.3	65.0	2.8	83.0	3.6	428.5	18.5	30.0	1.3	26.0	1.1
1982	2 375.0	824.0	34.7	848.0	35.7	50.5	2.1	73.5	3.1	494.5	20.8	40.0	1.7	26.0	1.1
1983	2 700.0	1 200.0	44.4	822.0	30.4	59.5	2.2	65.0	2.4	467.0	17.3	47.0	1.7	22.0	0.8
1984	3 040.0	1 278.5	42.1	993.0	32.7	57.7	1.9	62.6	2.1	527.9	17.4	74.5	2.5	25.6	0.8
1985	3 137.7	1 496.1	47.7	938.0	29.9	62.5	2.0	79.5	2.5	437.3	13.9	70.6	2.3	32.5	1.0
1986	3 250.0	1 562.4	48.1	1 017.0	31.3	63.0	1.9	94.7	2.9	400.3	12.3	62.6	1.9	28.9	0.9
1987	3 393.7	1 474.1	43.4	1 170.0	34.5	57.4	1.7	103.0	3.0	478.4	14.1	57.8	1.7	29.2	0.9
1988	3 225.0	1 440.1	44.7	1 179.0	36.6	48.4	1.5	90.9	2.8	404.0	12.5	48.7	1.5	22.7	0.7
1989	3 250.0	1 580.6	48.6	1 124.0	34.6	64.2	2.0	78.4	2.4	322.0	9.9	42.4	1.3	17.9	0.6
1990	3 570.0	1 661.4	46.5	1 252.0	35.1	82.9	2.3	77.2	2.2	412.1	11.5	45.7	1.3	18.9	0.5

数据来源于《山东农村统计年鉴》《山东省志　农业志》。

（二）经济作物

该阶段山东省主要经济作物面积变化情况见表1-3、表1-4。

1. 棉花　棉花是山东省的主要经济作物。1979—1990年，山东棉花种植面积和产量起伏较大，大致经历了两个时期。1979—1984年高速发展时期：1978年，全省棉花播种面积只有941万亩，总产量为15.4万t，居全国第四位。为推进棉花生产，山东省三次上调棉花收购价，制定了奖售粮食、化肥等政策，大力推广新品种鲁棉1号，棉花种植规模快速扩大。1984年达到高峰时期，全省棉花播种面积2 568.0万亩，总产172.5万t，比1978年增长10.2倍，居全国首位。1985—1990年滑坡徘徊时期：1984年全省大丰收，导致棉花出现了暂时性积压。棉花收购价格连续两年下调，再加上农药、化肥等生产资料价格大幅度上涨，棉农的积极性下降，棉花由积压变为供不应求。1987年由于前两年大减产和大量挖用库存，棉花收购价格开始上调，再加上气候条件有利，棉花总产恢复到124.44万t。1990年棉花播种面积2 113.5万亩，总产102.75万t，比1984年减少69.75万t。

2. 油料作物　花生是山东省主要的油料作物。党的十一届三中全会以后，调整了种植业"以粮为纲"的思路，鼓励有条件的地方大力发展棉、油、菜、果等经济作物。油料价格在农副产品中提价幅度最大，农民生产积极性明显增强，再加上海花1号、地膜覆盖等新品种、新技术的大面积推广，大幅度提高了花生单产。1978—1990年，山东油料作物生产得到较快的恢复和发展。到1990年，全省花生种植面积、亩产、总产分别达到1 067.3万亩、197kg、210.7万t，比1978年分别增加45.5%、125%和53.9%，形成了鲁东和鲁中南两大花生优势产区，其中鲁东花生种植面积达到458.1万亩，占到全省花生种植面积的40%以上。

3. 蔬菜　山东省是"世界三大菜园子"之一。十一届三中全会以后，山东各地积极调整种植业生产结构，把大力发展蔬菜生产作为种植业结构调整的重点和农民增收的主要来源，推动蔬菜生产迅猛发展。蔬菜种植面积不断扩大，品种不断增多，淡旺季供应趋向平衡。1990 年，全省蔬菜播种面积 542.3 万亩，比 1978 年增加 79.8 万亩，增长率 17.2%；平均亩产达到 2 583.98kg，比 1978 年增加 1 040.9kg，增长率 67.5%；总产量 1 401.2 万 t，比 1978 年增加 687.54 万 t，增加了近 1 倍。

4. 水果 山东省水果品种资源丰富，是全国的水果重点产区之一。改革开放后，有条件的地方充分发挥水果生产优势，积极发展优质水果生产基地，全省水果产量持续增加。1990 年，山东水果种植面积达到 961.3 万亩，总产量达到 246.3 万 t，均比 1978 年翻了一番。在水果种植中，苹果、梨、桃和葡萄四类水果种植面积占到全省水果种植总面积的 70%。其中，苹果居绝对优势，占到水果种植总面积的一半以上。

表 1-3　1978—1990 年山东省主要经济作物面积变化情况

年度	经济作物面积（万亩）			
	棉花	油料作物	蔬菜	水果
1979	814.5	907.5	447.3	
1980	1 105.5	996.0	435.1	
1981	1 407.0	1 063.5	413.0	
1982	2 008.5	981.0	426.6	
1983	2 250.0	928.5	424.4	
1984	2 568.0	981.0	417.9	432.2
1985	1 755.0	1 468.5	460.0	
1986	1 515.0	1 320.0	522.5	
1987	1 833.0	1 197.0	528.8	
1988	2 104.5	1 186.5	555.6	1 017.9
1989	1 984.5	1 126.5	586.3	
1990	2 113.5	1 090.5	542.3	961.3

数据来源于《山东农村统计年鉴》。

表 1-4　1978—1990 年山东省粮食和经济作物播种面积及占比情况

（面积：万亩　占比：%）

年度	农作物总面积	粮食作物		经济作物		其他作物	
		面积	占比	面积	占比	面积	占比
1978	16 108.5	13 212.0	82.0	2 210.0	13.7	686.5	4.3
1979	15 997.5	13 102.5	81.9	2 169.3	13.6	725.7	4.5
1980	15 858.0	12 712.5	80.2	2 536.6	16.0	609.0	3.8
1981	15 631.5	12 225.0	78.2	2 883.5	18.4	523.0	3.3
1982	15 469.5	11 527.5	74.5	3 416.1	22.1	525.9	3.4
1983	15 741.0	11 692.5	74.3	3 602.9	22.9	445.6	2.8
1984	16 158.0	11 749.5	72.7	3 966.9	24.6	441.6	2.7
1985	16 291.5	11 976.0	73.5	3 683.5	22.6	632.0	3.9
1986	16 564.5	12 672.0	76.5	3 357.5	20.3	535.0	3.2
1987	16 332.0	12 322.5	75.5	3 558.8	21.8	450.7	2.8
1988	16 437.0	12 141.0	73.9	3 846.6	23.4	449.4	2.7

（续）

年度	农作物总面积	粮食作物		经济作物		其他作物	
		面积	占比	面积	占比	面积	占比
1989	16 198.5	12 087.0	74.6	3 697.3	22.8	414.2	2.6
1990	16 324.5	12 228.0	74.9	3 746.3	22.9	350.2	2.1

数据来源于《山东农村统计年鉴》。经济作物主要为棉花、油料作物、蔬菜等，不包括果品。

（三）出台的政策文件

①《关于落实农村经济政策若干问题的决定》。

②《中共山东省委、省政府关于进一步搞活农村商品经济若干问题的试行规定》。

③《关于进一步搞活农村商品经济若干问题的试行规定》。

（四）先进典型

1. 东明县：率先实行家庭联产承包责任制　1979 年，东明县率先在全省实行包产到户，到 1980 年 7 月，全县实行包产到户的生产队共 3 989 个，占生产队总数的 93.9%。包产到户极大提高了广大农民的生产积极性，1980 年东明全县粮食增产 18%，粮食购销相抵，净向国家交售 4 875t，另外议购、换购大豆 1.49 万 t，从而结束了连续 21 年吃统销粮的历史。此外，还交售棉花 525t、花生 1 000t。东明县的经验引起了山东省委、省政府的重视，1980 年初派调查组赴东明县，写了《关于东明县包产到户的调查报告》和 8个典型材料，省政府在《工作动态》上全文刊载。随着中共中央和山东省委对生产责任制政策的不断放宽，山东省各地相继开展了家庭联产承包责任制，到 1983 年年底，基本上实行了以家庭承包经营为基础、统分结合的双层经营体制。以家庭承包经营为基础、统分结合的双层经营体制的确立，使农村生产力与生产关系不适应的矛盾得到了有效解决，农村生产力得到了空前的解放，广大农民有了充分的经营自主权，极大地调动了广大农民的生产积极性，农业和农村经济迅速恢复、快速发展。

2. 诸城市：推行贸工农一体化，促进农村商品经济发展　改革开放后，诸城市根据中央关于改革开放的方针，从实际出发，确定了全市农村两步改革的主攻方向，即组织各行各业并先从畜牧业入手，对贸工农一体化、产供销一条龙的路子进行了积极探索。首先支持本市外贸公司在肉鸡生产上推行一体化经营，随后积极移植、推广肉鸡一体化生产经验，依托经济部门，进行了生猪、肉牛、水貂、家兔、辣椒、芦笋、鹅、鸭、黄烟、果品、蔬菜等一条龙生产体系建设，并引导和鼓励乡镇、村户因地制宜地发展一体化经营，在全市初步形成了多层次、多形式、多渠道、多成分的一体化生产格局，形成了以国际国内两个市场为导向，以农副产品加工经营企业为龙头，以千家万户的家庭经营为基础，通过社会化服务和利益吸引，使农、工、商、贸结成风险共担、利益共享、互惠互利的经济利益共同体。经过几年的发展，至 20 世纪 80 年代末，全市从事农副产品加工的大小龙头企业达到 858 家，建起了商品粮、生猪、肉牛、肉鸡、芦笋、棉花、果品、花生、烤烟、蔬菜等各类农副产品生产基地 500 余处。拥有固定资产 3.44 亿元，从业人员近 10 万人，与之建立直接联系的农户约占全市总农户的70%。同时还带起了 1 600 多家个体、联合体加工企业。

第二节 产量与质量协同提升阶段
(1991—2005 年)

一、背景

山东省种植业经过 1978—1990 年的优化调整，粮、棉、油、菜、果等主要农产品的产量大幅增加，全省彻底告别了农产品全面短缺的时代，对解决人民群众温饱问题起到了根本性作用。但农业的发展也出现了比较效益越来越低、农民收入增长速度缓慢的新情况、新问题，如果继续沿着传统的消费型农业的路子走下去，增收不增效的矛盾将越来越突出，农业自身扩大再生产也将难以进行。1992 年，邓小平南方谈话和党的十四大召开，明确了建立社会主义市场经济体制的改革目标。江泽民同志在党的十四大报告中明确提出，要树立大农业观念，保持粮食、棉花稳定增产，继续调整农业内部结构，积极发展农、林、牧、渔各产业，努力发展高产优质高效农业。为贯彻落实党的十四大精神，实现党的十三届八中全会提出的使农民生活由温饱达到小康水平的目标，山东省委、省政府采取了一系列措施，加快推动全省农业逐步由自给半自给传统农业向以市场为导向、以满足社会需求为目的的商品农业转变，由以追求数量型增长为主向增量增效并重转变，由单一封闭型经济向综合开放型经济转变。在种植业发展方面，在稳定和逐步提高粮食生产能力的基础上，进一步扩大经济作物比重，提高复种指数，推动全省种植业逐步向精细化、立体化方向发展。山东种植业由此进入了全面面向市场，提高质量与提升产量、效益并重发展的新阶段。

二、主要措施

1. 在政策推动方面

(1) 大力发展"两高一优"农业。1992 年，山东省政府印发了《山东省发展高产优质高效农业实施意见》，提出着眼大农业、大循环，调整优化农业结构，大幅度提高农产品的产量和质量，提高农产品加工转化率和商品率，提高农业的综合效益。并在不同类型地区建立了 27 个省级高产高效农业示范区，对全省发展"两高一优"农业进行布局。1998 年，山东省政府印发了《山东省农业产业结构调整实施意见的通知》，针对种植业生产结构存在的问题，提出在确保粮食稳定增长的前提下，积极发展优质高效经济作物，稳妥发展饲料作物，明确了种植业结构调整任务目标和区域布局。2000 年，山东省委、省政府印发了《关于加快农业和农村经济战略调整的意见》，全省加大种植业结构调整力度，由过去适应型外延调整向主动型内涵调整转变，种植区域化、规模化程度提高，质量优化成为调整重点。

(2) 在全国率先提出农业产业化。20 世纪 80 年代中后期，诸城、招远、寿光等地率先进行了贸工农、农工商、产加销一体化经营的探索，形成了农业产业化的雏形。山东省委、省政府及时总结推广了这些典型经验，促进了全省农业产业化的发展。1994 年，山东省委把实施农业产业化写进了 1 号文件，全省迅速掀起了发展农业产业化的热潮。1995 年，《农民日报》《人民日报》相继报道山东农业产业化的做法。2002 年，山东省政府出台了《关于深入推进农业产业化经营的决定》，明确要求从财政、税收、信贷、用地、用电等方面对农业产业化进行扶持。各市各部门也纷纷出台了相应的文件和扶持政策，积极鼓励和支持有条件的龙头企业建立自己的原料生产基地，增强龙头企业对农民的辐射带动能力，最大限度地实现小生产与大市场的对接。农业产业化健康快速发展，为全省种植业向区域化、规模化、优质化、商品化等方向发展发挥了重要推动作用。

（3）开展了农村税费改革。2002 年，山东省被国务院确定为全国扩大农村税费改革试点省份之一，经过 3 年多的努力，先后取消"三提五统"、屠宰税、农业特产税和农村"两工"，大幅度降低农业税税率，全省 66 个县免征农业税，为农民减负 90 多亿元。

（4）在全国率先实施了出口农产品绿卡行动计划。山东省委、省政府在《关于进一步促进农民增收若干政策的意见》中明确指出，从 2004 年起用 5 年时间在全省开展出口农产品绿卡行动计划。通过实施"出口农产品绿卡行动计划"，探索出与国际接轨的农产品生产标准体系，使农产品质量安全水平有了明显提高，促进了全省农产品出口的迅速发展，实现了由被动"应对壁垒"向主动"跨越壁垒"的转变。

（5）大力发展优势产业。山东省委、省政府认真贯彻落实中央关于稳定发展粮食生产、促进农民增收的政策措施，明确提出发展粮食生产"三条底线"不能动摇。2003 年，山东省委、省政府出台了《关于加快县域经济发展的意见》，提出以增加农民收入为中心，统筹城乡经济社会发展，大力调整农业产业结构，优化优质农产品区域布局，培育壮大主导产业和区域特色产业，逐步形成具有一定规模、各具特色的优质高效农业产业区（带）。2004 年，制定了《山东优势农产品区域布局规划》，加快推动全省农业由比较优势向竞争优势转化，促进了农村经济结构、农业产业结构、农产品品质结构、农产品市场结构和农民就业结构全面优化升级。

2. 在科技支撑方面　20 世纪 90 年代初，山东提出了"科教兴鲁"和"科教兴农"两大战略，科技兴农事业健康发展，农业科技投入不断增加，设施条件不断改善，科技队伍不断壮大，为全省农业发展提供了坚实的科技支撑。

（1）成立农业专家顾问团。1995 年，山东省政府办公厅下发《关于成立"山东省农业专家顾问团"的通知》，成立了山东省农业专家顾问团。下设小麦、玉米、棉花、花生、林果、蔬菜、水产和畜牧 8 个分团。1995—1999 年，又陆续增设了水利分团、农机分团、农村经济分团和食用菌分团，在山东种植业结构调整方面提供了重要的智慧支撑。

（2）启动农业科技入户示范工程。2005 年，农业部启动农业科技入户示范工程，山东省有 6 个县承担了试点任务。2005 年，山东省委 1 号文件提出"启动实施省级重大农业技术发布与推广行动"，山东省农业厅、科技厅确定了粮食类、油料纤维类、蔬菜类和果树类共 20 项重大农业技术，对 8 种作物 63 个优良品种予以支持。

（3）开展农民教育培训。1990 年开始试验推广"绿色证书工程"，2004 年起实施农村劳动力转移"阳光工程"，2005 年开始实施"跨世纪青年农民科技培训工程"，全省农民培训的无缝隙覆盖网络基本形成。

3. 在基础条件建设方面

（1）大力开展农业综合开发。为切实改善农业生产条件，夯实种植业结构优化调整基础，1991—1993 年，山东省集中在 83 个粮、棉主产县开展中低产田改造和荒地开发，目标是增产粮棉。其间提出了"四高、八化"（"四高"即指导思想起点高、规划设计标准高、工程建设质量高、开发综合效益高；"八化"即项目区实现农田园林化、耕作机械化、作物种植区域化、栽培技术标准化、生产服务系列化、经营规模化、管理规范化和产出优质高效化）项目建设标准，走出了一条具有山东特色的中低产田综合治理之路。1994—1998 年，在继续进行中低产田改造、改善农业生产条件的同时，把农业增产与农民增收结合起来，提出"面抓粮棉油、点抓名特优"，加大对特色农产品生产的扶持力度。1999 年，山东提出"区域化布局、规模化开发、基地化建设、标准化生产、产业化经营、外向化发展"的思路，把农业基础设施建设与产业开发有机结合，建成了一大批优势农产品基地、出口加工原料基地。1991—2005 年，全省农业综合开发累计改造中低产田 2 841 万亩，开垦宜农荒地 336 万亩，共新增改善灌溉面积 2 109 万亩，新增改善除涝面积 1 498.5 万亩。

（2）加快发展农业机械化。20 世纪 80 年代开始，山东农业机械化得到迅速发展，但受条件所限，农民购买农机大多为小型机械并以自用为主。1994 年开始，农业机械化进入以市场为导向、以服务效益为中心的发展阶段。1995 年，山东省组织了小麦收获机械"西进东征"跨区作业活动，激发了农民购买农机开展服务实现致富的热情，全省大中型农机装备总量大幅提升。2000 年以后，山东确立了"立足大农业、发展大农机"的农业机械化发展战略，进一步优化农机装备结构，促进了农业机械化的协调发展。

三、主要成效

1. 主要农产品综合生产能力显著提升　通过改善生产条件、引进和推广农业新品种和新技术、应用先进农机以及改革农作物种植制度等，全省农业综合生产能力显著提高，主要农产品产量均位居全国前列。2005 年，全省粮食总产量 3 917.4 万 t，比 1990 年增加 347.4 万 t，增 9.7%；棉花总产量 84.6 万 t，比 1990 年减少 18.1 万 t，减 17.6%；油料作物总产量 363.9 万 t，比 1990 年增加 151.8 万 t，增 71.6%；蔬菜总产量 8 607 万 t，比 1990 年增加 7 205 万 t，增长了 5 倍多；水果总产量 1 201.5 万 t，比 1990 年增加 955.2 万 t，增长了近 4 倍。

2. 高效经济作物得到突破性发展　在一系列政策措施的激励下，蔬菜、水果等高效经济作物快速发展，粮食作物在农作物中所占比重进一步下降。2005 年，粮食作物播种面积在全省农作物总播种面积中所占比例为 62.5%，比 1991 年下降了 11 个百分点；经济作物播种面积所占比例相应增加了 11 个百分点。2005 年，全省蔬菜播种面积达到 2 772 万亩，比 1991 年增长了近 5 倍；水果种植面积达到 1 152 万亩，比 1991 年增加了 230 多万亩，增 25.2%。

3. 农产品质量安全水平不断提高　围绕改善生态环境，切实提高农产品质量安全水平，1993 年山东开展了生态农业试点县建设，到 2004 年全省农业生态示范县达到 41 个。1999 年，山东开始开展无公害农产品基地建设，到 2005 年全省共有 18 个县被批准为全国无公害农产品生产（出口）示范基地创建县；建成无公害农产品示范基地 844 个，基地面积达到 63 万亩，无公害农产品总产量达到 3 932 万 t；建成绿色食品基地 194 个，基地面积达到 450 万亩，绿色食品总产量达到 4 000 万 t。同时，在全省大力推动开展农产品"三品一标"认证工作，到 2005 年全省经农业部批准许可使用认证标志的生产企业达到 935 家，认证无公害农产品 840 个、绿色食品 526 个、有机食品 88 个。

4. 优势农产品区域布局基本形成 1991—2005 年是山东种植业由传统农业向市场农业转型的重大转折时期。通过有效配置农业生产要素，科学实施农业区域化种植布局，把优质专用小麦、专用玉米、棉花、花生、苹果、蔬菜等 11 类农产品作为全省优势产品，重点培育扶持，初步形成了优质粮棉产区、优质花生产区、优质蔬菜产区、优质苹果产区，有效地提高了山东农产品在国内外市场的竞争能力，增加了农民收入。

5. 农业机械化水平大幅提高 2005 年，全省农机总动力达到 9 199.3 万 kW，比1991 年增加 5 894.6 万 kW，增长近 3 倍。其中，大中型拖拉机由 1991 年的 10.8 万台，发展到 2005 年的 22.79 万台；联合收获机械由 1991 年的 997 台，发展到 2005 年的 8.2万台。

四、主要作物发展情况

1. 粮食作物 1991—2005 年，山东省粮食生产出现较大起伏。1990—1996 年，全省粮食播种面积基本稳定在 1.2 亿亩以上，1996 年全省粮食总产达到 4 332.7 万 t，改变了粮食供求紧张的局面，并出现了阶段性、结构性过剩，粮食价格低迷。随着经济作物面积的不断增加，粮食播种面积、总产总体呈现下滑趋势。到 2002 年，山东粮食总产量下降到 3 292.7 万 t，为 1991—2005 年总产量最低年份。针对粮食面积不断下滑、库存减少的不利局面，从 2004 年开始，中共中央和山东省委连续印发 1 号文件，及时出台了包括减免农业税、实行粮食直补、在粮食主产区实行粮食补贴和大型农机具购置补贴制度等一系列扶持粮食生产发展的政策措施，极大调动了地方政府重农抓粮、农民务农种粮的积极性，有效遏止了种粮面积不断下滑的势头。自 2005 年开始，粮食播种面积恢复性增长（表 1-5、表 1-6）。

（1）小麦。1991—1997 年，山东小麦连年丰收，1997 年小麦亩产达到 370kg，总产量达到 2 242.5 万 t，均创新纪录，成为全国小麦单产最高省份。1998—2003 年，为增加农民收入，各地在保障小麦有效供给的基础上，逐步调减小麦种植面积，扩大蔬菜等经济作物种植面积，小麦播种面积开始持续减少。到 2003 年，山东省小麦播种面积下降到1991 年以来的最低值。2004 年开始，在国家一系列鼓励发展粮食生产的强农惠农政策扶持下，山东小麦播种面积实现恢复性增长。

（2）玉米。1991—2005 年，玉米播种面积占全省粮食作物的 30%～40%，总产量占35%～45%，所占比重呈增高趋势。2005 年，全省玉米播种面积 4 097.2 万亩、亩产423.53kg、总产量 1 735.4 万 t，分别比 1990 年增加 13.56%、22.05% 和 38.6%。玉米播种面积占全省粮食作物的 40.7%，比 1990 年提高了 11.2 个百分点。

（3）其他。1991—2005 年，山东稻谷、大豆、甘薯、谷子、高粱等粮食作物面积进一步下降，其中高粱仅在个别地区零星种植；2005 年全省大豆播种面积和总产分别比 1990 年减少 46.77% 和 15.66%，甘薯分别比 1990 年减少 62.06% 和 51.69%，谷子分别比 1990 年减少 79.43% 和 76.81%。稻谷由于多个优质、高产新品种（系）培育和迅速推广，在播种面积不断减少的情况下，亩产和总产分别比 1990 年增加了19.8% 和 15.56%。

表 1-5　1991—2005 年山东省粮食作物播种面积及占比情况

（面积：万亩　占比：%）

年度	总面积	小麦		玉米		稻谷		大豆		甘薯		谷子	
		面积	占比	面积	占比	面积	占比	面积	占比	面积	占比	面积	占比
1991	12 132.0	6 296.2	51.9	3 803.9	31.4	221.5	1.8	604.4	5.0	1 038.0	8.6	183.5	1.5
1992	11 878.5	6 194.6	52.1	3 518.8	29.6	177.6	1.5	620.7	5.2	1 004.6	8.5	164.1	1.4
1993	12 319.5	6 234.0	50.6	3 659.7	29.7	163.1	1.3	900.3	7.3	988.0	8.0	171.0	1.4
1994	12 021.0	6 073.4	50.5	3 681.9	30.6	170.8	1.4	857.3	7.1	916.6	7.6	149.3	1.2
1995	12 198.0	6 016.3	49.3	4 042.3	33.1	181.7	1.5	771.8	6.3	893.6	7.3	141.3	1.2
1996	12 355.5	6 047.5	48.9	4 240.0	34.3	227.3	5.6	694.7	5.6	879.6	7.1	127.1	1.0
1997	12 124.5	6 056.4	50.0	3 940.2	32.5	247.1	2.0	793.8	6.5	822.6	6.8	120.2	1.0
1998	12 199.5	5 972.9	49.0	4 172.2	34.2	236.4	1.9	796.4	6.5	782.3	6.4	111.3	0.9
1999	12 148.5	6 010.1	49.5	4 152.3	34.2	293.7	2.4	738.3	6.1	748.2	6.2	98.4	0.8
2000	11 658.0	5 940.1	51.0	3 923.6	33.7	265.2	2.3	687.3	5.9	662.7	5.7	81.9	0.7
2001	10 730.3	5 318.6	49.6	3 757.8	35.0	260.3	2.4	593.1	5.5	646.9	6.0	72.0	0.7
2002	10 368.9	5 096.2	49.1	3 795.1	36.6	233.2	2.2	483.0	4.7	618.8	6.0	66.0	0.6
2003	9 623.1	4 657.7	48.4	3 608.8	37.5	168.9	1.8	428.5	4.5	599.7	6.2	58.8	0.6
2004	9 470.9	4 658.6	49.2	3 682.6	38.9	186.6	2.0	361.8	3.8	478.9	5.1	47.4	0.5
2005	10 067.6	4 918.0	48.9	4 097.2	40.7	179.7	1.8	358.0	3.6	422.9	4.2	43.1	0.4

数据来源于《山东农村统计年鉴》《山东省志　农业志（1991—2005）》。

表 1-6　1991—2005 年山东省粮食作物产量及占比情况

（总产：万 t　占比：%）

年度	总产	小麦		玉米		稻谷		大豆		甘薯		谷子	
		总产	占比	总产	占比	总产	占比	总产	占比	总产	占比	总产	占比
1991	3 917.0	1 889.8	48.2	1 252.1	32.0	90.9	2.3	80.2	2.0	393.9	10.1	51.8	1.3
1992	3 589.0	1 878.3	52.3	1 383.5	38.5	78.1	2.2	74.9	2.1	340.0	9.5	32.9	0.9
1993	4 100.0	2024.3	49.4	1 150.8	28.1	76.7	1.9	131.6	3.2	393.6	9.6	39.6	1.0
1994	4 091.0	2 033.0	49.7	1 401.5	34.3	84.9	2.1	141.2	3.5	353.9	8.6	36.9	0.9
1995	4 245.0	2 062.0	48.6	1 543.0	36.3	91.2	2.1	123.0	2.9	357.6	8.4	35.3	0.8
1996	4 333.0	2 053.7	47.4	1 614.0	37.2	112.3	2.6	109.6	2.5	378.9	8.7	34.8	0.8
1997	3 852.0	2 241.3	58.2	1 106.0	28.7	112.1	2.9	82.1	2.1	264.5	6.9	23.1	0.6
1998	4 264.8	2 024.5	47.5	1 610.4	37.8	118.9	2.8	110.4	2.6	345.9	8.1	30.6	0.7
1999	4 269.0	2 117.7	49.6	1 551.4	36.3	131.3	3.1	96.9	2.3	330.4	7.7	21.7	0.5
2000	3 837.7	1 860.0	48.5	1 467.5	38.2	110.8	2.9	104.0	2.7	262.2	6.8	16.5	0.4
2001	3 720.6	1 655.2	44.5	1 532.4	41.2	110.1	3.0	91.0	2.4	303.4	8.2	15.5	0.4
2002	3 292.7	1 547.1	47.0	1 316.0	40.0	109.4	3.3	73.8	2.2	221.9	6.7	14.6	0.4
2003	3 435.5	1 565.0	45.6	1 411.0	41.1	77.9	2.3	69.2	2.0	277.8	8.1	12.9	0.4

（续）

年度	总产	小麦		玉米		稻谷		大豆		甘薯		谷子	
		总产	占比	总产	占比	总产	占比	总产	占比	总产	占比	总产	占比
2004	3 516.7	1 584.6	45.1	1 499.2	42.6	90.6	2.6	71.7	2.0	245.9	7.0	12.1	0.3
2005	3 917.4	1 800.5	46.0	1 735.4	44.3	95.8	2.4	65.1	1.7	199.1	5.1	10.6	0.3

数据来源于《山东农村统计年鉴》《山东省志　农业志（1991—2005）》。

2. 经济作物

（1）棉花。1991—2005 年是山东棉花生产的一个调整变革期，自然灾害、流通体制改革、转基因抗虫棉推广等，均对棉花生产产生较大影响，棉花生产起伏较大。1991 年，山东省棉花生产获得大丰收，种植面积、亩产、总产分别达到 2 274 万亩、58kg 和 135.1 万 t，为历史上第二个丰收年。但 1992 年棉铃虫特大暴发，给棉花生产造成重大损失，亩产仅为 30.33kg，总产仅有 67.68 万 t，总产比 1991 年减少 67.42 万 t。1993—1999 年，山东省棉花生产在低谷中徘徊，平均种植面积比 1991 年减少 1 446.1 万亩，降幅达 63.59%；平均总产量减少 92.76 万 t，降幅达 68.66%。2000 年起，随着转基因抗虫棉的推广普及，棉花单产大幅度提高、植棉成本降低和植棉比较效益增加，山东省棉花生产进入恢复发展阶段。2000—2005 年平均种植面积、平均亩产、平均总产量分别为 1 182.86 万亩、69.24kg 和 81.9 万 t，分别比 1993—1999 年平均数增长了 42.88%、27.72% 和 93.43%（表 1-7）。

（2）油料。1991—2005 年，随着科技进步和良种推广，花生生产水平逐步提高，除个别年份外，全省花生种植面积稳定在 1 200 万亩以上，2003 年达 1 482.3 万亩。花生单产稳定在较高水平，2005 年达到每亩 271.2kg，创历史最高水平，较全国平均水平高出近 60kg。区域化布局更加合理，鲁东、鲁中南花生种植面积占到全省的 2/3 左右，鲁西占到 1/3 左右。

（3）蔬菜。1991—1992 年，随着蔬菜日光温室栽培获得成功，山东保护地蔬菜生产得到快速发展。1993—2000 年，山东省蔬菜产业进入大发展时期。1993 年全省蔬菜播种面积首次突破 1 000 万亩，1995 年保护地蔬菜栽培面积首次达到 250 万亩，蔬菜产业成为种植业中仅次于粮食的第二大产业。1996 年蔬菜总产量首次超过粮食总产量，1999 年蔬菜产值（包含食用菌，下同）首次超过粮食产值。2001—2005 年，山东省通过大力推行蔬菜标准化生产、产业化经营，蔬菜综合生产能力和产品质量水平进一步提升，蔬菜产地进一步向优势产区集中，全省蔬菜种植面积稳定在 3 000 万亩左右，总产量 8 000 万 t 左右，初步形成了集生产、加工、运销、出口于一体的蔬菜产业链。

（4）水果。1991—2005 年，山东水果生产在新技术研究推广、品种引进选育、品种结构更新调整、贮藏加工能力等方面得到显著提升，水果种植面积不断扩大，产量逐年增加，树种、品种结构进一步优化。1991—1996 年，市场供不应求，果品价格持续走高，生产效益明显增加，各地大力发展果树种植，全省果园面积急剧扩大。1996 年，果园面积达到 1 443.33 万亩，创历史新高。1996—2001 年，果品产量增加，由于市场营销体系不够健全及贮藏加工能力不足，果品出现结构性供大于求，苹果、梨等主要水果价格普遍下跌，全省果园面积大幅减少，2001 年下降到 1 118.49 万亩，但产量基本保持稳定增长。

2001—2005 年，市场体系不断健全和完善，全省水果生产步入理性发展轨道，果园总面积稳中有升，其中苹果种植面积稳中有降，桃种植面积由大幅增长到基本稳定，梨种植面积略有增加，葡萄种植面积先增后减。

表 1-7　1991—2005 年山东省粮食、经济作物播种面积及变化情况

（面积：万亩　占比：%）

年份	农作物总播种面积	粮食作物		经济作物		其他作物	
		播种面积	占比	播种面积	占比	播种面积	占比
1991	16 495.5	12 132.0	73.5	3 998.0	24.2	365.5	2.2
1992	16 255.5	11 878.5	73.1	3 952.0	24.3	425.0	2.6
1993	16 114.5	12 319.5	76.4	3 265.5	20.3	529.5	3.3
1994	16 314.0	12 021.0	73.7	3 784.0	23.2	509.0	3.1
1995	16 255.5	12 198.0	75.0	3 602.0	22.2	455.5	2.8
1996	16 464.0	12 355.5	75.0	3 583.5	21.8	525.0	3.2
1997	16 474.5	12 124.5	73.6	3 708.5	22.5	641.5	3.9
1998	16 707.0	12 199.5	73.0	3 896.0	23.3	611.0	3.7
1999	16 854.0	12 148.5	72.1	4 095.5	24.3	610.0	3.6
2000	17 298.0	11 658.0	67.4	4 934.5	28.5	705.5	4.1
2001	16 899.0	10 730.3	63.5	5 390.2	31.9	778.6	4.6
2002	16 572.0	10 368.9	62.6	5 429.9	32.8	773.2	4.7
2003	16 327.5	9 623.1	58.9	5 883.0	36.0	821.4	5.0
2004	16 164.0	9 470.9	58.6	5 961.0	36.9	732.2	4.5
2005	16 104.0	10 067.6	62.5	5 391.1	33.5	645.3	4.0

数据来源于《山东农村统计年鉴》，经济作物包括棉花、油料作物、蔬菜等，不包括果品。

3. 出台的政策文件

①《山东省人民政府关于印发山东省发展高产优质高效农业实施意见的通知》（鲁政发〔1992〕75 号）。

②《山东省人民政府办公厅关于成立"山东省农业专家顾问团"的通知》（鲁政办发〔1995〕29 号）。

③《山东省人民政府关于印发山东省农业产业结构调整实施意见的通知》（鲁政发〔1998〕55 号）。

④《中共山东省委、山东省人民政府关于深入推进农业产业化经营的决定》（鲁发〔2002〕9 号）。

⑤《中共山东省委、山东省人民政府关于加快县域经济发展的意见》（鲁发〔2003〕25 号）。

4. 先进典型

（1）桓台——江北第一个"吨粮县"。桓台素有"鲁中粮仓"的美誉。多年来，桓台县着力发展粮食生产，在不断改善农田基础设施、大力推行粮食生产主要环节机械化的基础上，1986 年开始在唐山镇进行粮食高产试验，通过打破传统栽培模式、选用矮秆抗倒

伏的大穗大粒型高产品种、推广药剂拌种、改变播种量及栽培方式等，全面开展了粮食高产攻关，辐射带动全县粮食单产水平的提升。1989 年，唐山镇率先实现了"吨粮镇"。1990 年，经专家实地测产，桓台县 39 万亩小麦平均亩产达到 419kg，37.5 万亩玉米平均亩产达到 611kg，成为长江以北第一个"吨粮县"。

（2）寿光——全国最大的设施蔬菜生产基地以及蔬菜集散中心。1989 年，三元朱村支部书记王乐义对寿光的"土温室"进行了科学改造，建起了 17 个冬暖式蔬菜大棚，取得了明显的经济效益，寿光由此开始了一场反季节栽培蔬菜的技术革命。1990 年，寿光召开了"千人科技大会"，进行了蔬菜科研大讨论，研究推广无公害蔬菜。同年，寿光蔬菜研究所挂牌成立，与全国 12 所农业大学、13 个科研单位建立了合作关系，引进蔬菜新品种和 153 项新技术。1995 年，随着全国"菜篮子工程"的全面实施，各地蔬菜生产迅猛发展，寿光蔬菜产业的优势受到挑战。对此，寿光按照"人无我有、人有我优"的原则，掀起了以发展无公害、绿色、有机蔬菜为主要内容的蔬菜产业二次革命，建起大批无公害蔬菜基地，发展包装礼品菜、出口蔬菜等，推动蔬菜产业向精深加工方向发展。寿光蔬菜批发市场逐步发展成为全国最大的蔬菜专业批发市场。1999 年，寿光市建设了集科技开发、科普教育、技术培训、试验示范、种苗繁育等于一体的多功能蔬菜高科技示范园，试验、示范蔬菜新品种、新技术。2000 年，寿光市举办了首届中国（寿光）国际蔬菜科技博览会（简称"菜博会"），集中展示世界各地蔬菜生产领域新品种、新技术和新产品，成为国内唯一的国际性蔬菜专业展会，进一步提升"寿光蔬菜"的品牌影响力和市场竞争力。

第三节　高产创建与提质增效发展阶段
（2006—2014 年）

一、背景

山东种植业结构经过多年的发展与调整，综合生产能力显著增强，主要农作物种植结构日趋合理，但随着农业农村经济发展进入新的阶段和城乡居民消费结构升级，种植业需要在稳定提高粮食等主要农产品综合生产能力、确保有效供给的基础上，着力提高农产品质量安全水平和农业综合效益，增强农产品市场竞争能力和农业可持续发展能力，加快向"高产、优质、高效、生态、安全"方向发展，全面提升现代农业发展水平。

二、主要措施

1. 在政策推动方面　2006 年，山东省农业厅印发了《关于深入推进农业农村经济结构调整的意见》，把优化农产品品种结构作为结构调整的主攻方向和重点，针对粮食、棉花、油料、瓜菜、果品等作物，分别提出了优化发展目标。

2007 年，山东在全国率先提出并组织开展了粮食高产创建活动。2008 年，山东省政府批转了《省农业厅等部门〈关于开展小麦高产创建活动的意见和关于创建玉米亩产千斤省的意见〉的通知》，在 10 个高产创建示范县组织实施"十百万"小麦高产示范工程；努力提高玉米单产，创建玉米千斤省。同年，农业部在全国开展了粮、棉、油高产创建活动，在农业部的支持下，山东开始在小麦、玉米、水稻、大豆、马铃薯、花生和棉花7种作物上大范围开展粮、棉、油高产创建。到2014年，全省累计建设高产创建万亩示范片5 107个；在1个粮食生产大市、5个粮食生产大县、33个粮食和9个棉花主产乡镇，实施了高产创建整建制推进，创造了一大批粮油全国高产纪录。2014年招远市创造了亩产817kg的全国小麦单产最高纪录；齐河县20万亩粮食高产创建核心区，夏、秋两季亩产达到1 502.3kg，刷新了全国最大面积高产纪录；2011年肥城市创造了亩产6 318.9kg的马铃薯二季作区高产全国纪录等。高产创建活动的开展，实现了"小面积单产大突破、大面积单产大幅度提高"的目标，带动了全省粮食均衡增产。山东的粮食高产创建工作，多次受到国务院领导和农业部等有关部门的肯定，取得的经验在全国推广。

2008年，山东省委、省政府印发了《关于进一步深化农业产业化经营加快发展现代农业的意见》，提出要在更高层次上全面推进种养加、产加销、贸工农一体化经营，加快实现农民组织化、分工专业化、生产标准化、管理企业化、服务社会化、经营规模化，促进农村第一、二、三产业融合发展、协调发展、全面发展，再创山东农业农村经济发展新优势。

2009年，山东省政府常务会议审议通过了《山东省千亿斤粮食生产能力建设规划（2009—2020年）》。提出以国家确定的73个产能任务县为核心，12个产能后备县为补充，不断改善农业生产基础条件，强化科技支撑，提高装备水平，转变农业发展方式，建立粮食持续稳定发展的长效机制，带动全省粮食稳定增产，力争到2020年实现全省粮食生产能力500亿kg。

2010年，为加快培植高端高质高效农业、挖掘农业内部增收潜力，省政府印发了《关于实施蔬菜等五大产业振兴规划的指导意见》，出台了支持蔬菜、渔业、畜牧、果业、苗木花卉五大产业振兴发展的一系列政策措施。同年，启动实施了现代农业生产发展资金果菜产业项目。2011年，省政府又下发了《关于印发山东省油料等四个产业振兴规划的通知》，重点支持油料、棉花、种业、乡村旅游业发展。

2012年，山东省委印发《中共山东省委 山东省人民政府关于认真贯彻中发（2012）1号文件精神再创我省农业农村发展新优势的意见》，提出加速现代农业示范区建设，重点建设一批高标准示范园、示范基地、示范市场、示范企业和示范农技服务组织，发挥对现代农业建设的辐射带动作用。同年，省政府办公厅印发了《关于加快推进现代农业示范区建设的意见》，提出按照"分步实施、梯次推进"的原则，力争用5年时间，建成覆盖不同产业类型、不同地域特色、不同发展层次的较为完善的现代农业示范体系。

2013年，为把高产创建成熟的技术模式和工作机制向更大范围、更深层次、更高水平推广，省政府办公厅下发了《关于大力推进粮食高产创建的意见》，计划以粮食主产市、主产县为重点，利用5年时间，在全省建设基础设施完善配套、粮食生产水平显著提升的高标准粮食高产创建示范方643个，面积达到2 280万亩，方内小麦、玉米两季合计亩产达到1 100kg以上。对验收合格的粮食高产创建示范方，省政府按照每亩30元的标准给予奖励。

2014年，为加快发展品牌特色农业，提升现代农业发展水平，促进山东省农业转型升级和农业增效、农民增收，省政府办公厅下发了《关于印发蜂业、烟叶、茶叶、桑蚕、中药材 5 个特色产业发展规划的通知》，提出了蜂业、烟叶、茶叶、桑蚕、中药材 5 个特色产业 2014—2020 年发展规划。

2014 年，山东省在全国率先以政府令形式，颁布实施了《山东省农产品质量安全监督管理规定》，重点加强省、市、县、乡、村 5 级监管体系建设。到 2014 年年底，省、市、县、乡 4 级监管机构普遍健全，在 7.9 万个涉农行政村配备了村级监管员。

2. 在科技支撑方面　形成了从体系建设、良种培育、技术创新到推广应用，覆盖整个科技产业化链条的较为完整的财政支持政策体系，每年中央、省财政在农业科技方面的资金支持总规模超过 4 亿元。

继续加强农业专家顾问团建设，专家顾问团分团个数达到 13 个，服务内容涵盖了政府决策咨询、科研创新管理、行业技术指导、农民教育培训等多个方面，构建起了科技融入产业、科技支撑产业的高层次专家服务体系。

2010 年，启动开展了农业产业技术体系创新团队建设，至 2014 年全省已建成小麦、玉米、棉花、花生、蔬菜、水果、食用菌、薯类、水稻、桑蚕、生猪、羊、牛、家禽、毛皮动物、刺参、鱼类、虾蟹类、贝类 19 个创新团队，形成了由 19 位首席专家牵头、168 名科研人员共同参与的高层次专家队伍，成为服务于山东优势特色农产品及其产业的重要科技支撑力量。

农业推广体系进一步完善。2006 年，山东省开始实施基层农技推广体系改革与建设示范县项目，累计投入财政资金 6 亿元，用于改善和加强县、乡两级农技推广机构的设施条件、服务手段和队伍建设，至 2014 年基本实现全覆盖。同时，积极鼓励农业科研教学单位、涉农企业、农民合作社以及供销、邮政等，以不同形式参与农技推广服务，初步建立起以公共服务机构为主导、各类经营主体广泛参与的"一主多元"农技推广服务体系。

3. 在基础条件建设方面　实施了千亿斤粮食生产能力建设、中低产田改造和高标准农田建设、粮食高产创建示范方建设等，山东农业基础生产条件得到进一步改善，抗灾减灾能力不断增强。截至 2014 年，全省"旱能浇、涝能排"高标准农田面积达到 6 390 万亩，占全省耕地面积的 55.6%。全省 1.12 亿亩耕地已发展灌溉面积 8 300 万亩，有效灌溉面积达 7 600 多万亩，其中全省节水灌溉面积达到 5 600 万亩（其中工程节水灌溉面积 4 050 万亩），农田灌溉水有效利用系数达到 0.626，全省 3 年以上除涝面积占易涝面积的 90%。

在 34 个县（市、区）开展了生态农业示范县建设，累计达到 108 县次，规模以上生态循环农业基地达到 1 200 余个，面积 130 多万亩。水肥一体化推广面积达到 73 万亩。

2014 年，山东在全国率先制定颁布了《山东省耕地质量提升规划（2014—2020）》，并制定下发了《山东省秸秆综合利用实施方案（2014—2015）》。截至 2014 年年底，全省农作物秸秆综合利用率达到 83%，重点区域超过 90%。

三、主要成效

1. 粮食生产实现历史上首次"十二连增"　2004 年开始，国家不断加大对粮食生产的扶持力度，出台了包括粮食直接补贴、农资综合补贴、良种推广补贴等一系列扶持粮食生产发展的政策措施，极大调动了地方政府重农抓粮、基层农技人员科技兴粮和农民务农种粮的积极性，山东粮食生产进入了连年增产、跨越发展的新时期。至2014年，山东粮食总产达到4 596.6万t，实现了历史上首次连续十二年增产，为保障国家粮食安全作出了巨大贡献，成为经济社会发展的突出亮点。

2. 高效特色产业转型升级步伐不断加快 全面实施蔬菜、果业等产业振兴规划，通过启动实施现代农业生产发展资金果菜产业项目，着力解决制约高效特色产业发展的瓶颈问题，全面推进高效特色产业提质增效、转型升级。截至2014年年底，全省累计投入资金6.4亿元，主要用于新建和改造升级蔬菜、食用菌生产设施以及苹果密植园改造，在全省高效特色产业转型升级方面发挥了重要的推动作用。

3. 农业生产机械化水平显著提高 在农机购置补贴政策的推动下，全省粮食生产机械化水平逐年提高。2014年，全省农机总动力发展到1.31亿kW，比2003年增加0.48亿kW，增长57.8%；拖拉机248.6万台，比2003年增加65.6万台，增长35.8%；联合收获机达到25.6万台，比2003年增加18.7万台，增加了3倍多。全省小麦机播率、机收率均达到98%以上，玉米机播率、机收率分别达到95.3%和83%，主要粮食作物生产基本实现"全程机械化"。

4. 农产品质量安全水平有了较大的提高 农业标准制修订步伐加快，各类农业地方标准、技术规范累计达到2 300多项，主要"菜篮子"产品基本实现有标可依。2014年全省新认定"三品一标"产品930个，总数达到6 169个，产地面积3 066万亩，总产量3 167万t，各项指标均居全国前列。在2014年农业部开展的全国种植业产品例行监测中，山东省的2 574个样品总体合格率达97.5%，名列全国第一。

5. 农民组织化水平大幅提升 农民合作社得到了快速发展，合作社的规模显著扩大，在全国处于领先地位。2014年，全省农民合作社达到12.7万家，农民合作社户数和出资总额分别占全国的10.2%和10.8%，平均每户出资总额高于全国平均水平6个百分点。

四、主要作物发展情况

1. 粮食 该阶段主要粮食作物播种面积、产量情况见表1-8、表1-9。

（1）小麦。2006—2014年，在粮食直接补贴、农资综合补贴和良种推广补贴等一系列扶持发展粮食生产的政策激励下，山东小麦播种面积稳定增长，2014年达到5 610.3万亩，比2005年增加了692.2万亩。该阶段，山东全面落实小麦良种补贴，大幅度提高了小麦良种覆盖率，再加上在全省大规模推进粮食高产创建，推广规范化播种、宽幅精播、"一喷三防"等关键增产技术，小麦平均亩产不断提高，总产连年增加。2014年，全省小麦平均亩产达到403.5kg，比2005年增加37.4kg；总产量2 263.8万t，比2005年增加463.3万t。

（2）玉米。2006—2014年，山东玉米播种面积、单产、总产均呈逐年提高趋势。2014年全省玉米播种面积4 689.7万亩，比2005年增加592.5万亩，增14.5%；平均亩产424kg，比2005年增加0.47kg，增0.1%；总产量1 988.34万t，比2005年增加252.9万t，增14.6%。

（3）其他。2006—2014年，全省稻谷播种面积、单产、总产总体稳定。2014年，全省稻谷播种面积为183.6万亩、亩产550.2kg、总产量101万t，与2005年基本持平。大豆播种面积继续呈下降趋势，至2014年全省大豆播种面积降至224.2万亩，比2005年减少了 133.8 多万亩，比 1978 年减少了 615 万亩；亩产水平比较平稳，基本保持在 160kg 以上；总产略有起伏，总体保持在 40 万 t 左右。甘薯播种面积总体在 350 万～380 万亩；亩产水平提高较快，2014 年全省平均亩产比 2005 年提高了 30 多 kg；总产 193.39 万 t，与 2005 年基本持平。

表 1-8　2006—2014 年山东省粮食作物播种面积及占比情况

（面积：万亩　占比：%）

年度	总面积	小麦		玉米		稻谷		大豆		甘薯	
		面积	占比	面积	占比	面积	占比	面积	占比	面积	占比
2006	10 498.7	5 334.9	50.8	4 266.6	40.6	190.9	1.8	274.3	2.6	380.1	3.6
2007	10 404.8	5 278.7	50.7	4 281.4	41.2	195.8	1.9	252.8	2.4	347.6	3.3
2008	10 433.4	5 287.8	50.7	4 311.3	41.3	196.0	1.9	250.6	2.4	338.7	3.3
2009	10 545.2	5 317.8	50.4	4 376.0	41.5	201.9	1.9	241.7	2.3	357.5	3.4
2010	10 627.2	5 342.9	50.3	4 432.9	41.7	192.3	1.8	235.4	2.2	371.0	3.5
2011	10 718.7	5 393.3	50.3	4 493.3	41.9	186.8	1.7	234.2	2.2	361.0	3.4
2012	10 803.5	5 438.8	50.3	4 663.0	43.2	185.8	1.7	219.6	2.0	367.5	3.4
2013	10 941.9	5 510.0	50.4	4 591.1	42.0	184.7	1.7	218.8	2.0	372.7	3.4
2014	11 160.0	5 610.3	50.3	4 689.7	42.0	183.6	1.7	224.2	2.0	385.4	3.5

数据来源于《山东农村统计年鉴》。

表 1-9　2006—2014 年山东省粮食作物产量及占比情况

（总产：万 t　占比：%）

年度	总产	小麦		玉米		稻谷		大豆		甘薯	
		总产	占比	总产	占比	总产	占比	总产	占比	总产	占比
2006	4 093.0	2 013.0	49.2	1 749.3	42.7	105.0	2.6	44.5	1.1	171.0	4.2
2007	4 148.8	1 995.6	48.1	1 816.5	43.8	110.2	2.7	40.7	1.0	176.5	4.3
2008	4 260.5	2 034.2	47.7	1 887.4	44.3	110.4	2.6	40.1	0.9	179.0	4.2
2009	4 316.3	2 047.3	47.4	1 921.5	44.5	112.0	2.6	39.6	0.9	186.3	4.3
2010	4 335.7	2 058.6	47.5	1 932.1	44.6	106.4	2.5	38.6	0.9	189.3	4.4
2011	4 426.3	2 103.9	47.5	1 978.7	44.7	104.0	2.3	40.6	0.9	188.1	4.2
2012	4 511.4	2 179.5	48.3	1 994.5	44.2	103.4	2.3	37.4	0.8	185.8	4.1
2013	4 528.2	2 218.8	49.0	1 967.1	43.4	103.6	2.3	35.8	0.8	190.6	4.2
2014	4 596.6	2 263.8	49.3	1 988.3	43.3	101.0	2.2	36.7	0.8	193.4	4.2

数据来源于《山东农村统计年鉴》。

2. 经济作物

（1）棉花。受植棉效益下滑、棉花生产机械化水平较低等因素影响，该阶段山东省棉花播种面积出现连续 7 年大幅下滑，到 2014 年全省棉花播种面积降至 889.35 万亩，比 2005 年减少 380 万亩，减 33.4%。受气候条件等因素影响，棉花亩产在 2010—2013 年下降较快，但 2014 年出现明显回升，基本恢复到 2007 年的水平。随着播种面积下滑不断减少，2014 年全省棉花总产量 66.5 万 t，比 2005 年减少 18.13 万 t，减 21.4%。

（2）油料。2006 年，山东油料作物播种面积与 2005 年相比出现较大幅度的下滑，减少了 158.6 万亩，此后至 2011 年基本稳定在 1 200 万亩左右，2014 年下滑到 1 159.8 万亩。平均亩产有所提高，2012 年、2013 年连续两年达到 290kg 以上。2014 年平均亩产略有下滑，达到 289.6kg，比 2005 年增加 20kg，增 7.4%。总产量出现阶段性起伏，在 2012 年一度达到 350.95 万 t，此后不断减少，至 2014 年达到 335.9 万 t。

（3）蔬菜。该阶段，全省蔬菜种植面积稳中有增，2014 年蔬菜播种面积 2 793.6 万亩，比 2005 年增加了 21.6 万亩。平均亩产水平大幅提高，2014 年全省蔬菜平均亩产达到 3 570.2kg，比 2005 年增加了 464.7kg，提高了 15 个百分点。总产达到 9 973.7 万 t，比 2005 年增加了 1 366.7 万 t，增 15.9%。食用菌产业跨越式发展，产量、产值连续多年位居全国前列（表 1-10），2014 年，全省食用菌产值超亿元的县（市、区）达到 37 个，初步形成了生产规模化、品种多样化、布局区域化、经营产业化的发展格局，成为全国名副其实的食用菌大省。

表 1-10　2006—2013 年全国、山东食用菌产量、产值统计

（产量：万 t　产值：亿元　占比：%）

年份	产量			产值		
	全国	山东	占比	全国	山东	占比
2006	1 474.5	150.0	10.2	590.0	63.8	10.8
2007	1 682.2	182.6	10.8	796.0	75.1	9.4
2008	1 800.1	190.0	10.6	820.0	76.9	9.4
2009	2 020.6	206.1	10.2	1 103.3	123.7	11.2
2010	2 201.2	249.8	11.3	1 413.2	159.4	11.3
2011	2 571.7	315.1	12.2	1 488.4	183.3	12.3
2012	2 828.0	366.2	12.9	1 772.1	207.4	11.7
2013	3 169.7	412.5	13.0	2 017.9	247.1	12.2

数据来源于农业部门数据。

（4）水果。由于山东水果产业起步较早，一些果园种植密度不合理、果树老化严重、品种品质下降等问题逐渐显现，2006—2014 年，全省果园面积出现小幅度波动，但随着新品种、新技术的推广普及，全省水果总产量不断增加，2014 年全省水果总产量达到 1 665.5 万 t，比 2005 年增加 464 万 t，达到 1949 年以来历史最高水平。2006—2014 年粮食、经济作物播种面积及变化情况见表 1-11。

表 1-11　2006—2014 年山东省粮食、经济作物播种面积及变化情况

（面积：万亩　占比：%）

年份	农作物总播种面积	粮食作物		经济作物		其他作物	
		播种面积	占比	播种面积	占比	播种面积	占比
2006	16 131.0	10 663.0	66.1	5 044.1	31.3	423.9	2.6
2007	16 086.0	10 569.0	65.7	5 130.0	31.9	387.0	2.4
2008	16 146.0	10 433.0	64.6	5 138.8	31.8	574.2	3.6

(续)

年份	农作物总播种面积	粮食作物		经济作物		其他作物	
		播种面积	占比	播种面积	占比	播种面积	占比
2009	16 167.0	10 545.0	65.2	5 016.1	31.0	605.9	3.7
2010	16 227.0	10 627.0	65.5	5 029.5	31.0	570.5	3.5
2011	16 298.2	10 718.0	65.8	5 025.8	30.8	554.4	3.4
2012	16 300.4	10 803.0	66.3	4 937.8	30.3	559.6	3.4
2013	16 464.6	10 942.0	66.5	4 951.0	30.1	571.6	3.5
2014	16 556.8	11 160.0	67.4	4 842.7	29.2	554.1	3.3

数据来源于《山东农村统计年鉴》；经济作物面积包括棉花、油料作物、蔬菜等，不包括果品。

3. 出台的政策性文件

①《中共山东省委 山东省人民政府关于进一步深化农业产业化经营加快发展现代农业的意见》（鲁发〔2008〕9号）。

②《山东省人民政府批转省农业厅等部门〈关于开展小麦高产创建活动的意见和关于创建玉米亩产千斤省的意见〉的通知》（鲁政发〔2008〕10号）。

③《山东省人民政府关于实施蔬菜等五大产业振兴规划的指导意见》（鲁政发〔2010〕81号）。

④《中共山东省委 山东省人民政府关于认真贯彻中发（2012）1号文件精神再创我省农业农村发展新优势的意见》（鲁发〔2012〕1号）。

⑤《山东省人民政府办公厅关于加快推进现代农业示范区建设的意见》（鲁政办发〔2012〕25号）。

⑥《山东省人民政府办公厅关于大力推进粮食高产创建的意见》（鲁政办发〔2013〕31号）。

⑦《山东省农产品质量安全监督管理规定》（山东省人民政府令〔第277号〕）。

第二章

山东省小麦生产技术现状

第一节　小麦生产在粮食生产中的地位

1949年中华人民共和国成立初期，农业发展水平极为低下，有80%的人口长期处于饥饿半饥饿状态。全国每公顷粮食产量只有1 035kg，人均粮食占有量仅为210kg。

1949年后，政府废除了封建土地所有制，带领人民自力更生，奋发图强，大力发展粮食生产。2018年与1949年相比，粮食总产量增长了3.5倍多，年均递增3.3%。中国粮食总产量位居世界第一，人均380kg左右（含豆类、薯类），达到世界平均水平。人均肉类41kg、水产品21kg、禽蛋14kg、水果35kg、蔬菜198kg，均超过世界平均水平。据联合国粮食及农业组织统计，在20世纪80年代世界增产的谷物中，中国占31%的份额。中国发展粮食生产所取得的巨大成就，不仅使人民的温饱问题基本解决，生活水平逐步提高，而且为在全球范围内消除饥饿与贫困作出了重大贡献。

纵观1949年以来粮食生产的发展，大致可分为4个阶段：

第一阶段为1950—1978年。1949年，中国粮食总产量只有1.132亿t，1978年达到3.048亿t，29年间年均递增3.5%。这一时期，中国通过改革土地所有制关系引导农民走互助合作道路，解放了生产力，同时在改善农业基础设施、提高农业物质装备水平、加快农业科技进步等方面取得了显著成效，为粮食生产的持续发展奠定了基础。

第二阶段为1979—1984年。1984年，中国粮食总产量达到4.073亿t，6年间年均递增4.9%，是中华人民共和国成立以来粮食增长最快的时期。这一时期，粮食生产的快速增长主要得益于中国政府在农村实施的一系列改革措施，特别是通过实行以家庭联产承包为主的责任制和统分结合的双层经营体制及较大幅度提高粮食收购价格等重大政策措施，极大地调动了广大农民的生产积极性，使过去在农业基础设施、科技、投入等方面积累的能量得以集中释放，扭转了中国粮食长期严重短缺的局面。

第三阶段为1985—1997年。1997年，中国粮食总产量达到4.666亿t，13年间年均递增1.2%。这一时期，中国政府在继续发展粮食生产的同时，积极主动地进行农业生产结构调整，发展多种经营，食物多样化发展较快。猪牛羊肉、水产品、禽蛋、牛奶和水果产量分别达到4 254万t、2 517万t、1 676万t、562万t和4 211万t，比1984年分别增长1.8倍、3.1倍、2.9倍、1.6倍和3.3倍。虽然这一时期粮食增长速度减缓，但由于非粮食作物产量增加，人民的生活质量明显提高。

第四阶段为 1997—2018 年。我国粮食生产在 1997 年达到顶峰以后，后续的 10 年中出现了下降趋势。这一时期，中国政府在继续发展粮食增产的同时，积极主动地进行农业科技创新、生产主体的转移，多种粮食生产合作社如雨后春笋般大面积涌现。农副产品产量持续增加，逐步满足人民群众对高能量食物的需求。总体而言，依靠自身农业科技的创新和国外替代农产品的进口，我国人民的食物生活质量持续提高。

人民的吃饭问题之所以成功得到解决，主要经验是：始终坚持以农业为基础，把农业放在发展国民经济的首位，把发展粮食生产作为农村经济工作的重点，千方百计争取粮食总量稳定增长；改革农村生产关系，实行以家庭联产承包为主的责任制和统分结合的双层经营体制，扩大粮食的市场调节范围，合理调整粮食价格，调动农民发展粮食生产的积极性；不断改善农业生产基础条件，加快农业科技进步，提高农业装备水平，增加农业投入，保护生态环境；在决不放松粮食生产的前提下，综合开发利用国土资源，积极发展多种经营，增加农民收入。

中国城乡居民的温饱问题已经基本解决，中国政府今后的任务是在进一步增加粮食总量的同时，努力发展食物多样化生产，调整食物结构，继续提高人民的生活质量，向全面小康和比较富裕的目标迈进。当然，中国政府也清醒地看到，中国粮食供需平衡的水平还有待进一步提高，供需偏紧的状况还将长期存在。由于一些地区自然环境恶劣、耕地和水资源短缺，至 2018 年年底，全国还有 500 万人没有解决温饱问题。为此，政府正在实施"精准扶贫"项目，就是要力争到 2020 年年底实现全面脱贫。

山东作为我国的人口大省和农业强省，地处黄淮海平原东部，具有独特的大陆性季风气候，是我国冬小麦种植的优势产区。小麦主产区地势低平，除胶东、鲁中和鲁南以及部分丘陵区海拔略高外，主要麦区均不及 100m。土壤类型以石灰性冲积土为主，部分为黄壤与棕壤，质地良好，具有较高生产力。山东省气候温和，雨量比较适宜。最冷月平均气温 $-3.4 \sim 0.2$℃，绝对最低气温 $-22.6 \sim 14.6$℃，小麦越冬条件良好，冬季麦苗通常可保持绿色。年降水量 $580 \sim 860$mm，小麦生育期降水量 $152 \sim 287$mm，多雨年份基本可满足小麦的生育需要，但偏北地区常因雨量分布不均或年际间变异而发生旱害。全省水资源比较丰富，可以发展灌溉。种植制度灌溉地区以一年两熟为主，旱地及丘陵地区则多行两年三熟。品种类型多为冬性或弱冬性，对光照反应中等至敏感，生育期 230d 左右。一般病虫害与黄淮冬麦区大致相同，但全蚀病及土传花叶病在胶东地区危害比较严重。小麦生育后期的干热风危害普遍而严重。播种适期一般为10 月上旬，但部分地区常由于各种原因不能适期播种，致使晚茬麦面积大、产量低，从而影响全区小麦生产。因此，合理安排茬口和播种期，是小麦生产的关键。另外，山东省是我国小麦种植和产出大省，优质小麦品种多，质量高，为我国多地面粉加工企业提供了原料，同时出口很多国家。

据农业部信息中心专家估计，我国小麦食用消费量约占小麦消费总量的 67%。山东省小麦总产约占粮食总产量的 48%，根据目前人们的饮食结构，一季小麦即可保证全省的口粮供应，其他粮食品种除少量用于搭配口粮外，大部分用于肉、蛋、奶转化和工业加工。因此，在保障粮食安全中小麦起着其他粮食品种无法替代的重要作用。

一、山东小麦对全国粮食生产的贡献

山东省小麦常年播种面积稳定在 5 000 万亩以上，是省内第一大粮食作物，小麦总产量占全省粮食产量的 48.8%。2016 年山东省小麦播种面积 5 745 万亩，总产量 2 344.6 万 t，平均亩产为 408.07kg，其播种面积和总产量位居全国第二位，分别占全国的 15.84% 和 18.20%，其单产比全国平均单产高 14.90%（中国农业统计资料，2016）。

小麦是我国北方居民的主要口粮。从消费构成来看，我国小麦口粮占比约为 80%。2011 年山东省消费小麦 1 690 万 t，占当年全省小麦总产量的 80.33%。由于小麦含有独特的麦谷蛋白和麦醇溶蛋白，能制作多种多样的食品，可以加工面包、面条、馒头、糕点等多种食品，制品数量之大、花样之多，居各作物之首，其他粮食作物大部分用于肉、蛋、奶转化和工业加工。另外，正是因为小麦是我国最重要的口粮作物，小麦也是支撑山东省食品加工业的重要作物。

近年来，山东省小麦加工业有较大发展，小麦年加工能力超过 3 500 万 t，居全国第二位。由于山东省是优质强筋和中筋小麦适宜种植区，生产的小麦品质优良，深受面粉加工企业欢迎。目前山东省内面粉企业产品已由原来的以小麦标准粉为主，发展到以特制粉、专用粉为主，开发出面包粉、饺子粉、糕点粉、油条粉、汉堡粉等 50 余个小麦专用粉品种。

随着粮食产业化经营的深入推进，龙头企业不断发展壮大，涌现出一批经济实力较强的大型面粉加工企业或集团，成为引领行业发展的主导力量。山东省日处理小麦 1 000t 以上的大型小麦粉加工企业达 20 余家，全省前十名小麦粉加工企业年加工能力达到 550 万 t，占总量的 15% 以上。五得利集团东明面粉有限公司、发达面粉集团有限公司、山东天邦粮油有限公司、山东半球面粉有限公司年产小麦粉都在 50 万 t 以上。

山东省的小麦生产与欧、美相比，仍然存在较大的差距。目前，发达国家的小麦生产中基本实现了农业机械智能化和生产管理精准化，并由此带动了农业资源利用效率的快速提高和小麦生产效益的增加。以水肥利用效率为例，欧、美等小麦的水分生产率高达 2.3kg/m^3，氮素化肥利用率为 50% 左右；而山东省井灌区小麦的水分生产率平均仅为 1.4kg/m^3，黄灌区仅为 1.0kg/m^3，分别仅为欧、美的 60.8% 和 41.7%。山东省小麦生产化肥使用量较大，肥料利用率较低。据有关资料，山东省小麦生产氮、磷、钾利用率分别为 23.4%、11.3% 和 24.6%，远低于国家平均水平（32%、19% 和 44%）。生产管理技术粗放导致山东省小麦的生产成本居高不下，市场竞争力严重不足。以面粉加工企业急需的优质强筋小麦为例，当前进口优质强筋小麦的到岸价为 1 900 元/t 左右，而国产优质强筋小麦的销区价高达 2 800 元/t 左右。

二、山东小麦生产的优势

1. 生态条件适宜 适宜种植强筋和中筋小麦。山东省地处暖温带，属半湿润性气候区，气候温和，光热资源较丰富，是我国生态条件最适宜小麦生长的地区之一，也是我国单产水平较高的小麦主产区之一。山东省的生态条件适宜于强筋和中筋小麦种植，其中胶东和鲁中对强筋和中筋小麦品质形成最为适宜，鲁西北和鲁西南是强筋和中筋小麦品质较优地区，鲁南是强筋小麦较优、中筋小麦优质地区。这对山东省发展优质小麦产业非常有利。

2. 政策扶持持续加力　政府专项资金支持小麦生产，推行鼓励小麦生产的优惠政策，保持小麦增产的可持续性，国家和山东省各级政府出台多项鼓励粮食生产的优惠政策，并拨付专项资金支持小麦生产，如国家新增千亿斤粮食生产项目、山东省财政农业综合开发配套资金、农业节水灌溉专项资金等。另外，政府全面取消农业税，实行粮食直接补贴制度、生产资料综合补贴制度、良种推广补贴项目、大型农机具购置补贴项目等。这些资金支持和政策性投入直接或间接地增加了种粮收益，调动了粮农的生产积极性，促进了小麦生产的发展。

3. 高产创建持续带动　连续多年开展小麦高产创建活动，积累了高产经验，为充分挖掘小麦增产潜力，通过样板示范作用带动全省小麦增产，自 2008 年以来，按照农业部和山东省委、省政府的统一部署，山东省开展了小麦高产创建活动。几年来，小麦高产创建活动规模不断扩大，层次不断提高，示范带动成效显著，促进了全省小麦均衡增产，为实现全省小麦连续 10 年增产发挥了重要作用，同时积累了高产经验，为未来小麦持续增产打下了基础。据山东省农业厅统计，2013 年全省小麦高产创建万亩示范片比 2012 年增加 122 个，总计 274 个，平均单产 9 006.3kg/hm²，比全省平均单产高 3 007.2kg/hm²。5 个整建制推进试点县平均单产 8 023.1kg/hm²，34 个整建制推进试点乡（镇）平均单产 8 318.7kg/hm²。2013 年全省小麦种植面积 367.3 万 hm²，总产 220.35 亿 kg，总产比上年增加 2.36 亿 kg。

4. 农业机械水平不断提高　山东省各级政府积极发展支农工业，促进农业机械化发展，小麦生产中的耕地、耙地、播种、浇水、田间施肥、收割脱粒等机械化水平不断提高。2011 年全省农机总动力发展到 1.21 亿 kW；拖拉机达到 247.5 万台，其中，大中型拖拉机 45.4 万台；拖拉机配套农具 417.0 万部，其中，大中型配套农具 94.5 万部；农用水泵 295.2 万台，节水灌溉类机械 49.5 万套；小麦联合收获机 13.5 万台。2013 年全省小麦机收率达到 98%。近年来，土地深松等农机化新技术在粮食生产中的推广应用步伐加快，农业机械化作业水平的提高将有力地促进小麦生产的发展。

5. 山东小麦生产未来发展趋势　山东省小麦消费主要为口粮、工业用粮、饲料用粮和种子。据中国农业科学院研究预测，2030 年的安全人均粮食占有量为 450kg。根据山东省人口调查数据，2018 年全省总人口为 9 579.31 万人，按人口自然增长率为 0.7% 计算，山东省 2030 年粮食总需求量为 462.2 亿 kg。山东省 2018 年小麦总产占粮食总产的 47.48%，按此比例计算，山东省 2030 年小麦总需求量为 219.5 亿 kg。山东省千亿斤粮食生产能力建设规划提出，2030 年全省粮食综合生产能力达到 500 亿 kg，按 47.48% 的比例计算，2030 年全省小麦生产能力应达到 237.4 亿 kg。未来 10 年小麦种植面积继续扩大的潜力很小，按 2017 年的 362.7 万 hm² 计算，至 2030 年小麦单产应提高至 6 546.0kg/hm²。

6. 土地确权稳定小麦生产主体　"十二五"期间，山东省小麦生产经营主体有了新的发展。土地确权登记颁证和农村土地流转相关政策的颁布实施，促进了土地流转承包和机械化水平的发展，粮食生产专业合作社、种粮大户、家庭农场的发展迅速，目前，山东省土地流转面积超过 2 569.5 万亩，占家庭承包土地面积的 27.3%，加上各类农业社会化服务组织通过建立紧密型生产基地、开展土地托管服务的面积，全省承包土地规模经营化率已达 40% 以上。这有利于新品种、新技术的推广，有利于小麦产量和品质的提高。

近年来，山东省重点推广了小麦精量播种高产栽培技术、半精量播种高产栽培技术、氮肥后移高产栽培技术、宽幅精播高产栽培技术、规范化播种高产栽培技术、深耕深松综合高产技术等，在生产上发挥了显著的增产效果，为山东省小麦持续增产发挥了较大的促进作用。小麦生产机械化水平不断提高，目前已达 96%，基本实现全程机械化。农业机械化作业水平的提高将有力地促进小麦生产的发展。

三、山东小麦生态分区

山东省是我国单产水平较高的小麦主产区之一，2003—2015 年实现了连续 13 年增产，虽然后续年份稍有回落，但是在我国乃至世界小麦生产中仍然具有重要的地位。未来小麦生产在品种和技术方面尚有较大增产潜力可挖，但不同区域间小麦产量水平和增产潜力存在显著差异。根据山东省和国家粮食安全的需求、目前的小麦平均单产水平和增产潜力，山东小麦种植面积应保持在 366.7 万 hm² 左右。

山东省地域辽阔，地形复杂，气候多样，各地的生态条件有较为明显的差异；小麦的品种类型、播种期、成熟期均有差别。为更好地指导小麦生产，将山东麦区划分为以下 4 个区域：

（1）鲁东生态区。包括青岛、烟台、威海三市。此区土地总面积最小，海岸线最长，区内地形复杂，山、丘、平、洼交错分布，山地丘陵面积大，棕壤土占多数，土层薄，土壤肥力低，保肥保水性能差。气温适中，雨量较多，秋季降温晚而慢，冬季低温时间长，春季气温回升慢。"十二五"期间，该区由于结构调整，种植果树、蔬菜面积增大，小麦播种面积、总产呈下降趋势，单产则逐年增加。面积由 2011 年的 781.49 万亩，减少到 2015 年的 658.12 万亩，减少 123.37 万亩，降幅 15.79%；总产由 2011 年的 302.98 万 t，减少到 2015 年的 263.32 万 t，降幅 13.09%；亩产由 2011 年的 387.7kg，增加到 2015 年的 400.11kg，增幅 3.20%。

（2）鲁中生态区。包括潍坊、济南、淄博、泰安、日照、莱芜等六市。区内潍坊、济南平原面积大，淄博、泰安、日照、莱芜平原与丘陵相间。本区的山丘区由于坡陡比降大，水土流失严重，土层浅薄、肥力低，小麦产量低而不稳；而平原、谷地地势平缓，土层较深厚，土壤肥力高，水资源比较丰富，适宜小麦生长，山东省著名的"泰（安）、莱（芜）、肥（城）、宁（阳）平原"以及桓台等地的小麦高产区均分布在此区内。"十二五"期间，该区小麦播种面积、总产呈下降趋势，亩产则逐年增加。面积由 2011 年的 1 581.46 万亩，减少到 2015 年的 1 390.25 万亩，减少 191.21 万亩，降幅 12.09%；总产由 2011 年的 655.65 万 t，减少到 2015 年的 598.59 万 t，减少 57.06 万 t，降幅 8.70%；亩产由 2011 年的 414.58kg，增加到 2015 年的 430.56kg，增幅 3.85%。

（3）鲁南生态区。包括临沂、枣庄、济宁、菏泽等四市。本区以平原为主，少有缓丘，其湖洼面积最大，光、热资源充足，水资源较丰，冬季负积温在 4 个生态区中最少，干热风与雾日天数居中。"十二五"期间，该区小麦面积、总产呈下降趋势，单产则逐年增加。面积由 2011 年的 2 229.59 万亩，减少到 2015 年的 2 034.52 万亩，减少 195.07 万亩，降幅 8.75％；总产由 2011 年的 901.66 万 t，减少到 2015 年的 869.72 万 t，减少 195.07 万 t，降幅 8.75％；单产由 2011 年的 404.40kg，增加到 2015 年的 427.48kg，增幅 5.71％。

（4）鲁北生态区。包括滨州、东营、德州、聊城四市。本区以大平原为主，间有岗、坡、洼相间的微地貌类型。区内潮土最多，土层深厚，肥力中等，保肥保水性能较好，但盐碱、涝洼面积大。"十二五"期间，该区小麦面积呈增加趋势，总产、单产均呈下降趋势。面积由 2011 年的 1 704.30 万亩，增加到 2015 年的 1 723.63 万亩，增加 19.33 万亩，增幅 1.13％；总产由 2011 年的 809.21 万 t，减少到 2015 年的 794.37 万 t，减少 14.84 万 t，降幅 1.83％；亩产由 2011 年的 474.8kg，减少到 2015 年的 460.87kg，降幅 2.93％。

第二节　山东小麦生产技术演变

小麦、玉米周年粮食生产是山东省的主要粮食生产组成，更是构成华北平原粮食生产的主要组成部分。小麦-玉米一年两熟是区域内的主要种植制度，小麦播前翻耕或旋耕并施种肥、玉米贴茬播种施种肥是该区域内小麦、玉米生产的主要耕作方式和氮肥管理方案。回顾华北平原粮食生产不同阶段的主要特征可以发现，该区域农业生产技术的发展可以划分为 5 个主要阶段，分别是 20 世纪 50～60 年代的农业自主生产阶段、70 年代的农业基础性技术研究阶段、80 年代的高效光温利用阶段、90 年代的高产阶段和 21 世纪以来的高产高效阶段。

在 20 世纪 50～60 年代，农业自主生产阶段的主要特点是总结和普及农户高产典型，以农户经验、农家肥、农户留种为基本特征，生产中以小麦-高粱、小麦-大豆、小麦-花生、小麦-甘薯、小麦-玉米和小麦-谷子一年两熟轮作为主，农业技术主要是农学技术，农业生产动力以人力和畜力为主，作业效率低、作业质量差。并且该阶段缺少基本农田建设，没有有效的灌溉保障措施，再加上作物品种老化、整地措施单一等限制因素，粮食生产产量水平低，小麦平均产量仅为 1 500kg/hm² 左右，下一季的高粱、大豆、甘薯、花生、玉米或谷子产量水平也不高。此期虽然耕地面积较大，但是受单产水平的限制，全国人民的基本口粮需求得不到保障。

发展到 20 世纪 70 年代，随着一批优秀的农业生产一线专家的出现，我国种植业技术研究领域取得了突破性进展。这批科研专家长期在农业生产一线，开展了对小麦和其他粮食作物生长发育规律的详细调查，如诸德辉教授的小麦叶龄指标促控法栽培管理技术体系对小麦发育规律、器官建成和产量形成进行了详细的研究，为后人探索作物产量的建成机制和小麦育种方向的选择提供了坚实的理论基础。直到今天，小麦叶龄指标促控法栽培管理技术仍然是一线农业专家指导农户小麦生产的主要理论依据。种植制度方面，随着杂交玉米的大面积应用，玉米产量水平的不断提高，小麦-玉米一年两熟制逐渐成为华北平原粮食生产的主要种植制度。政策方面，国家组织了大量的人力、物力开展了基本农田建设，基本实现了 30％以上高产地块的改造，达到了旱能灌、涝能排的标准。到 70 年代中后期，受农业技术和灌溉的支撑，粮食产量水平较上一时期有了较高水平的提升，达到了 3 000kg/hm² 左右，我国基本实现了粮食生产的自给自足。

进入 20 世纪 80 年代，在农业生产技术快速发展的大背景下，华北平原粮食生产出现了许多对农业生产有较大影响的生产技术。这一时期的生产技术主要以周年多熟制、粮食高产综合理论与技术为主，并通过间套作对高效光温资源利用进行了初探。如周年小麦-玉米-大豆一年三熟的栽培模式，这种模式的最大特点是充分利用间套作和作物生育时期的高低差提高周年光温资源的利用效率。此期出现了由余松烈院士提出的冬小麦精播高产栽培技术，该项技术最大化地利用了小麦分蘖成穗的特征，将小麦的播量由传统生产的 500kg/hm² 提高到 1 500～2 000kg/hm²，小麦生理特性得到了充分的发挥。该时期华北平原玉米生产技术以套种为主，即小麦播种时预留套种行，在来年 5 月中旬，人工将玉米播种到预留套种行中。该项技术既适应了小麦分蘖成穗的特征又满足了玉米的光温资源需求，成为这一阶段非常具有代表性的生产技术。以此为背景，该阶段小麦高产地块平均产量水平上升到 5 250kg/hm²，玉米产量水平提高到 5 700kg/hm²。到 80 年代末期，华北平原小麦的产量已经能够充分满足该区域人民的消费需要，虽然与世界最高产量水平的差距仍然较大，但是这阶段我国面粉的供应已经基本能够得到保障。

20 世纪 90 年代是华北平原粮食生产发展的一个重要时期，此时，前期农业科学家进行的多项高产生产技术得到了大面积的普及应用，小麦、玉米的品种潜力得到了充分发挥。如小麦精播半精播高产栽培技术、小麦氮肥后移栽培技术、小麦水肥高效技术等小麦栽培技术和玉米"一增四改"栽培技术、夏玉米直播栽培技术等玉米高产高效栽培技术及玉米晚收小麦晚播的"双晚"栽培技术、保护性耕作栽培技术和测土配方施肥技术等栽培技术，在华北平原取得了大面积的推广应用。在强大农业技术的护航下，到 1998 年，我国粮食产量水平达到了同期历史的最高值 51 230 万 t。这一时期，华北平原小麦高产地块单产达到了 9 750kg/hm² 以上的水平，夏玉米高产地块产量水平突破了 18 000kg/hm²，科技发展对粮食产量的促进作用得到了凸显。

2000 年以来，我国粮食产量水平在耕地面积下降和农村劳动力净流出的大环境下出现了适度回调，直到 2005 年才出现平稳迹象。此时，受国际上中国粮食安全威胁论的影响，我国政府开始着手基本口粮自给自足的方针战略，此后逐步启动了藏粮于地、藏粮于技的宏观政策。并且，这一阶段随着全球气候的持续变暖，华北平原光温资源略微增加，粮食产量水平在 20 世纪 90 年代技术的支撑下上升了一个较大的台阶。2004—2015 年取得了全国粮食产量的"十二连增"，到 2018 年粮食总产量达到 65 789 万 t。

第三节　山东省小麦生产主推技术

受华北平原气候和生产习惯的影响，高度集约化是区域内小麦、玉米周年生产的主要特征，仅从耕作方式来看，小麦有翻耕、少（免）耕、旋耕和深松等多种形式，玉米有套种、贴茬直播和翻耕播种 3 种方式。研究表明，不同耕作方式对小麦产量的影响是显著的，在同一地块相同品种和管理措施条件下，最大产量差可达 1 280kg/hm²。但是在强集约化的生产体系中，特别是玉米播种前农时紧张的背景下，贴茬直播是能够快速完成玉米播种并保障其获得充足光温资源的重要途径。实际上，受农机具精密度和小麦秸秆的影响，贴茬直播并不能保障玉米的播种质量，有研究报告和文献指出，密度和整齐度是影响玉米产量水平发挥的关键因素。深入分析发现，耕作方式主要是通过调控小麦、玉米的根系分布及其活性从而实现作物产量水平的发挥。如深耕或深松可以打破犁底层，促进根系深扎，提高土壤对小麦、玉米的水分和肥料的供给能力。其次，耕作方式也对土壤养分的垂直分布和水分运移动态产生影响，使作物不同生育时期的根系吸收区域与土壤养分和水分的分布相匹配，因此，无论是小麦还是玉米，要想获得理想的产量水平，其根系对养分和水分的吸收运转能力是作物产量形成的基础。

对于养分管理和作物产量的关系，研究证实二者受到土壤类型、品种特征和养分管理方案的综合影响。如沙性土壤适宜于耐旱小麦、玉米品种和少量多次的养分管理方案。在山东和河南的研究表明，玉米在半沙壤土中结合高氮缓控释肥更容易取得高产，这主要是因为半沙壤土既能够保证玉米的播种质量又能满足玉米根系的深扎需要，还可以加快雨季强降雨的下渗，避免涝害、渍害的发生。需要着重强调的是，养分管理方案对作物产量的形成具有较大的影响，理论上虽然可以按照作物产量水平和土壤供应能力计算出人为养分的投入量，但是如果养分管理方案与作物需求规律错位，极易造成作物生育前期、后期或某一阶段养分供应不足，从而限制作物产量的形成，该现象在氮肥运筹上特别明显。2014年，中国农业大学资源与环境学院暑期社会调研发现，山东、河南和河北 3 省有高达 83.21%、78.21% 和 85.12% 的农户小麦季氮肥管理方案为种肥施氮量为 225～300 kg/hm²，来年返青期追施 150～200kg/hm² 的氮肥，周年氮肥施用量高达 400kg/hm² 以上，远远超过了作物吸收和土壤的承载能力。

因此，无论是国家宏观政策还是农业科研一线的研究内容，不同耕作方式和精准的氮肥管理方案都是开展小麦、玉米栽培技术创新研究的主要抓手。深入研究发现，继续提高山东小麦总产的主要途径是提高单产，技术路线主要有改造中低产田、选育选用适宜品种、创新和推广小麦高产高效抗逆栽培关键技术、农机农艺结合、创新和推广小麦机械化标准化栽培技术、创新集成优化小麦增产技术模式，并使其能在更大范围内推广普及，实现更大面积的均衡增产。山东省现有主推小麦栽培技术主要包含以下几项：

一、小麦精播半精播高产栽培技术

小麦精播半精播高产栽培是一套高产、稳产、低耗的栽培技术。该技术在地力和肥水条件较好的基础上，比较好地处理了群体与个体的矛盾，使麦田群体较小，群体动态比较合理，改善了群体内光照条件；使个体营养好、发育健壮，从而保证穗大、穗足、粒重，实现高产。产量一般可达 8.5t/hm² 以上，最高可达 10.5t/hm²，符合山东省小麦生产的发展趋势。

1. 播前准备和播种　培肥地力，施足底肥，一般麦田施优质土杂肥 45kg/hm²、标准氮肥 450～750kg/hm²、标准磷肥 600～750kg/hm²、钾肥 150～225kg/hm²、锌肥 15kg/hm²。

2. 选择良种，做好种子处理　选用分蘖成穗率高、单株生产力强、抗倒伏、株型较紧凑、光合能力强、抗病抗逆性强的品种。在山东省可以选用济麦 19、济麦 20，高肥力地块也可以选择济南 17 号。播种前用小麦专用种衣剂拌种，有利于综合防治地下害虫和苗期易发生的根腐病、纹枯病等，培育壮苗。

3. 精细整地，保证底墒充足 适当加深耕层，破除犁地层。整地要求地面平整，明暗坷垃少而小，土壤上松下实。对墒情不足的可于前茬作物收获前 7～10d 浇水造墒或在收后耕前造墒，使土壤耕作前的含水量在 70% 左右。

适宜播期为 10 月 5～15 日，最晚不迟于 20 日。播量要求为 75.0～112.5kg/hm²。实行机播，要求下种均匀，深浅一致。播深为 3～5cm，行距为 22～25cm。

4. 播后压实 随着秸秆还田面积的不断增加，使得土壤中空隙加大，种子和土壤无法密接，造成出苗率低、苗弱、不抗低温。因此，播后必须压实。

5. 冬前田间管理要点 冬前管理要点是及时查苗补种。若基本苗较多、播种质量较差、麦苗分布不均匀，在植株分蘖前后，可进行疏苗、匀苗，以培育壮苗。适时浇好冬水，一般在 11 月底至 12 月上旬浇冬水，需要注意的是由于近几年暖冬年份偏多，因此不施冬肥。浇过冬水后，墒情适宜时要及时划锄，以破除板结，促进根系发育，促壮苗。采取积极有效的病虫害综合防治技术处理冬季病害、虫害，小麦主要病虫害为地下害虫和以纹枯病为主的根腐型病害等，防治病虫害以药剂处理种子为关键措施。

6. 春季管理要点 重视返青期中耕，及早进行划锄，以松土、保墒，提高地温，视麦田实际情况确定是否浇返青水。麦田群体适中或偏小的重施起身肥水；群体偏大，重视拔节肥水。一般施标准氮肥 450～600kg/hm²，通过追肥机开沟追施。挑旗期是小麦需水的临界期，此时灌溉有利于减少小花、退花，增加穗粒数，又能保证土壤深层蓄水，供后期吸收利用。如果小麦挑旗期墒情较好，也可以推迟到扬花期浇水。春季病虫草害以纹枯病和麦蜘蛛为主，防治纹枯病可用井冈霉素喷麦茎基部，防治麦蜘蛛可用炔螨特喷雾。返青至起身期，杂草发生较多的地块，对以阔叶杂草为主的麦田可选用 5.8% 双氟·唑嘧胺乳油或 20% 氯氟吡氧乙酸乳油，对禾本科杂草为主的地块可用 3% 甲基二磺隆乳油，茎叶喷雾防治。阔叶杂草和禾本科杂草混合发生的可将以上药剂混合使用。近年来，化学除草导致后茬作物药害的事故屡有发生。因此，应掌握除草剂适用范围、用药时间等，以免引起作物药害（除草剂喷施最晚不迟于 4 月 10 日）。

7. 小麦生育后期管理要点 在浇好挑旗水或扬花水的基础上，不用再灌溉，尤其要避免麦黄水。增施叶面肥，预防干热风，后期酌情喷施尿素、磷酸二氢钾，以延缓衰老、提高粒重和籽粒品质。此期主要病虫害有麦蚜、黏虫、锈病、白粉病、全蚀病。防治锈病、白粉病、全蚀病用三唑酮喷雾；防治麦蚜用吡虫啉或啶虫脒；防治黏虫用菊酯类药物喷雾。适时完熟收获，蜡熟末期、籽粒变硬、呈现本品种固有的色泽时为最佳收获期。

二、小麦氮肥后移栽培技术

小麦氮肥后移栽培技术包括氮肥基施与追施按比例后移和氮肥追施时期后移，建立具有高产潜力的两种分蘖成穗类型品种合理的群体结构和产量结构，根据高产麦田的需肥特点，平衡施用氮、磷、钾、硫元素和培育高产麦田土壤肥力等。

1. 氮肥后移 这项技术必须以较高的土壤肥力和良好的土肥水条件为基础。实践证明，每亩产量在 350kg 以上的麦田，适合于氮肥后移高产优质栽培。对于一般地力的麦田，有机肥全部、氮肥的 50% 及全部的磷肥、钾肥、锌肥均作基肥；来年春季小麦拔节期再施余下的 50% 氮肥。对于土壤肥力高的麦田，有机肥的全部、氮肥的 1/3、钾肥的 1/2 及全部的磷肥、锌肥均作基肥；来年春季小麦拔节时再施余下的 2/3 氮肥和 1/2 钾肥。

2. 选用良种，做好种子处理　选用品质优良、单株生产力较高、抗倒伏、抗病、抗逆性强、株型较紧凑、光合能力强、经济系数高的品种，有利于高产优质。要选用经过提纯复壮、质量高的种子。播种前用高效、低毒的小麦专用种衣剂拌种。

3. 深耕细耙，提高整地质量　耕耙配套，提高整地质量，坚持足墒播种；适当深耕，打破犁底层，不漏耕；耕透耙透，耕耙配套，无明暗坷垃，无架空暗垡，达到上松下实；作畦后细平，保证浇水均匀。播种前，土壤墒情不足的应造墒播种。

4. 适期播种，提高播种质量

（1）适时播种。抗寒性强的冬性品种在日平均气温 16～18℃ 时播种，抗寒性一般的半冬性品种在 14～16℃ 时播种，冬前积温以 650℃ 左右为宜。冬性品种应先播种，半冬性品种应在适期内后播。早播，会形成旺苗，早发早衰；晚播，会造成冬前营养体小，光合产物少，根系生长发育差，分蘖少，不能形成壮苗。

（2）精细播种。每亩基本苗和播种量要根据情况具体掌握。在播种适期范围内，分蘖成穗率高的中穗型品种，每亩种植 10 万～12 万株基本苗；分蘖成穗率低的大穗型品种，每亩基本苗为 13 万～20 万株。若地力水平高、播种适宜而偏早，栽培技术水平高的，可取低限；反之，可取高限。按种子发芽率、千粒重和田间出苗率计算播种量。播种期推迟，应适量增加播种量。

5. 冬前管理

（1）保证全苗。在出苗后要及时查苗，补种浸种催芽的种子，这是确保苗全的第一个环节。出苗后遇雨或土壤板结，及时进行划锄，破除板结，通气、保墒，促进根系生长。

（2）浇好冬水。浇好冬水有利于保苗越冬，有利于年后早春保持较好墒情，以推迟春季第一次肥水，管理主动。应于小雪前后浇冬水，黄淮海麦区于 11 月底或 12 月初结束即可。对于群体适宜或偏大的麦田，应在适期内晚浇；反之，应在适期内早浇。

6. 春季管理

（1）返青期和起身期锄地。小麦返青、起身期不追肥、不浇水，及早进行划锄，以通气、保墒，提高地温，利于分蘖生长，促进根系发育，加强麦田磷代谢水平，使麦苗稳健生长。

（2）拔节期追肥、浇水。在高产田，将返青期或起身期（二棱期）追肥浇水，改为拔节期至拔节后期（雌雄蕊原基分化期至药隔形成期）追肥浇水。施拔节肥、浇拔节水的具体时间，要根据品种、地力水平、墒情和苗情而定。分蘖成穗率低的大穗型品种，一般在拔节初期追肥浇水；分蘖成穗率高的中穗型品种，在地力水平较高、群体适宜的麦田，宜在拔节初期至中期追肥浇水，而在地力水平高、群体偏大的麦田，宜在拔节中期至后期追肥浇水。

（3）浇挑旗水或开花水。挑旗期是小麦需水的临界期，此时灌溉有利于减少小花退化、增加穗粒数，并保证土壤深层蓄水，供后期吸收利用。如小麦挑旗期墒情较好，也可推迟至开花期浇水。对于地力水平一般的中产田，应在起身期追肥浇水。

7. 后期管理

（1）浇开花水或灌浆初期浇水。开花期灌溉有利于减少小花退化，增加穗粒数，保证土壤深层蓄水，供后期吸收利用。如小麦开花期墒情较好，也可推迟至灌浆初期浇水。要避免浇麦黄水，否则会降低小麦品质。

（2）防治病虫害。小麦病虫害会造成小麦粒秕，严重影响品质。锈病、白粉病、赤霉病、蚜虫等是小麦后期常发生的病虫害，应切实注意，加强预测预报，及时防治。

（3）蜡熟末期收获。试验表明，在蜡熟末期收获，籽粒的千粒重最高，此时的营养品质和加工品质也最优。蜡熟末期植株茎秆全部黄色，叶片枯黄，茎秆尚有弹性，籽粒含水率在 22% 左右，籽粒颜色接近本品种固有光泽，籽粒较为坚硬。提倡用联合收割机收割，麦秸还田。

三、小麦宽幅精播高产栽培技术

1. 播前准备

（1）品种选择。选用高产、稳产、抗倒、抗病、抗逆性好的中穗型或大穗型小麦品种。种子纯度要达到 98% 以上，发芽率在 95% 以上。

（2）种子处理。用精选机选种，除去秕粒、破碎粒及杂物等。小麦播种前要用专门的种衣剂包衣。没有种衣剂的要采用药剂拌种：根病发生较重的地块，选用 4.8% 苯醚·咯菌腈按种子量的 0.2%～0.3% 拌种，或 2% 戊唑醇按种子量的 0.1%～0.15% 拌种；地下害虫发生较重的地块，选用 40% 辛硫磷乳油按种子量的 0.2% 拌种；病虫混发地块用杀菌剂＋杀虫剂混合拌种，可选用 21% 戊唑·吡虫啉悬浮种衣剂按种子量的 0.5%～0.6% 拌种，或用 27% 的苯醚甲环唑·咯菌腈·噻虫嗪按种子量的 0.5% 拌种。

（3）施足基肥。施肥种类和施肥量应参考土壤养分的丰缺，平衡施肥。总施肥量一般每亩施腐熟的圈粪 3 000kg 左右；亩产 500kg 地块参考化肥用量：一般每亩施纯氮（N）14kg、五氧化二磷（P_2O_5）6～8kg、氧化钾（K_2O）7.5kg、硫酸锌（$ZnSO_4$）1kg。亩产 600kg 以上地块参考化肥用量：氮（N）16kg 以上，五氧化二磷（P_2O_5）9～11.5kg，氧化钾（K_2O）7.5～10kg。

上述总施肥量中，应将有机肥、磷肥、钾肥、锌肥的全部和氮肥总量的 50% 作底肥在耕地时施用，来年春季根据苗情，在小麦起身或拔节期再施总氮肥量的 50%。

（4）精细整地。采用机耕，耕深 20～30cm，破除犁底层，耕耙配套，耕层土壤不过暄，无明暗坷垃，无架空暗垡，达到上松下实；耕层土壤含水量达到田间持水量的 70%～80%，畦面平整，保证浇水均匀，不冲不淤。播前土壤墒情不足的应造墒，坚持足墒播种。

2. 播种技术

（1）采用畦田化种植。整地时打埂筑畦，实行小麦畦田化栽培。畦的大小应因地制宜，一般畦宽 1.5～3m，水浇条件好的可采用大畦，水浇条件差的可采用小畦。为了提高土地利用率、增加单位面积产量，一般应适当扩大畦宽，以 2.5～3.0m 为宜，畦埂宽不超过 40cm。为节约用水，提倡短畦，畦长以 50～60m 为宜。采用等行距种植的地块，可根据不同品种的株型特点，平均行距以 23～26cm 为宜。

（2）足墒播种。小麦出苗最适宜的土壤含水量为田间持水量的 70%～80%，墒情不足的，应采取多种形式造墒。当墒情和播期发生冲突时，宁可晚播 3～5d，也要先造墒再播种，做到足墒下种，确保一播全苗。

（3）适期晚播。适宜的播期应掌握在日平均气温 17～14℃，冬前≥0℃积温 550～600℃，越冬时能形成 6 叶 1 心的壮苗为宜。山东省小麦的适宜播种期参考值：鲁东地区应为 10 月 1～10 日；鲁中地区应为 10 月 3～13 日；鲁南、鲁西南地区应为 10 月 5～15 日；鲁北、鲁西北地区应为 10 月 2～12 日。

（4）适量播种。每亩基本苗应根据不同品种特点、千粒重、发芽率、出苗率等情况确定。对于分蘖成穗率高的中穗型品种，适期播种的高产麦田适宜基本苗为每亩 12 万～16 万株，每亩 40 万穗以上；对于分蘖成穗低的大穗型品种，适宜基本苗为每亩 15 万～18 万株，每亩 30 万穗以上。为确保适宜的播种量，应按下列公式计算：

$$每亩播种量（kg）＝\frac{要求基本苗×千粒重（g）}{1\,000×1\,000×发芽率×出苗率}$$

（5）宽幅播种。选择小麦耧腿式宽幅精播机或圆盘式宽幅精播机播种，苗带宽度 7～11cm，播种深度 3～4cm。

对于整地质量较好的地块，要采用耧腿式小麦宽幅播种机；对于整地质量差、秸秆坷垃较多的地块，要采用圆盘式小麦宽幅播种机。

3. 冬前管理

（1）查苗补种或疏苗移栽。麦苗出土以后，如有缺苗断垄，在 2 叶期前浸种催芽，及时补种，对零星缺苗地块，可在 3 叶期以后取密补缺，进行移栽。

（2）及时划锄。小麦 3 叶期至越冬前，每遇降雨或浇水后，都要及时划锄。立冬后，若每亩总茎数达 80 万以上时，要进行镇压。

（3）适时防治病虫草害。防治地下害虫，可用 50% 辛硫磷乳油每亩 40～50mL 喷麦茎基部。秋季小麦 3 叶期后大部分杂草出土，是化学除草的有利时机。对于以双子叶杂草为主的麦田，可每亩用 15% 噻磺隆可湿性粉剂 10g 加水喷雾防治；对于以抗性双子叶草为主的麦田，可每亩用 20% 氯氟吡氧乙酸乳油 50～60mL 或 5.8% 双氟·唑嘧胺乳油 10mL 防治；对于单子叶禾本科杂草重的麦田，可每亩用 3% 甲基二磺隆乳油 25～30mL 或 70% 氟唑磺隆水分散粒剂 3～5g，进行茎叶喷雾防治；对于双子叶和单子叶杂草混合发生的麦田，可将以上药剂混合使用。

（4）酌情浇好冬水。一般麦田，尤其是悬根苗，以及耕种粗放、坷垃较多及秸秆还田的地块，都要浇好越冬水。应于立冬至小雪期间、日平均气温稳定在 5～6℃ 时浇冬水，确保小麦安全越冬。浇过冬水，墒情适宜时要及时划锄，以破除板结，防止地表龟裂，疏松土壤，除草保墒，促进根系发育，促苗壮。对造墒播种、麦田冬前墒情较好、土壤基础肥力较高且群体适宜或偏大的麦田，一般不浇冬水。

4. 春季管理

（1）适时镇压划锄。对于吊根苗和耕种粗放、坷垃较多、秸秆还田导致土壤暄松的地块，要在早春土壤化冻后进行镇压，沉实土壤，减少水分蒸发，避免冷空气侵入分蘖节附近而冻伤麦苗；对于没有水浇条件的旱地麦田，在土壤化冻后及时镇压，促使土壤下层水分向上移动，起到提墒、保墒、增温、抗旱的作用。

（2）重施起身或拔节肥水。宽幅精播或半精播麦田，冬前、返青不追肥，应重施起身或拔节肥。麦田群体适中或偏小的（每亩茎蘖数90万以下），重施起身肥水；群体偏大的（每亩茎蘖数90万以上），重施拔节肥水。追肥以氮肥为主；缺磷、钾的地块，也要配合追施磷、钾肥。

（3）化学去除杂草。春季3月上中旬小麦返青后，及时开展化学除草。对双子叶杂草中，以播娘蒿、荠菜等为主的麦田，可选用双氟磺草胺、2甲4氯钠、2,4-滴异辛酯等药剂；以猪殃殃为主的麦田，可选用氯氟吡氧乙酸、氟氯吡啶酯·双氟磺草胺、双氟·唑嘧胺等；以雀麦为主的小麦田，可选用啶磺草胺＋专用助剂，或甲基二磺隆＋专用助剂等防治；以野燕麦为主的麦田，可选用炔草酯或精噁唑禾草灵等防治；以节节麦为主的麦田，可选用甲基二磺隆＋专用助剂等防治。对于阔叶杂草和禾本科杂草混合发生的麦田，可将以上药剂混合使用。

（4）综合防治病虫害。小麦返青至拔节期是小麦纹枯病、全蚀病、根腐病等根病和丛矮病、黄矮病等病毒病的又一次侵染扩展高峰期，也是危害盛期。此期是麦蜘蛛、地下害虫和杂草的危害盛期，是小麦综合防治的第二个关键环节。

防治纹枯病、根腐病可选用250g/L丙环唑乳油每亩30～40mL，或300g/L苯醚甲环唑·丙环唑乳油每亩20～30mL，或240g/L噻呋酰胺悬浮剂每亩20mL，喷小麦茎基部，间隔10～15d再喷一次；防治麦蜘蛛宜在上午10时以前或下午4时以后进行，可每亩用5%阿维菌素悬浮剂4～8g或4%联苯菊酯微乳剂30～50mL。以上病虫混合发生可采用上述相应药剂一次混合喷雾施药防治，达到病虫兼治的目的。

5. 后期管理

（1）浇好挑旗、灌浆水。小麦挑旗和灌浆时对水分需求量较大，要及时浇水，使田间持水量稳定在70%～80%。此期浇水应特别注意天气变化，严禁在风雨天气浇水，以防倒伏。收获前7～10d内，忌浇麦黄水。种植强筋小麦的地区应注意，小麦开花后土壤水分含量过高，会降低强筋小麦的品质，因此，强筋小麦生产基地在开花后应注意适当控制土壤含水量，在浇过足量挑旗水或开花水的基础上，不用再灌溉了，尤其不要浇麦黄水。

（2）综合防治病虫害。小麦穗期是麦蚜、一代黏虫、吸浆虫、白粉病、条锈病、叶锈病、叶枯病、赤霉病和颖枯病等多种病虫集中发生期和危害盛期。防治穗蚜可每亩用25%噻虫嗪水分散粒剂10g，或70%吡虫啉水分散粒剂4g对水喷雾，还可兼治灰飞虱。白粉病、锈病可用20%三唑酮乳油每亩50～75mL喷雾防治，或30%苯甲·丙环唑乳油1 000～1 200倍液喷雾防治；叶枯病和颖枯病可用50%多菌灵可湿性粉剂每亩75～100g喷雾防治，也可用18.7%丙环·嘧菌酯喷雾防治。

（3）根外追肥。在挑旗孕穗期至灌浆初期喷0.2%～0.3%的磷酸二氢钾溶液，或0.2%的植物细胞膜稳态剂等溶液，每亩喷50～60kg。叶面追肥最好在晴天下午4时以后进行，间隔7～10d再喷一次。喷后24h内如遇到降雨应补喷一次。

（4）适时收获。小麦蜡熟末期至完熟期是收获的最佳时期，此时干物质积累达到最多、千粒重最高，应及时收获。此时期小麦的植株茎秆全部黄色，叶片枯黄，茎秆尚有弹性，籽粒内部呈蜡质状，含水率 22% 左右，颜色接近本品种固有光泽。收获后要及时晾晒，防止遇雨和潮湿霉烂，并在入库前做好粮食精选，保证小麦商品粮的纯度和质量。优质专用小麦还应注意收获时要单收单脱，单独晾晒，单贮单运，防止混杂。

四、小麦垄作高产高效栽培技术

1. 选择适宜地区 小麦垄作栽培适于水浇条件及地力基础较好的地块，应选择耕层深厚、肥力较高、保水保肥及排水良好的地块进行，对于旱作地区，必须结合免耕、覆盖及其他节水技术进行。

2. 精细整地 播前要有适宜的土壤墒情，墒情不足时应先造墒，再起垄。如农时紧，也可播种以后再顺垄沟浇水。起垄前深松土壤 20～30cm，耙平除去土坷垃及杂草后再起垄，以免播种时堵塞播种楼，影响播种质量。整地时基肥的施用原则与一般的精播高产栽培方法相同，目前提倡肥料后移施肥技术，即基肥占全生育期的 1/3，追肥占 2/3。

3. 合理确定垄幅 对于中等肥力的地块，垄宽以 70～80cm 为宜，垄高 17～18cm，垄上种 3 行小麦，小麦的小行距为 15cm，大行距为 50cm，平均行距为 26.7cm，这样便于玉米直接在垄沟进行套种；而对于高肥力地块，垄幅可缩小至 60～70cm，垄上种 2 行小麦，玉米套种在垄顶部的小麦行间。

4. 选用配套垄作机械，提高播种质量 用小麦专用起垄播种一体化机械，起垄、播种一次完成，可提高起垄和播种质量，尤其是能充分利用起垄时良好的土壤墒情，利于小麦出苗，为苗全、苗齐、苗匀、苗壮打下良好的基础。

5. 合理选择良种，充分发挥垄作栽培的优势 用精播机播种，注意在品种的选择上应以叶片披散型品种为宜，这样有利于充分利用空间资源，扩大光合面积，可最大限度地发挥小麦的边行优势。而对于叶片上冲型品种，由于占用空间较小，可适当加大密度，以增加有效光合面积。

6. 加强冬前及春季肥水管理 垄作小麦要适时浇好冬水，干旱年份要注意垄作小麦苗期尤其是早春要及时浇水，以防受旱害和冻害。后期灌水多少应根据天气情况灵活掌握。小麦起身期追肥（一般每亩追 10～15kg 尿素），肥料直接撒入沟内，可起到深施肥的目的。然后再沿垄沟小水渗灌，切忌大水漫灌。待水慢慢浸润至垄顶后停止浇水，这样可防止小麦根际土壤板结。切忌将肥料直接撒在垄顶，否则不仅会造成肥料的浪费，严重的还会产生烧苗现象。小麦孕穗灌浆期应视土壤墒情加强肥水管理，根据苗情和地力条件，脱肥地块可结合浇水亩追施尿素 5～10kg，有利于延缓植株衰老，延长籽粒灌浆时间，提高产量，同时为玉米套种提供良好的土壤墒情和肥力基础。

7. 及时防治病虫草害 小麦垄作栽培可有效控制杂草，且由于生活环境的改善（田间湿度降低、通风透光性能增强、植株发育健壮等），植株发病率和虫害均较传统平作轻，但仍应注意病虫害的预测预报，做到早发现、早防治。

8. 适时收获，秸秆还田 垄作小麦收获同传统平作一样均可用联合收割机，但套种玉米的地块应注意玉米幼苗的保护。垄作栽培将土壤表面由平面形变为波浪形，粉碎的作物秸秆大多积累在垄沟底部，不会影响下季作物的播种和出苗，因此要求垄作栽培的作物尽量做到秸秆还田，以提高土壤有机质含量，从而达到培肥地力、实现可持续发展的目的。

9. 垄作与免耕覆盖相结合 垄作与免耕覆盖相结合可大大减少雨季地表径流，充分发挥土壤水库的作用，抑制杂草生长，减少土壤蒸发，大幅度提高土壤水分利用率及旱地土壤生产能力，对旱地小麦生产有很好的借鉴作用。

五、小麦高产高效标准化生产技术模式

小麦高产高效标准化生产技术模式优化集成了秸秆还田、深松镇压耕层调优、按需补灌水肥一体化、规范化播种、病虫草害绿色综合防控等关键技术。通过秸秆粉碎还田及耕、松、耙、压配合，创造合理的耕层结构，可有效解决常年少耕麦田犁底层上升加厚、耕层结构恶化、土壤肥力不高的问题；以宽幅、适时、适量、适墒等为重点的规范化播种则可确保苗齐、苗全、苗壮；按需补灌水肥一体化技术不仅能充分利用自然降水和土壤贮水，显著提高水分和肥料利用效率，大幅减少灌溉水和肥料投入，有效解决生产中水肥浪费严重的问题，而且还填补了传统生产模式中水肥机械化管理的空白。病虫草害绿色综合防控技术则通过统防统治、高效低毒农药与飞机喷防及防飘对靶减量施药植保机械相配合，不仅大幅减少农药投入，而且有效降低生物灾害损失，确保粮食和食品安全。与传统管理模式相比，采用该技术模式，小麦增产幅度达到 10% 左右，水分利用效率提高 15%，肥料利用率提高 12%，农药使用量减少 10% 以上。

1. 优质高产小麦品种遴选 选用通过国家或山东省农作物品种审定委员会审定、经当地试验和示范、适应当地生产条件、单株生产力高、抗倒伏、抗病、抗逆性强、株型较紧凑、光合能力强、经济系数高的冬性或半冬性优质专用高产小麦品种。

2. 秸秆还田与耕层调优

（1）秸秆还田。前茬是玉米的麦田，用玉米秸秆还田机粉碎秸秆 1～2 次，秸秆长度 5cm 左右。

（2）耕、松、耙、压配合。可采用深耕或深松的方法进行土壤耕作，两者选一。

采用耕翻的麦田，耕深 20～25cm。耕翻后及时耙地或镇压。不采用耕翻技术的麦田，每 3 年用深松机深松 1 次，深松深度 30cm。深松后采用旋耕机旋耕 2 次，旋耕深度 15cm。旋耕机后需挂带镇压器，以破碎土块、及时压实表层土壤，防止耕层过虚导致土壤失墒、影响播种出苗。

3. 规范化播种

（1）规范化筑畦。采用喷灌、微喷灌、滴灌等设施灌溉的麦田不需筑畦，以增加有效种植面积。畦灌麦田需采用节水的畦田规格。

（2）规范化播种。

①播种期。以播种至越冬 0℃ 以上积温达 600～650℃ 为宜。

②播种量。在适宜播种期内，分蘖成穗率低的大穗型品种，每亩基本苗 15 万～18 万株；分蘖成穗率高的中穗型品种，每亩基本苗 12 万～16 万株。

③播种方式、行距、深度。用小麦宽幅精播机播种。苗带宽度 8～10cm，平均行距 21～25cm，播种深度 3～5cm。

④播种后及时镇压。

4. 按需补灌水肥一体化管理

（1）关键生育时期按需补灌。

①播种时测定田间地表下 0～20cm 和 20～40cm 土层土壤体积含水量。

②通过雨量数据采集器或从当地气象局（站），依次获取冬小麦播种至越冬、越冬至拔节、拔节至开花期间的自然降水量。

③依据作物按需补灌水肥一体化管理决策支持系统确定播种期、越冬期、拔节期和开花期是否需要补灌，以及设施灌溉麦田所需补灌水量。

④畦灌麦田采用节水的畦田灌溉参数。

（2）水肥一体化管理。

①依据土壤肥力、土壤质地、冬小麦目标产量确定全生育期肥料用量。常年秸秆还田、土壤速效钾含量超过 120mg/kg、土壤质地为壤土或黏土的地块，目标产量在 9 000～10 500kg/hm² 范围内，全生育期施用纯氮、五氧化二磷、氧化钾的量分别为 240kg/hm²、120kg/hm²、90～105kg/hm²；目标产量在 7 500～8 500kg/hm² 范围内，全生育期施用纯氮、五氧化二磷、氧化钾的量分别为 192kg/hm²、90kg/hm²、45～60kg/hm²。

土壤速效钾含量低于 120mg/kg、土壤质地为粉壤土或沙壤土的地块，目标产量在 7 500～8 500kg/hm² 范围内，全生育期施用纯氮、五氧化二磷、氧化钾的量分别为 192kg/hm²、90kg/hm²、60～90kg/hm²；土壤质地为沙土的地块，目标产量在 6 000～7 500kg/hm² 范围内，全生育期施用纯氮、五氧化二磷、氧化钾的量分别为 150～180kg/hm²、60～90kg/hm²、60～90kg/hm²。

②播种时合理施用底肥。常年秸秆还田、土壤速效钾含量超过 120mg/kg、土壤质地为壤土或黏土的地块，目标产量在 9 000～10 500kg/hm² 范围内，底施纯氮、五氧化二磷和氧化钾的量分别占其生育期总施用量的 50％、100％、30％～50％（重量比）；目标产量在 7 500～8 500kg/hm² 范围内，底施纯氮、五氧化二磷和氧化钾的量分别占其生育期总施用量的 50％、100％、0～50％（重量比）。

土壤速效钾含量低于 120mg/kg、土壤质地为粉壤土或沙壤土的地块，目标产量在 7 500～8 500kg/hm² 范围内，底施纯氮、五氧化二磷和氧化钾的量分别占其生育期总施用量的 50％、100％、50％～100％（重量比）；土壤质地为沙土的地块，目标产量在 6 000～7 500kg/hm² 范围内，底施纯氮、五氧化二磷和氧化钾的量分别占其生育期总施用量的 50％、50％、50％（重量比）。

③拔节期随水施肥，水肥耦合一体化管理。常年秸秆还田、土壤速效钾含量超过 120mg/kg、土壤质地为壤土或黏土的地块，目标产量在 9 000～10 500kg/hm² 或 7 500～8 500kg/hm² 范围内，拔节期灌水时将底肥施用后，剩余的氮肥和钾肥随灌溉水施入田间。

土壤速效钾含量低于 120mg/kg、目标产量在 7 500～8 500kg/hm² 范围内，土壤质地为粉壤土的地块，拔节期灌水时将底肥施用后剩余的氮肥随灌溉水施入田间，土壤质地为沙壤土的地块，拔节期灌水时，随灌溉水施纯氮和氧化钾的量分别占其生育期总施用量的 30％和 50％（重量比）；土壤质地为沙土的地块，目标产量在 6 000～7 500kg/hm² 范围内，拔节期灌水时，随灌溉水施纯氮、五氧化二磷和氧化钾的量分别占其生育期总施用量的 30％、50％、30％（重量比）。

④开花期随水施肥，水肥耦合一体化管理。土壤速效钾含量低于 120mg/kg、土壤质地为沙壤土的地块，目标产量在 7 500～8 500kg/hm² 范围内，开花期灌水时，随灌溉水施纯氮的量占其生育期总施用量的 20%（重量比）；土壤质地为沙土的地块，目标产量在 6 000～7 500kg/hm² 范围内，开花期灌水时，随灌溉水施纯氮和氧化钾的量占其生育期总施用量的 20%（重量比）。

5. 病虫草害绿色综合防控

（1）种子处理。播种前用具杀虫和杀菌作用的高效低毒的小麦专用种衣剂进行种子包衣。没有包衣的种子要用药剂拌种。

（2）土壤处理。地下害虫发生严重的地块，需配制毒土于耕地前均匀撒施。

（3）主要病虫草害统防统治。

①小麦生育期易发的主要病害包括条锈病、赤霉病、白粉病、纹枯病，虫害包括麦蚜、黏虫、麦红蜘蛛等。

②防治技术与方法。

A. 杂草防治。于冬前小麦分蘖期或越冬后小麦返青期，日平均气温在 10℃时防除麦田杂草。

B. 病虫兼防兼治。起身拔节期阻击蔓延。该期以防治小麦纹枯病、条锈病、白粉病等病害为重点，兼治红蜘蛛和蚜虫等虫害，局部地块防治小麦吸浆虫。

抽穗至灌浆期"一喷三防"。抽穗扬花期是蚜虫高发和锈病、白粉病的流行关键期，该期遇雨或有雾高湿天气，易诱发赤霉病。应以防治蚜虫为主，兼治锈病、白粉病、赤霉病等病害。开花以后，根据病虫害发生情况，实施"一喷三防"。

C. 大规模经营主体宜采用飞机大面积喷防，小规模地块宜采用无人机或防飘对靶减量施药植保机械喷防。

6. 非生物灾害预防

（1）化控防倒。对旺长麦田或株高偏高的品种于起身期实施化控。

（2）抵御干热风。孕穗期至灌浆期叶面喷肥或"一喷三防"，提倡适时微喷、降温增湿。

7. 机械收获 蜡熟末期至完熟初期采用联合收割机收割。提倡麦秸还田。实行单收、单打、单贮。

8. 适宜区域 黄淮和北部冬麦区水浇地麦田。

9. 注意事项

①注重秸秆粉碎还田质量，秸秆量过大的地块，提倡秸秆的综合利用，部分回收与适量还田相结合。

②采用喷灌、微喷灌、滴灌等设施灌溉，需选用与之配套的溶肥注肥机械，实施水肥一体化管理。

③水肥一体化宜采用液体肥料或可溶性固体肥料，如尿素、氯化钾等。

④病虫草害绿色综合防控用药必须符合国家对农药的规定与要求。

第三章

山东省小麦生产发展规划

小麦是山东省第一大粮食作物,其种植面积占全国小麦面积的15%,总产占全国总产的18%,搞好小麦生产,对于确保山东省乃至全国粮食安全具有非常重要的意义。

第一节 "十二五"山东省小麦生产总结

一、小麦产量特点

1. 小麦生产总体特点 近年来,山东省小麦面积在5 500万~5 600万亩,其中4 300万亩左右为水浇地,1 300万亩左右为无水浇条件的旱地,旱地主要分布在烟台、青岛、临沂等市。"十二五"山东省小麦面积、亩产、总产均呈增长趋势。其中,面积由2011年的5 390.3万亩,增加到2015年的5 699.8万亩,增长5.74%;总产由2011年的2 103.9万t,增加到2015年的2 346.6万t,增长11.54%;亩产由2011年的390.3kg,增加到2015年的411.7kg,增长幅度5.48%(表3-1)。

"十二五"山东省小麦生产的主要特点是面积增加、单产和总产增幅大。2011—2015年,小麦年均种植面积5 530.17万亩,较"十一五"的平均种植面积增加277.82万亩,增长5.29%;平均亩产401.78kg,比"十一五"增加20kg,增长5.24%;年均小麦总产2 222.6万t,比"十一五"增加217.32万t,增长10.84%。

表3-1 "十二五"山东小麦生产情况

年份	播种面积(万亩)	总产(万t)	亩产(kg)
2011	5 390.3	2 103.9	390.3
2012	5 438.8	2 179.3	400.7
2013	5 509.9	2 218.8	402.7
2014	5 612.1	2 264.4	403.5
2015	5 699.8	2 346.6	411.7
"十二五"	5 530.2	2 222.6	401.8
比"十一五"增加量	277.8	217.3	20.0
增长率(%)	5.3	10.8	5.2

依据气候、地形地貌、土壤类型等生态条件,山东省可划分为4个生态区:鲁东生态

区、鲁中生态区、鲁南生态区、鲁北生态区。根据各市统计数据分析各生态区的小麦生产特点如下。

（1）鲁东生态区。包括青岛、烟台、威海三市。此区土地总面积最小，海岸线最长，区内地形复杂，山、丘、平、洼交错分布，山地丘陵面积大，棕壤土占多数，土层薄，土壤肥力低，保肥保水性能差。气温适中，雨量较多，秋季降温晚而慢，冬季低温时间长，春季气温回升慢。"十二五"期间，该区由于结构调整，种植果树、蔬菜面积增大，小麦播种面积、总产呈下降趋势，单产则逐年增加。面积由 2011 年的 781.49 万亩，减少到 2015 年的 658.12 万亩，减少 123.37 万亩，降幅 15.79%；总产由 2011 年的 302.98 万 t，减少到 2015 年的 263.32 万 t，降幅 13.09%；亩产由 2011 年的 387.7kg，增加到 2015 年的 400.11kg，增幅 3.20%。

（2）鲁中生态区。包括潍坊、济南、淄博、泰安、日照、莱芜等六市。区内潍坊、济南平原面积大，淄博、泰安、日照、莱芜平原与丘陵相间。本区的山丘区由于坡陡比降大，水土流失严重，所以土层浅薄，肥力低，小麦产量低而不稳；而平原、谷地地势平缓，土层较深厚，土壤肥力高，水资源比较丰富，适宜小麦生长，山东省著名的"泰（安）、莱（芜）、肥（城）、宁（阳）平原"以及桓台等地的小麦高产区均分布在此区内。"十二五"期间，该区小麦播种面积、总产呈下降趋势，亩产则逐年增加。面积由 2011 年的 1 581.46 万亩，减少到 2015 年的 1 390.25 万亩，减少 191.21 万亩，降幅 12.09%；总产由 2011 年的 655.65 万 t，减少到 2015 年的 598.59 万 t，减少 57.06 万 t，降幅 8.70%；亩产由 2011 年的 414.58kg，增加到 2015 年的 430.56kg，增幅 3.85%。

（3）鲁南生态区。包括临沂、枣庄、济宁、菏泽等四市。本区以平原为主，少有缓丘，其湖洼面积最大，光、热资源充足，水资源较丰，冬季负积温在 4 个生态区中最少，干热风与雾日天数居中。"十二五"期间，该区小麦面积、总产呈下降趋势，单产则逐年增加。面积由 2011 年的 2 229.59 万亩，减少到 2015 年的 2 034.52 万亩，减少 195.07 万亩，降幅 8.75%；总产由 2011 年的 901.66 万 t，减少到 2015 年的 869.72 万 t，减少 195.07 万 t，降幅 8.75%；单产由 2011 年的 404.40kg，增加到 2015 年的 427.48kg，增幅 5.71%。

（4）鲁北生态区。包括滨州、东营、德州、聊城四市。本区以大平原为主，间有岗、坡、洼相间的微地貌类型。区内潮土最多，土层深厚，肥力中等，保肥保水性能较好，但是盐碱、涝洼面积大。"十二五"期间，该区小麦面积呈增加趋势，总产、单产均呈下降趋势。面积由 2011 年的 1 704.30 万亩，增加到 2015 年的 1 723.63 万亩，增加 19.33 万亩，增幅 1.13%；总产由 2011 年的 809.21 万 t，减少到 2015 年的 794.37 万 t，减少 14.84 万 t，降幅 1.83%；亩产由 2011 年的 474.8kg，减少到 2015 年的 460.87kg，降幅 2.93%（表 3-2）。

表 3-2　"十二五"期间山东省主要生态区小麦生产情况

生态区	年份	播种面积（万亩）	总产（万 t）	亩产（kg）
鲁东生态区	2011	781.49	302.98	387.70
	2012	742.55	289.74	390.20

（续）

生态区	年份	播种面积（万亩）	总产（万 t）	亩产（kg）
鲁东生态区	2013	706.14	277.22	392.59
	2014	662.82	263.07	396.90
	2015	658.12	263.32	400.11
	平均	710.22	279.27	393.50
鲁中生态区	2011	1 581.46	655.65	414.58
	2012	1 540.81	639.17	414.83
	2013	1 464.20	605.75	413.71
	2014	1 420.28	595.58	419.34
	2015	1 390.25	598.59	430.56
	平均	1 479.40	618.95	418.60
鲁南生态区	2011	2 229.59	901.66	404.40
	2012	2 095.28	862.40	411.59
	2013	2 062.99	830.13	402.39
	2014	2 066.23	854.17	413.40
	2015	2 034.52	869.72	427.48
	平均	2097.72	863.61	411.85
鲁北生态区	2011	1 704.30	809.21	474.80
	2012	1 602.42	741.61	462.80
	2013	1 603.78	726.97	453.29
	2014	1 672.06	778.36	465.51
	2015	1 723.63	794.37	460.87
	平均	1 661.24	770.10	463.45

2. 2011—2015 年小麦生产主要特点　2011—2015 年山东省小麦生产总体呈现面积、亩产、总产"三增"的局面。其中 2014 年、2015 年面积增长较大，分别增长 102.2 万亩和 87.65 万亩，2012 年、2015 年总产增长较多，分别增长 75.4 万 t 和 82.2 万 t，亩产为2012 年、2015 年增长较多，分别增长 10.4kg 和 8.22kg（表 3-3）。

表 3-3　"十二五"期间山东小麦面积、亩产、总产增长情况

年份	播种面积（万亩）	总产（万 t）	亩产（kg）
2011	47.5	45.3	5.0
2012	48.5	75.4	10.4
2013	71.1	39.5	2.0
2014	102.2	45.6	0.8
2015	87.7	82.2	8.2

从小麦产量结构可以看出（表3-4），"十二五"期间全省平均穗数年变化0.18～1.74万穗/亩，每穗结实粒数年变化0.29～1.03粒，千粒重年变化0.43～1.83g。反映出小麦单产的提升在于产量构成因子的相互调节。

表3-4　"十二五"山东小麦产量结构情况

年份	亩穗数（万穗）	穗粒数（粒）	千粒重（g）	亩产（kg）	较上一年增减数			
					亩穗数（万穗）	穗粒数（粒）	千粒重（g）	亩产（kg）
2010	34.8	34.7	41.7	385.6	—	—	—	—
2011	36.2	33.6	42.1	390.3	1.5	−1.0	0.4	4.7
2012	37.9	34.0	40.9	400.7	1.7	0.4	−1.2	10.4
2013	39.5	33.4	40.3	402.7	1.5	−0.6	−0.5	2.0
2014	39.7	33.0	42.2	403.5	0.2	−0.4	1.8	0.8
2015	40.7	33.3	41.3	411.7	1.1	0.3	−0.9	8.2

3. 小麦产量变化的主导因素　由表3-5可知，"十二五"期间山东小麦面积、单产对总产的贡献率年份间有差异，5年平均看，面积对总产的贡献率为54.7%，单产占45.3%，面积的贡献率略大于单产的贡献率。可以看出，小麦总产的连续提高，基于面积和单产两者的逐年提高。

表3-5　山东省"十二五"期间小麦面积和单产对总产增长的贡献率

年份	面积贡献率（%）	单产贡献率（%）
2011	40.9	59.1
2012	25.8	74.2
2013	72.5	27.5
2014	90.4	9.6
2015	43.9	56.1
平均	54.7	45.3

二、主要气象特点、气象灾害对小麦生产的影响

1. 2011—2015年主要气象特点及对小麦生产的影响

（1）2011年。一是秋种墒情适宜，播种质量高，冬前群体足，为增加亩穗数奠定基础。2010年夏季（6～8月），全省平均降水量为478.8mm，较常年偏多18%。尤其是8月全省平均降水量256.1mm，较常年偏多72%。秋种期间墒情适宜，小麦播期集中，播种质量高。二是秋冬春持续干旱，严重影响了旱地小麦的正常生长。自2010年9月23日至2011年2月25日，全省平均降水仅为18.5mm，较常年减少80%，全省连续150多d无有效降水，受旱麦田达到3 500万亩，重旱1 000万亩，影响后期的亩穗数。三是个别地区遭遇极端低温，部分麦田遭受不同程度的冻害。2010年12月下旬至2011年2月下旬，全省平均气温−1.5℃，较常年偏低0.8℃，且遭遇几次寒流袭击，各地季极端最低气温在−17.0（肥城）～−10.0℃（菏泽），小麦发生不同程度的冻害。4月中下旬，

鲁南等部分地区出现 0℃ 以下低温，对部分区域拔节后小麦造成一定程度的冻害。四是春季气温回升慢，降水偏少，光照充足，小麦生育期推迟，株高降低。五是灌浆期气象条件较好，收获期推迟，粒重提高。六是产量构成因素为"二增一减"。全省平均亩穗数比上年增加 1.5 万，穗粒数减少 1 粒，千粒重增加 0.4g。

（2）2012 年。一是秋种墒情适宜，冬前群体充足，有利于增加亩穗数；春季气温回升慢，小麦分蘖两极分化速度快，田间通风透光条件较好，水浇地块粒重较高。二是气候条件总体上利大于弊。不利因素主要是小麦灌浆期间持续干旱，影响了旱地小麦的籽粒饱满度，主要分布在临沂、潍坊、烟台、菏泽、枣庄市；部分地区小麦抽穗开花期间遭遇大雾天气，小麦赤霉病发病较重；有的地区后期遇到大风天气，导致部分麦田发生不同程度倒伏。三是各类麦田均衡增产。四是产量构成因素"二增一减"。全省平均亩穗数比上年增加 1.7 万，穗粒数增加 0.4 粒，千粒重减少 1.2g。

（3）2013 年。一是 10 月下旬及 11 月上旬，全省出现多次降水过程，大部分农田墒情适宜，小麦出苗整齐。二是小麦越冬期间降雪较多，有利于麦苗安全越冬。2012 年 12 月 11 日至 2013 年 2 月 28 日，全省平均降水量 50.6mm，较常年偏多 108%。三是春季几次关键降水，基本满足了小麦生长需求，旱地小麦增产幅度较大。5 月 7～9 日、17～19 日、25～27 日全省出现三次大范围降水天气过程，全省平均降水量 103.6mm，较常年偏多 86%。5 月 25～27 日的降水有利于小麦灌浆。四是 4 月 2～7 日全省出现两次"倒春寒"天气，极端最低气温在 -2.0（平度）～4.1℃（菏泽）。4 月 19 日下午至 20 日 6 时，山东省出现大面积雨雪降温天气，平均降水 10.7mm，4 月 20 日早晨，除枣庄、临沂的局部地区最低气温在 2～4℃ 外，大部分地区在 0～2℃，局部地块温度达 -0.3℃。这两次降温天气，正值小麦拔节期，造成部分地块出现不同程度冻害。五是 5 月 19～20 日、5 月 25～27 日，全省多地遭受暴雨大风袭击，局地伴有冰雹，造成倒伏麦田面积大，部分麦田早熟枯死。六是小麦产量构成因素为"一增两减"，即亩穗数增多、穗粒数和千粒重减少，全省亩穗数增多 1.54 万，穗粒数、千粒重分别减少 0.59 粒、0.54g。

（4）2014 年。一是 2013 年 9 月下旬，全省出现了一次大范围降水过程，小麦播种进度快，全省在适播期内播种的小麦面积占 90.2%。二是冬春连旱，对旱地麦田产量影响较大。2013 年 10 月，全省平均降水量 8.0mm，较常年偏少 74.8%；部分地区出现轻旱，小麦入冬 2013 年 12 月 1 日至 2014 年 3 月 17 日，全省平均降水量为 17.7mm，较常年偏少 53%。返青期以后，全省降水持续偏少，2 月下旬至 3 月中旬，全省平均降水量 4.7mm，较常年减少 70%，鲁中、胶东、鲁南等地的部分地区出现不同程度的干旱，严重影响了小麦正常生长发育。三是小麦抽穗期提前 7～10d，增加了灌浆时间，灌浆期间光照充足，昼夜温差大，小麦后期病虫害显著轻于往年，粒重达近年来最高水平。四是产量构成因素"二增一减"，全省平均亩穗数比上年增加 0.2 万，穗粒数减少 0.34 粒，千粒重增加 1.74g。

（5）2015 年。一是小麦播种期间墒情适宜，2014 年 9 月中下旬，出现 3 次较大范围降水，全省平均降水量 74.8mm，较常年偏多 182%，出苗质量高。二是冬前 10 月 6 日至 11 月 30 日全省平均积温 656.5℃，较常年偏多 82.6℃，利于小麦生长和形成壮苗。11 月下旬后期，连续出现两次全省性降水过程，平均降水量 27.9mm，利于小麦安全越冬。三是小麦越冬期间，全省平均气温 0.9℃，较常年偏高 1.2℃，有利于小麦安全越冬。四是 2 月 14~16 日、19~21 日出现全省范围的降水过程，平均降水量 12.1mm，改善了小麦返青期的墒情。五是拔节期较常年偏早 3~7d，同时 3 月 31 日至 4 月 2 日，全省平均降水量 36.3mm，大部分地区旱情解除。4 月中旬，全省小麦处在拔节孕穗期，4 月 11~14 日、18~20 日出现全省范围的降水过程，全省平均降水量 20.2mm，为小麦生长提供了水分。小麦抽穗以后，大部时段天气晴好，光温适宜。4 月 27~29 日、5 月 1~2 日，全省大部地区出现雷雨天气，平均降水量 10.7mm，补充了开花水。六是全省旱地麦田关键生育期均有降水，增产幅度达到 10.3%。七是小麦产量构成为亩穗数、穗粒数增加，千粒重减少的"两增一减"现象。

2. 2011—2015 年主要气象灾害对小麦生产的影响 2011—2015 年期间，山东省几乎每年都会发生干热风、冰雹、冻害、干旱等自然灾害的危害，只是不同年份、不同麦区发生程度不同。据农技部门统计（表 3-6），"十二五"期间，山东省平均每年倒伏面积为 181.2 万亩，减产幅度为 11.9%，其中，2012 年和 2013 年倒伏面积较大，超过 280 万亩以上。五年间干热风发生面积平均每年 469.4 万亩，减产幅度 3.4%，其中，干热风发生面积较大的年份是 2014 年和 2015 年，分别发生面积 993.1 万亩、812.0 万亩。五年间冰雹发生面积平均每年 30.6 万亩，减产幅度 10.4%。其中，冰雹发生面积较大的年份是 2012 年、2015 年和 2011 年，分别发生面积 52.6 万亩、31.1 万亩和 30.4 万亩。五年间冻害发生面积平均每年 292.5 万亩，减产幅度 7.3%，其中，冻害发生面积较大的年份是 2011 年和 2013 年，分别发生面积 569.5 万亩和 444.7 万亩。五年间干旱发生面积平均每年 1 012.6 万亩，其中，干旱发生面积较大的年份是 2011 年，发生面积 3 500.0 万亩。

表 3-6　2011—2015 年山东省小麦受灾情况统计

年份	倒伏情况		干热风危害		冰雹危害		冻害情况		干旱危害	
	面积（万亩）	减产幅度（%）	面积（万亩）	减产幅度（%）	面积（万亩）	减产幅度（%）	面积（万亩）	减产幅度（%）	面积（万亩）	减产幅度（%）
2011	35.2	8.5	104.1	6.3	30.4	9.2	569.5	8.8	3 500.0	—
2012	288.7	9.4	229.0	4.4	52.6	11.2	83.0	6.0	0.0	—
2013	337.5	16.3	209.0	3.2	20.2	6.5	444.7	5.8	0.0	—
2014	113.4	12.0	993.1	3.6	18.6	9.2	123.4	15.0	867.5	11.2
2015	131.4	6.6	812.0	2.7	31.1	13.6	241.8	3.4	695.3	7.3
平均	181.2	11.9	469.4	3.4	30.6	10.4	292.5	7.3	1 012.6	—

三、主要病虫害及对小麦生产的影响

山东省麦区每年都会发生多种病虫害危害。据山东省植保站统计（表 3-7），2011—2014 年，山东省平均每年发生病虫害 16 792.38 万亩次，防治面积 18 049.79 万亩次，实际损失 55.30 万 t。

表3-7　2011—2014 年山东省小麦主要病虫害发生及防治情况

年份	发生面积（万亩次）	防治面积（万亩次）	挽回损失（万 t）	实际损失（万 t）
2011	16 395.0	16 988.7	—	55.7
2012	18 363.8	19 354.6	378.9	63.4
2013	16 185.5	17 530.9	324.2	50.6
2014	16 225.3	18 325.0	223.3	51.6
平均	16 792.4	18 049.8	308.8	55.3

四、耕地肥力评价及分析

随着农业生产条件的改善，化肥用量的不断提高，土肥技术的推广，农作物秸秆还田、深耕深翻、测土配方施肥、增施有机肥料等技术的推广，山东省耕地肥力水平逐年提高，表现在耕地各种养分都有提高，但是不同地市的土壤肥力仍有较大差异（表3-8）。

表3-8　各市耕层土壤有机质、氮、磷、钾养分含量

地区	有机质（g/kg）	全氮（g/kg）	碱解氮（mg/kg）	有效磷（mg/kg）	缓效钾（mg/kg）	速效钾（mg/kg）
济南	14.9	0.79	84	23.8	800	130
青岛	11.1	0.72	81	37	384	100
淄博	17.3	1.17	115	41	861	180
枣庄	16.9	1.08	106	27.9	736	127
东营	12.3	0.77	53	16.9	613	139
烟台	10.8	0.7	74	41.3	592	118
潍坊	13.7	0.97	95	41.2	705	151
济宁	13.8	0.91	84	26.6	696	116
泰安	14.5	0.81	79	29.6	793	109
威海	9.8	1.18	69	34.1	478	80
日照	11.4	0.77	114	36.4	496	78
莱芜	14.3	0.84	89	42.6	766	135
临沂	14.4	0.92	98	38.5	647	106
德州	13.4	0.73	88	25.9	851	132
聊城	14.5	0.98	81	35	813	150
滨州	13.9	0.91	88	28	854	152
菏泽	12.2	0.83	80	22.5	770	116

（一）土壤有机质

1. 不同区域土壤有机质含量　不同区域土壤有机质含量的差异，是成土母质与人类社会活动对土壤影响的集中体现。通过调查分析，鲁东低山丘陵区平均含量为 11.0g/kg，鲁东北盐渍化区平均含量为 12.7g/kg。鲁西北平原区平均含量为 13.4g/kg，鲁中山地丘

陵区平均含量为 14.0g/kg，鲁中北部平原区平均含量为 14.8g/kg，鲁中南部平原区平均含量为 15.8g/kg。

2. 不同地貌类型及各市土壤有机质含量　不同地貌类型土壤有机质含量有较大差异，其中黄泛平原耕层土壤平均含量为 13.2g/kg，山前平原平均含量为 14.6g/kg，丘陵山地平均含量为 12.0g/kg。

淄博、枣庄二市耕层土壤有机质含量最高，平均值分别为 16.9g/kg、17.3g/kg，有机质高与两市煤矿分布广，土壤表层混有碳粉有关，因为有机质分析是测定土壤的碳含量。其次是济南、泰安、聊城和临沂，含量分别是 14.9g/kg、14.5g/kg、14.5g/kg、14.4g/kg，威海、烟台、青岛、日照四市含量最低，平均值分别为在 9.8g/kg、10.8g/kg、11.1g/kg、11.4g/kg。

3. 不同土壤类型的土壤有机质含量　各土壤类型间有机质含量变化较明显（表 3-9），其中，以质地黏重、通透性较差的水稻土、砂姜黑土含量最高，平均为 17.5g/kg、16.2g/kg。以沙质性、通透性较好的风沙土、粗骨土含量最低，平均为 10.78g/kg、10.8g/kg。其他土壤类型在 11.5～15.2g/kg。

表 3-9　不同土壤类型耕层土壤有机质、氮、磷、钾养分含量

土壤类型	有机质 （g/kg）	全氮 （g/kg）	碱解氮 （mg/kg）	有效磷 （mg/kg）	速效钾 （mg/kg）	缓效钾 （mg/kg）
潮土	13.2	0.83	83	29.8	132	771
棕壤	11.5	0.81	81	35	99	570
褐土	15	0.97	93	33.4	137	748
砂姜黑土	16.2	1.1	104	37.7	147	674
粗骨土	10.8	0.68	74	34	89	619
水稻土	17.5	1.11	117	42.8	109	670
滨海盐土	11.9	0.82	62	13.7	103	597
草甸盐土	13.9	0.67	89	23	133	881
风沙土	10.7	0.67	55	24.3	102	834
石质土	15.2	0.68	91	27.4	120	829

（二）全氮与碱解氮

1. 耕层土壤全氮含量　不同区域耕层土壤全氮含量差异较大，蔬菜、瓜类种植面积较大的鲁中北部平原区、鲁中南部平原区平均含量在 1.03～1.10g/kg。棉田面积较大的鲁东北盐渍化区平均含量不足 0.67g/kg。其余区域平均含量在 0.81～0.87g/kg。

不同地貌类型全氮含量差异不大，黄泛平原、丘陵山地、山前平原平均含量分别为 0.81g/kg、0.84g/kg、0.96g/kg。而各市间差异较大，威海、淄博、枣庄含量较高，平均为 1.08～1.18g/kg。烟台、青岛、德州含量平均为 0.70～0.73g/kg。

耕层土壤全氮含量不同地貌类型间变化较小，黄泛平原含量为 0.81g/kg，山前平原含量为 0.96g/kg，丘陵山地含量为 0.84g/kg。各土壤类型耕层土壤全氮含量有明显的变化，水稻土、砂姜黑土含量最高，平均为 1.10～1.11g/kg。草甸盐土、风沙土、石质土、粗骨土含量最高，平均为 0.67～0.68g/kg，变化趋势与有机质相似。

2. 耕层土壤碱解氮含量　碱解氮是衡量土壤供氮强度的重要指标，耕层土壤碱解氮含量与全氮含量密切相关，全氮含量较低的黄泛平原平均含量为 78mg/kg，较高的山前平原平均含量为 94mg/kg，其间的丘陵山地平均含量为 84mg/kg。受种植制度、施肥习惯的影响，瓜菜相对集中的鲁中北部平原区、鲁中南部平原区含量较高，平均含量分别为 100mg/kg、97mg/kg。棉田相对集中的鲁东北盐渍化区平均含量不足 70mg/kg。以粮田为主的鲁东低山丘陵区、鲁西北平原区、鲁中山地丘陵区平均含量均在 80mg/kg 左右。

各市间、不同土壤类型间碱解氮含量差异较大。淄博、日照含量最高，平均为 114～115mg/kg，东营、威海含量最低，平均为 53mg/kg、69mg/kg。水稻土含量最高，平均为 117mg/kg，风沙土、滨海盐土含量最低，平均为 55mg/kg、62mg/kg。

（三）有效磷

耕层土壤有效磷含量受土壤自身因素如成土母质、质地等影响，也与人工施肥有密切关系。不同区域间以瓜菜种植较多的鲁中北部平原区、经济作物种植较多的鲁东低山丘陵区含量较高，平均含量分别为 42.1mg/kg 和 38.6mg/kg。鲁中山地丘陵区、鲁中南部平原区居中，平均含量分别为 32.1mg/kg 和 33.9mg/kg。鲁西北平原区、鲁东北盐渍化区含量较低，平均含量分别为 27.5mg/kg 和 22.0mg/kg。

土壤有效磷是变化较大的养分指标之一。山前平原含量较高，平均为 38.4mg/kg，黄泛平原较低，平均为 25.6mg/kg，丘陵山地介于其间，平均为 33.0mg/kg。各市之间相差悬殊，平均含量最高的莱芜市，平均为 42.6mg/kg，平均含量最低的东营市 16.9mg/kg，两市相差 2.5 倍。

（四）速效钾

1. 耕层土壤速效钾含量与分布　耕层土壤速效钾含量受自然因素与人为活动的影响，各地差异较大，鲁中北部平原区为 161mg/kg，高于鲁东北盐渍化区的 136mg/kg 和鲁西北平原区的 135mg/kg，高于鲁中山地丘陵区的 121mg/kg 和鲁中南部平原区的 116mg/kg，高于胶东低山丘陵区的 101mg/kg。

黄泛平原平均含量较高，为 135mg/kg，较平均含量较低的丘陵山地高 28mg/kg。各市间差异明显，含量最高的淄博市，平均为 180mg/kg，含量最低的日照、威海市，平均仅 78mg/kg、80mg/kg。

2. 不同土壤类型钾素含量　土壤速效钾含量受母质和质地的影响较大，不同土壤类型间差异比较明显。砂姜黑土、褐土、潮土中速效钾含量较高，平均值分别为 147mg/kg、137mg/kg、132mg/kg 以上。滨海盐土和盐土由于土壤盐分的影响速效钾含量也较高。粗骨土、棕壤、风沙土等土类含量较低，分别为 89mg/kg、99mg/kg、102mg/kg，是山东省的主要缺钾土壤。

五、农田基础设施建设

"十二五"期间，山东省大力实施了粮食高产创建、千亿斤粮食生产能力建设、农业综合开发、中低产田改造、小农水重点县建设、土地综合整治等工程项目，粮食生产基础设施不断完善。据统计，目前山东省共有水库 6 424 座，其中大型水库 37 座、中型水库 207 座、小型水库 6 180 座。山东省 1.1 亿亩耕地已发展灌溉面积 8 300 万亩，有效灌溉面积 7 600 多万亩，"旱能浇、涝能排"高标准农田面积 6 390 万亩，农田灌溉水有效利用系数达到 0.626。近年来，山东省启动实施的国家千亿斤粮食产能建设项目，大幅提高了 73 个产能任务县的粮食增产能力。通过项目实施和各项措施的落实，山东省粮食生产基础设施不断改善，抗灾减灾能力不断增强，为小麦稳定增产提供了坚实保障。

六、小麦生产技术的发展情况

1. 品种方面

（1）审定品种情况。2011—2014 年山东省审定小麦品种 19 个，其中高产品种 13 个、优质品种 1 个、旱地品种 5 个（表 3-10）。新审定的高产小麦品种区域试验平均亩产量 571.54kg，分别较优质品种和旱地品种平均亩产高出 29.71kg 和 113.34kg。

表 3-10　2011—2014 年山东省审定小麦品种

品种	审定编号	亩穗数（万）	穗粒数（粒）	千粒重（g）	平均亩产（kg）	品种类型
山农 22 号	（鲁农审 2011030 号）	41.6	39	39.3	575.97	
泰农 19	（鲁农审 2011031 号）	47.6	35	38.2	568.09	
烟农 999	（鲁农审 2011032 号）	38.2	38.1	43.6	558.78	
汶农 17 号	（鲁农审 2011033 号）	41.7	36.4	39.5	566.72	
山农 23 号	（鲁农审 2011034 号）	29.5	64.6	44.4	551.56	
鲁原 502	（鲁农审 2012048 号）	40.6	38.6	43.8	575.34	
菏麦 18	（鲁农审 2012049 号）	35.6	39.1	46.5	574.83	高产
鑫麦 296	（鲁农审 2013046 号）	42	38.8	40.2	587.25	
山农 24 号	（鲁农审 2013047 号）	43.8	38.9	41.3	581.08	
泰山 28	（鲁农审 2013048 号）	42.7	37	42.7	576.24	
山农 28 号	（鲁农审 2014036 号）	46.3	32.7	43.9	577.95	
齐麦 2 号	（鲁农审 2014037 号）	39.9	37.1	42.1	577.28	
儒麦 1 号	（鲁农审 2014038 号）	34	40.9	41.5	558.89	
平均值		**40.3**	**39.7**	**42.1**	**571.54**	
泰山 27	（鲁农审 2012050 号）	34.2	39.8	41.5	542.83	优质
菏麦 17	（鲁农审 2011035 号）	35	35.1	42	447.13	
垦星一号	（鲁农审 2012051 号）	34	37.4	39.1	420.99	
阳光 10	（鲁农审 2013049 号）	37.8	36.1	39.3	466.86	
山农 27 号	（鲁农审 2014039 号）	39.8	31.3	41.2	480.29	旱地
山农 25	（鲁农审 2014040 号）	39.9	34.9	37.9	475.71	
平均值		**37.3**	**35**	**39.9**	**458.2**	

（2）品种面积情况。从品种的种植面积分析，2010—2014 年山东省年均种植小麦品种 63 个左右，年均种植面积超过百万亩的品种 16 个，均为高产类型品种，包括济麦 22、山农 20、鲁原 502、良星 99、泰农 18、良星 66、烟农 21 号、临麦 4 号、邯 6172、济南

17 号、烟农 24 号、青丰 1 号、山农 17、鲁麦 21 号、烟农 19 号和良星 77。其中，济麦 22 年均种植面积 2 456.42 万亩，其他品种年种植面积均在 1 000 万亩以下；近两年山农 20、鲁原 502 种植面积迅速扩大，2014 年种植面积分别达到 896.5 万亩和 718.5 万亩，鲁原 502 也是近 5 年审定的种植面积超过 100 万亩的唯一品种；良星 77 近 3 年种植面积呈逐年上升趋势，2014 年达到 208.9 万亩；良星 99、烟农 21、山农 17、鲁麦 21 和烟农 19 等品种的种植面积呈逐年下滑趋势。

近年来，山东省种植的优质强筋品种 7 个，包括山东省育成的济南 17 号、济麦 20、洲元 9369、烟农 15、济宁 16 和河北省育成的师栾 02-1 和藁优 9 415。其中，济南 17 号在 2010—2014 年年均种植面积 162.18 万亩，师栾 02-1 年均种植面积 32.56 万亩，烟农 15、洲元 9369、济麦 20、济宁 16 年均种植面积分别为 28.98 万亩、28.3 万亩、22.18 万亩和 15.78 万亩，且均呈逐年下降的趋势。优质强筋小麦品种的种植主要是企业订单种植，优质优价，一般优质强筋小麦的市场价格比中筋小麦高 0.2～0.5 元/kg。

近年来山东省新审定旱地品种仅垦星一号、菏麦 17、阳光 10 有小面积的推广种植。2013 和 2014 年垦星一号种植面积分别为 21.3 万亩和 12.7 万亩，菏麦 17 分别为 8 万亩和 3.5 万亩，阳光 10 仅在 2014 年种植 5.5 万亩。山东省 2010—2014 年种植的主要旱地小麦品种为鲁麦 21 号、烟农 19 和青麦 6 号，其种植面积分别占旱地小麦品种总种植面积的 31.49%～41.79%、27.23%～43.69% 和 10.09%～14.74%。

鲁麦 21 号和烟农 19 均为水地品种，分别于 1995 年和 2001 年通过山东省审定，由于其抗旱性较强、适应性广，一直是旱地小麦的主要种植品种，属于水旱两用广适型品种。山东省有 4/5 以上的旱地小麦种植的是水地小麦品种。分析其原因，主要是不同年份小麦生育期降水量差异较大，缺水年份旱地品种虽然抗旱性较强，与水地品种相比有一定的优势，但丰水年份水地品种产量较旱地品种显著提高，多年比较旱地品种的种植优势不强。

（3）品种产量情况。高产创建为品种产量潜力的发挥提供了优越条件。据 2012—2015 年山东省高产创建攻关田测产数据（表 3-11），共计 919 点次 16 个品种测产平均亩产 700.51kg，最高亩产 790.85kg；据 2014 年、2015 两年全省高产创建攻关田实打数据，共计 80 点次 15 个品种实打平均亩产 720.52kg，最高达 817kg。表明目前山东省小麦品种亩产潜力已稳定超过 700kg，在特殊气候年份可以超过 800kg。

表 3-11　2012—2015 山东省高产创建攻关田测产数据

品种	点次	亩穗数（万穗）	穗粒数（粒）	千粒重（g）	平均亩产（kg）	最高亩产（kg）
济麦 22	562.0	52.3	36.0	43.5	696.4	776.2
鲁原 502	106.0	48.9	37.8	44.2	694.1	751.7
泰农 18	57.0	46.1	41.7	42.2	688.4	782.3
山农 20	39.0	54.2	36.0	42.5	705.3	783.1
临麦 4 号	25.0	42.7	42.8	45.1	700.8	721.1
良星 77	21.0	52.0	36.6	43.2	699.6	744.4
烟农 5158	17.0	53.0	37.5	41.9	707.9	742.2
烟农 24	17.0	49.8	38.7	43.2	706.8	721.7
郯麦 98	14.0	41.7	44.6	44.5	703.1	733.6

（续）

品种	点次	亩穗数（万穗）	穗粒数（粒）	千粒重（g）	平均亩产（kg）	最高亩产（kg）
烟农 999	12.0	49.1	38.7	44.7	722.3	790.9
良星 99	10.0	45.7	37.0	48.0	690.2	718.6
良星 66	9.0	56.9	34.3	42.0	697.2	715.1
青丰 1 号	9.0	56.4	35.9	40.9	703.7	716.6
临麦 2 号	8.0	42.4	44.0	44.0	696.8	714.0
洲元 9369	7.0	36.8	54.0	40.9	689.6	705.5
汶农 14	6.0	54.6	36.0	41.7	706.0	710.6
平均	57.4	48.9	39.5	43.3	700.5	790.9

从品种产量分析，济麦 22 测产 562 点次，其中 371 点次亩产超 700kg，15 个地市亩产超 700kg；鲁原 502 测产 106 点次，亩产超 700kg 的点次 60 个，超 700kg 的地市 13 个。新审定的烟农 999 测产 12 个点次，其中烟台 8 点次，济宁、聊城、潍坊、威海各 1 点次，亩产超 700kg 的点次 10 个，烟台、威海、聊城测产攻关田亩产均超 700kg，并且 2014 年在烟台招远实打创下 817kg 的高产纪录。

2. 栽培技术方面

（1）2011—2015 年推广的主要栽培技术。山东省重点推广的主推技术有小麦精量半精量播种高产栽培技术、氮肥后移高产栽培技术、宽幅精播高产栽培技术、规范化播种高产栽培技术、深耕和深松综合高产技术等，在生产上发挥了显著的增产效果，为小麦持续增产发挥重要作用。

据山东省农技推广总站调查（表 3-12、表 3-13），2011—2015 年五年间，全省平均每年推广精量播种面积 1 141.40 万亩，平均亩产 514.29kg，比五年间全省农技部门统计平均每亩增产 57.34kg，增幅 12.55%；每年推广半精量播种面积 2 945.92 万亩，平均亩产 475.47kg，每亩增产 18.52kg，增幅 4.05%；每年推广氮肥后移面积 3 051.34 万亩，平均亩产 494.85kg，每亩增产 37.90kg，增幅 8.29%；每年推广宽幅精播面积 1 202.21 万亩，平均亩产 518.54kg，每亩增产 61.59kg，增幅 13.48%。

表 3-12　山东省 2011—2015 年小麦主要技术推广情况（一）

（面积：万亩　亩产：kg）

年份	收获面积	平均亩产	精量播种		半精量播种		氮肥后移		宽幅精播	
			面积	亩产	面积	亩产	面积	亩产	面积	亩产
2011	6 435.7	436.7	1 039.6	506.0	2 569.3	457.9	2 247.2	470.7	533.3	509.5
2012	6 434.7	449.9	1 077.0	509.3	2 869.5	470.6	2 662.9	493.5	886.8	509.2
2013	6 386.4	453.7	1 168.1	505.5	3 197.0	468.6	3 382.1	489.0	1 205.4	503.4
2014	6 201.2	469.4	1 096.1	521.4	2 992.9	484.9	3 204.0	502.8	1 408.5	527.8
2015	6 276.9	476.0	1 326.4	526.7	3 101.0	492.5	3 760.5	508.7	1977.1	527.8
平均	6 347.0	457.0	1 141.4	514.3	2 945.9	475.5	3 051.3	494.9	1 202.2	518.5

（续）

年份	收获面积	平均亩产	精量播种		半精量播种		氮肥后移		宽幅精播	
			面积	亩产	面积	亩产	面积	亩产	面积	亩产
比全省平均产量增产（kg）				57.3		18.5		37.9		61.6
比全省平均产量增产率（%）				12.6		4.1		8.3		13.5

从表3-13可以看出，2011—2015年，山东省每年推广规范化播种面积3 399.98万亩，平均亩产475.47kg，每亩增产18.52kg，增幅4.05%；推广"一喷三防"面积5 651.81万亩，增幅4.67%。2014—2015年两年间，全省平均推广深耕技术1 261.77万亩，平均亩产500.80kg，每亩增产43.85kg，增幅9.6%；推广深松技术747.77万亩，平均亩产504.89kg，每亩增产47.94kg，增幅10.49%。

表3-13　山东省2011—2015年小麦主要技术推广情况（二）

（面积：万亩　亩产：kg）

年份	收获面积	平均亩产	规范化播种		深耕		深松		"一喷三防"	
			面积	亩产	面积	亩产	面积	亩产	面积	增产幅度(%)
2011	6 435.7	436.7	2 849.3	454.3	—	—	—	—	—	—
2012	6 434.7	449.9	3 106.2	480.5	—	—	—	—	5 216.2	4.7
2013	6 386.4	453.7	3 448.8	482.8	—	—	—	—	5 761.1	3.9
2014	6 201.2	469.4	3 507.6	454.5	988.8	492.5	657.3	496.5	5 552.9	4.8
2015	6 276.9	476.0	4 088.1	498.3	1 534.7	506.2	838.2	511.5	6 077.0	5.3
平均	6 347.0	457.0	3 400.0	475.5	1 261.8	500.8	747.8	504.9	5 651.8	4.7
比全省平均增产（kg）				18.5		43.9		47.9		
比全省平均增产率(%)				4.1		9.6		10.5		4.7

（2）小麦栽培技术需求。一是小麦节水栽培技术。山东省水资源缺乏，全省人均水资源占有量334m³，仅为全国人均水平的14.7%；亩均水资源占有量307m³，仅为全国亩均的16.7%。山东不同地区小麦年均降水量为550～670mm，近年来山东小麦年降水量持续减少，但是生产不合理灌溉的现象时有发生，研究小麦高产节水的灌溉技术，蓄水保水的耕作技术是生产的迫切需求。二是高产高效的施肥技术。目前山东省小麦平均亩产已经进入400kg的高产阶段，不同产量水平下的小麦面积分布为：亩产600kg以上的面积530万亩、亩产500～600kg的面积1 617万亩、亩产400～500kg的面积2 007万亩、亩产300～400kg的面积973万亩、亩产300kg以下的面积450万亩，研究不同产量水平地块既要高产节肥、又要保持地力水平稳步上升的施肥技术，是一个新的重要课题。三是无水浇条件的旱地小麦栽培技术。山东省旱地小麦有1 300万亩，靠天吃饭是其特点，丰水年产量尚可，旱年严重减产，影响山东小麦平均单产，研究减少丰水年和旱年产量差距的旱地小麦栽培技术是保证山东小麦单产可持续发展的重要课题之一。四是农机农艺相结合的栽培技术。

第二节 "十三五"山东省小麦生产发展规划

一、小麦生产可能面临的主要问题

1. 小麦种植面积需稳定 山东省是土地资源相对贫乏的省份，人均耕地仅 1.16 亩，比全国平均水平低 0.36 亩，接近人均耕地 1 亩的红线。近年来，虽然全省粮食播种面积一直保持在 1 亿亩以上，小麦种植面积稳定在 5 500 万亩以上，但由于种粮效益不高、农民种粮积极性不高，小麦播种面积稳定增加难以持续。从推进土地规模经营的现实情况看，受种粮效益低等因素影响，部分流转后的粮田改种林木，不再用于小麦生产，对稳定小麦播种面积造成了很大冲击。新型农业经营主体中，从事小麦等粮食产业的比例也明显偏低。

2. 农田基础设施条件需改善 近年来，山东省气象灾害呈多发、重发趋势，加强农业防灾减灾能力、减少灾害损失，成为农业生产工作的重要任务。2003 年以来，各级财政对农田水利基础设施建设的投入力度不断加大，全省小麦生产条件得到了极大的改善，但总体看农业基础设施还比较薄弱，抵御旱灾的能力不强。据不完全统计，全省小型农田水利设施老化失修的比重达到 40% 以上，特别是鲁西平原区，部分河道泄洪能力下降50% 以上。部分农田水利设施存在建设标准不高、缺乏管护等问题。水源不足和设施落后，使山东省小麦生产经常受到干旱和洪涝的严重威胁。全省现有 1.1 亿亩耕地中，有3 000 多万亩在正常年份下达不到充足灌溉条件，其中有 2 500 多万亩是无水浇条件的旱地，这部分地块基本上是靠天吃饭，遇旱则大幅度减产。

3. 耕地质量需提高 山东省现有耕地土壤有机质含量仅 1.3% 左右，而美国、欧洲的农田土壤有机质含量普遍在 3% 以上。由于长期以来对土地掠夺式的利用，且重用轻养，化肥、农药等的粗放投入和不合理使用，深耕深松、有机肥施用、秸秆还田等不够，导致耕地质量下降，制约着粮食生产能力的提升。山东省耕地仅占全国的 1/18，但化肥施用量却占全国用量的 1/10，化肥有效利用率仅为 30%～40%，明显低于发达国家 70%～80% 的水平。

4. 农机农艺需推广和农民种粮积极性需调动 推广深耕深松新技术缺乏推广经费，推广面积有待扩大；异常气候对小麦生产的影响越来越大，科学防灾、主动避灾、有效减灾技术有待加强；劳动成本越来越高等，均对小麦生产稳定发展带来影响。

山东省小麦生产方式主要是以家庭为单位小规模分散种植，种植水平提高缓慢，生产效率低，随着农资价格、生产作业环节和人工费用等生产成本的不断上涨，农民种粮效益总体上呈下降趋势。据山东省农业厅市场信息处调查，2014 年种植每亩小麦去除物质投入和人工费用后，纯收益仅有 202 元，而花生的纯收益为 1 042.47 元，苹果为 9 592 元。可见小麦收益与花生、苹果等相比差距很大，是农民种粮积极性不高的原因。

二、小麦生产发展的面积、单产和总产规划

根据"十二五"小麦生产发展状况，本着科学发展的理念，预期"十三五"小麦播种面积稳定在 5 700 万亩及以上，到 2020 年，山东省小麦面积稳定在 5 750 万亩，比 2015

年增加 50.25 万亩，增加幅度 0.88％；平均亩产达到 430kg 以上，比 2015 年增加 18.3kg，增产 4.44％；总产 2 472.5 万 t，比 2015 年增加 129 万 t，增加 5.37％。表 3-14 列出了 2016—2020 年每年山东省小麦面积、单产、总产的计划。主要依据如下：

表 3-14 山东"十三五"小麦生产面积、单产和总产计划

年份	播种面积（万亩）	总产（万 t）	亩产（kg）	比上年增加值			比上年增长率（％）		
				面积（万亩）	总产（万 t）	亩产（kg）	面积（万亩）	总产（万 t）	亩产（kg）
2015	5 699.8	2 346.6	411.7						
2016	5 745.35	2 344.56	408.08	45.55	−2.04	−3.62	0.80	−0.09	−0.88
2017	5 760	2 396.16	416	14.65	51.6	7.92	0.25	2.20	1.94
2018	5 780	2 439.16	422	20	43	6	0.35	1.79	1.44
2019	5 800	2 470.8	426	20	31.64	4	0.35	1.30	0.95
2020	5 750	2 472.5	430	−50	1.7	4	−0.86	0.07	0.94

1. 播种面积 受机械化水平低、田间管理繁琐、种植效益低等因素的影响，近几年山东棉花种植面积逐年下降，相应的小麦种植面积逐年增加。考虑到棉花国际市场依然低迷，小麦面积仍可能保持增长趋势，但增长幅度将逐步减小，预计到 2030 年小麦种植面积将达到最大值 5 800 万亩。2030 年以后，随着棉花价格的回升、效益的提高及耕地面积的减少，小麦面积继续增加的难度越来越大，预计保持在 5 750 万亩。预计"十三五"小麦平均播种面积稳定在 5 700 万亩。

2. 单产水平 "十二五"山东省平均亩产每年增加 5.28kg。综合考虑今后山东省综合生产能力和科技进步的提高以及节本增效、减肥减药节水等技术的推广，预计"十三五"山东省亩产平均每年增加 4kg。这样，到 2020 年，山东省小麦平均亩产达到 430kg 以上，平均每年增长 1％左右。

3. 总产量 根据"十三五"对小麦面积和单产的预计，到 2020 年，山东省小麦总产可到 2 400 万 t 以上，平均每年增加 1％左右。

三、小麦生产技术的创新

1. 品种选育创新 品种是提高单产、保证总产的基本途径。围绕制约小麦生产与产业发展的技术瓶颈问题，更加注重小麦遗传改良在产量潜力上的突破。"十三五"要创新运行管理机制、优化资源配置，联合全省小麦育种研发优势力量，开展多专业、多领域的联合育种攻关，为实现山东小麦稳步增产和农业生产"一控两减三基本"提供品种技术支撑。

（1）继续注重超高产小麦品种选育。建立并完善现代生物育种与常规育种相结合的超高产小麦育种理论和技术体系，突破小麦品种遗传基础狭窄、超高产小麦育种理论与技术滞后等难题，培育出单产水平高、品质优良、综合抗性强的突破性超高产小麦新品种（系），推动全省小麦持续增产。

（2）继续注重优质强筋小麦品种培育。在已有优质育种基础上，引进国内外优质品种资源，丰富山东省小麦优质育种基因库，加强品质育种基础理论和技术研究，培育强筋高产小麦新品种，支撑山东省优质小麦产业发展。

（3）更加注重节水广适型品种选育。立足山东省中低产田小麦产量水平的提高和大面积均衡增产，以"水肥高效、抗逆广适"为核心开展育种理论和技术研究，在鲁麦 21、烟农 19 的基础上力争实现育种新突破，进一步提高抗旱抗逆能力。

（4）更加注重旱地小麦品种选育。立足山东省鲁中、鲁南旱地小麦产量的稳定增产，以提高旱地小麦产量潜力和广适性为重点，开展抗旱小麦育种理论和技术研究，选育丰水年份产量高、缺水年份产量优势突出的旱地小麦品种。

2. 栽培技术创新　　"十二五"期间，小麦精播半精播技术、氮肥后移技术、规范化播种技术、旱地小麦节水栽培技术等在小麦增产中发挥了重要作用。但随着社会经济的发展以及环境条件的变化，小麦稳步增产仍面临以下挑战：一是耕地资源和水资源短缺问题突出，小麦产量持续增加难度加大；二是整地播种质量不高，小麦抗逆稳产能力不强，优良品种的产量潜力远未得到充分发挥；三是高产田水肥和农药等超量施用，导致水肥利用效率较低、农田生态环境持续恶化；四是生产成本攀升，小麦生产比较效益降低。

"十三五"期间，小麦栽培技术研究应针对上述问题，在前期研究成果的基础上，结合农业部提出的"一控两减三基本"目标，开展关键技术创新，实现小麦稳步增产与农业持续增效、环境友好。主要研究内容包括以下几个方面：

（1）促进耕层优化、地力提升的耕作技术创新和规范化播种技术的创新。长久以来，山东省麦田采取机械浅旋耕，造成耕层变浅、结构劣化，需要通过农机农艺相结合、秸秆还田与施肥、耕作技术创新，研发构建合理耕层结构、提升地力的关键技术；针对两熟制下小麦接茬紧张、玉米收后土壤墒情不确定、播种出苗质量差的问题，创新基于定量化、指标化的规范化播种技术。

预期目标：突破 2～3 项关键技术，水分利用效率提高 10％以上，肥料利用效率提高 10％以上，生产成本降低 20％以上，正常年份产量提高 5％以上，灾害发生年份增产 10％以上。

（2）小麦简化高效栽培技术。针对当前山东省小麦生产中，玉米秸秆量大、秸秆还田播种质量差以及小麦生产作业环节多等问题，以新型播种机具为载体，开展集深松、旋耕、种肥同播及镇压等复式作业一次完成的小麦机械和高效播种技术研究，同时加强新型小麦专用长效肥料筛选、秸秆快速分解和无害化处理技术、病虫草害绿色防控技术，在简化作业次数和减少肥水投入的前提下，实现小麦高产高效。

预期目标：突破 2～3 项关键技术，水分利用效率提高 15％以上，肥料利用效率提高 10％以上，农药用量减少 5％以上，生产成本降低 20％以上，产量提高 5％～10％。

（3）提高肥料利用效率的技术创新和提高水分利用效率的技术创新。研究不同产量层级（高产纪录、高产片、大面积生产）养分需求特征，创新高产、高肥料利用效率和地力协同提升的施肥技术体系；研究不同产量层级水分需求规律，创新高产与水分高效利用的灌溉技术体系；研究水肥一体化的施肥灌溉技术。

预期目标：突破 2 项关键技术，水分利用效率提高 15％左右，肥料利用效率提高 10％左右，农药用量减少 5％以上，产量提高 5％以上。

（4）旱地小麦水肥高效利用简化栽培技术。针对无水浇条件的旱地麦田阶段性干旱对小麦生长的不利影响，进行适应旱地小麦节水稳产的耕作、播种、栽培管理的系列研究；开展专用控释肥、保水剂以及控释肥复合保水剂在旱地麦田施用技术研究，在旱地小麦栽培肥料一次性底施的情况下，满足整个生育期的养分需求，增强小麦抵御季节性干旱的能力，达到水肥高效利用简化栽培的目的。

预期目标：突破 2 项关键技术，水分利用效率提高 10% 以上，肥料利用效率提高 10% 以上，正常年份产量提高 5% 以上，干旱年份增产 10% 以上。

（5）小麦-玉米周年高产高效栽培技术。围绕小麦、玉米周年节水省肥高产高效目标，开展以协调光、温、土、肥、水等生态因子的技术调控研究，充分发挥土壤生产力与品种增产潜力。重点开展高产节水高效品种筛选与搭配研究、周年水肥运筹技术、蓄水保墒技术、耕层土壤地力提升技术、周年病虫草害综合防控技术、秸秆高效还田技术等的研究，集成小麦-玉米周年节水省肥高产高效技术。

预期目标：突破 1~2 项关键技术，周年水分利用效率提高 10% 以上，肥料利用效率提高 10% 以上，正常年份产量提高 5%~10%。

（6）农机农艺深度融合技术。打破行业之间的界限，加强栽培、育种、植保、农机、化肥、农药等的合作，以农机为载体，结合山东省小麦生产技术发展趋势，加强小麦栽培相配套的农业机械，特别是与大型拖拉机相配套的农业机械的研发，实现农机农艺深度融合。重点要解决的问题是：苗床秸秆高效处理，播种机排种、施肥精量调控，水肥一体化设施与技术，全生育期植保机械化管理等。

四、发展山东省小麦生产的政策建议

1. 实施耕地质量保护与提升行动，探索建立粮食生产功能区 严格按照国家"五不准"要求，落实好基本农田划定、补划备案和年度核查制度，切实保护好基本农田。加快中低产田改造步伐，通过加强粮田基础设施建设、土地平整、土壤改良、土壤修复等措施，逐步把低产田改造为中产田，把中产田改造为旱涝保收的高产稳产田。应该加强对深耕深松、秸秆还田技术的推广补贴，引导农民培肥土壤。

粮食生产功能区是以集中连片的标准农田为基础，以完善农田设施、提升农田质量、提高生产技术和健全服务体系为目标，按照建设良田、应用良种、推广良法、配套良机的要求，依靠科技、增加投入、完善设施、长久保护、强化管理，使之成为粮食稳产高产高效模式示范区、先进适用技术的推广应用区、统一服务的先行区。坚持以科学发展观为指导，围绕"稳能力、保总量、增效益"的粮食生产要求，以粮食功能区的规范建设为重点，以保护和管理为保障，以体制机制创新为突破口，切实做好粮食生产功能区建设和完善工作，加快推进粮食生产转型升级。

2. 着力加强基础设施建设，努力稳定小麦播种面积 加强农田水利基础设施建设，加快大中型灌区、灌排泵站配套改造和田间水利工程建设，完善骨干、末端灌排渠系（管道），提高农田防汛抗旱能力。积极推广节水灌溉技术，大力发展管道灌溉、喷灌、微灌等高效节水灌溉，提升农田灌溉效率和农业生产效益。大力推进水源工程建设，加快山丘区小水利工程建设，提高自然降水积蓄利用能力，为山丘区农业生产提供水源保障，增加农田有效灌溉面积。加强田间基础设施建设，科学规划建设田间路网、农田电网和防护林网等，升级粮田生产功能，建设适应现代农业发展的高标准粮田。

多年研究与实践表明，山东小麦面积稳定在 5 700 万亩，无论丰收年还是灾害年，都能稳定总产，保证粮食安全，因此要努力稳定小麦面积，种粮大户、家庭农场、农民专业合作社等新型经营主体的土地仍应该继续从事粮食生产，不得改种花卉林木等经济作物。

3. 研究改革农业补贴制度，使补贴资金向种粮农民和种粮的家庭农场等新兴农业经营主体倾斜 补贴发放应充分考虑粮食生产因素，以粮食生产量或播种面积为依据发放补贴，把新型经营主体纳入农业补贴支持范围，把激励粮食生产作为农业补贴的重要功能。为此，需要改革按承包地面积计发补贴的办法，实行按粮食产量或种植面积计发补贴，使农业补贴的政策目标同时兼顾促进农民增收和激励粮食生产。农业补贴计发设定"谁种粮谁得补贴"的原则，这样可以把种粮食的新型经营主体有效纳入补贴范围内，有利于充分保障激励粮食生产的导向目标和政策功能。

4. 强化农机、农艺相结合的技术推广，推动小麦生产高产高效 广义的作物生产"全程机械化"概念涵盖耕作、播种、植保、灌溉、收获、运输、烘干、秸秆处理等环节。为了把全程推进行动实施到位，我们把"全程机械化"聚焦在用工量大、农时最紧迫，并能够量化考核的主要环节，即"耕作、播种、植保、收获、烘干、秸秆处理"6 个主要环节，对于这 6 个环节，农艺指标和农机指标应该有机结合、相互支持。要达到这个目标，应该在省、市、县各级农业技术培训中，农业局和农机局结合，研究统一的培训教材，对农业技术员、农民、农机手、种粮大户进行统一的技术培训，强化农机、农艺相结合的技术推广，推动小麦生产高产高效。

第四章

山东省小麦生产潜力分析

一、单产潜力

2002 年以来，山东省小麦生产呈现出面积、单产、增产均稳步上升的态势。从表 4-1 可以看出，2014 年全省小麦面积 5 612.1 万亩，比 2002 年增加了 515.9 万亩，平均每年增加了 43 万亩。面积增加的主要原因是棉花、花生等作物种植效益相对下降等因素，导致农户改棉（油）种粮。但从长远看，随着经济社会发展和工业用地的增加，山东省耕地面积呈下降趋势。因此，小麦种植面积继续增加的空间越来越小，预计今后全省小麦面积将在 5 600 万亩左右保持稳定。发展小麦生产的途径是：在稳定小麦面积的基础上，通过挖掘单产，提高总产。

山东省小麦亩产由 2002 年的 303.6kg 至 2014 年的 403.48kg，呈稳步增长趋势。但目前的单产水平和全省最高单产相比，还有很大差距。2009 年山东省滕州市小麦实打亩产为 789.9kg，2014 年招远市小麦实打平均亩产 817kg，分别打破了全国冬小麦农业部专家实打验收最高纪录。这两个高产纪录分别比同期山东省小麦平均亩产高 404.9kg 和 413.52kg，高出幅度分别为 105.2％和 102.5％。也就是说，最高产量相当于大田平均产量的两倍。与近几年大面积高产创建产量相比较，山东省小麦单产也有较大潜力。2014 年全省申请验收的小麦高产创建示范方达到 146 个，面积 660 多万亩。经测产，高产创建示范方小麦平均亩产达到 550kg，高出全省平均亩产近 150kg。因此，下一步山东省小麦生产的持续发展必须在挖掘单产潜力上下功夫。

表 4-1　2002 年以来山东小麦生产情况

年份	播种面积（万亩）	总产（万 t）	亩产（kg）
2002	5 096.2	1 547.1	303.6
2003	4 657.7	1 565.0	336.0
2004	4 658.6	1 584.6	340.1
2005	4 920.0	1 801.0	366.1
2006	5 334.9	2 013.0	377.3
2007	5 278.1	1 995.6	378.1
2008	5 287.8	2 034.2	384.7
2009	5 317.8	2 047.3	385.0
2010	5 342.8	2 058.6	385.3

（续）

年份	播种面积（万亩）	总产（万 t）	亩产（kg）
2011	5 390.3	2 103.9	390.3
2012	5 438.8	2 179.3	400.7
2013	5 509.9	2 218.8	402.7
2014	5 612.1	2 264.4	403.48

二、市地间潜力

山东省幅员辽阔，全省 17 个地级市中，由于气候、土壤、水浇条件等方面存在着较大差异，在小麦生产方面也存在着较大不同（表 4-2）。

表 4-2　2013 年山东省 17 市小麦生产情况

地区	播种面积（万亩）	亩产（kg）	总产（万 t）
济南市	315.60	392.43	123.85
青岛市	376.60	403.18	151.84
淄博市	169.32	418.97	70.94
枣庄市	212.00	402.23	85.27
东营市	78.30	435.50	34.10
烟台市	223.95	378.21	84.70
潍坊市	537.73	416.62	224.03
济宁市	492.00	430.03	211.57
泰安市	291.46	450.38	131.27
威海市	105.59	385.23	40.68
日照市	125.99	376.35	47.42
莱芜市	24.10	341.84	8.24
临沂市	508.89	389.65	198.29
德州市	656.30	478.70	314.17
聊城市	552.08	438.71	242.20
滨州市	317.10	430.46	136.50
菏泽市	850.10	394.07	335.00
合计	5 509.9	402.69	2 218.8

从表 4-2 可以看出，17 市中，2013 年小麦单产较高的市是德州市，全市 565.3 万亩小麦平均亩产 478.7kg；小麦单产最低的市是莱芜市，全市 24.1 万亩小麦平均亩产 341.84kg，比德州市亩产低 136.86kg，低 28.59%。17 市中，共有德州、泰安、聊城、东营、滨州、济宁、淄博、潍坊、青岛、枣庄等 10 个市亩产过 400kg，有菏泽、济南、临沂、威海、烟台、日照、莱芜等 7 市亩产都在 400kg 以下（图 4-1）。其中，临沂、烟台、威海、日照、莱芜、济南等市产量较低的主要原因是山区丘陵地多、土层薄、水资源

比较缺乏，这些地区只要加强水库、塘坝等水利建设，改善水浇条件，推广旱作栽培，小麦增产的潜力还是比较大的。菏泽地区小麦面积占全省总面积的 1/7 以上，大多处于引黄灌区，水浇条件较好，但由于土壤有机质含量不高，小麦产量低于全省平均水平。下一步，只要加强土壤改良和地力培肥，配套完善田间灌溉工程，则增产潜力巨大。

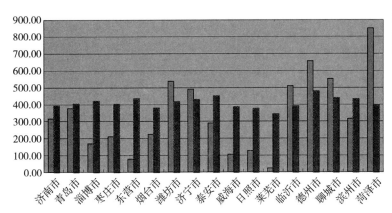

图 4-1　2013 年山东省 17 市小麦面积和亩产情况

三、中低产田潜力

据山东省农技推广系统内部统计，自 2011—2014 年 4 年间，全省小麦平均种植面积 5 582.65 万亩。其中，亩产 200kg 以下面积平均为 109.22 万亩，占总面积的 1.96%；亩产 201～300kg 面积为 344.32 万亩，占总面积的 6.17%；亩产 301～400kg 面积为 973.34 万亩，占总面积的 17.44%；亩产 401～500kg 面积为 2 007.05 万亩，占总面积的 35.95%；亩产 501～600kg 面积为 1 617.84 万亩，占总面积的 28.98%；亩产 600kg 以上面积为 530.89 万亩，占 9.51%（表 4-3）。

从表 4-3 可以看出，目前山东省亩产 500kg 以上的高产地块占总面积的 38.49%，500kg 以下的地块占总面积的 61.51%。应该说，小麦产量在亩产千斤以上水平上再夺高产，难度越来越大。但在千斤以下水平上夺高产，尤其是在低产夺高产的情况下，难度相对较小一些。这些地块，只要改善水利条件，强化培肥地力的有关措施，小麦增产的潜力很大。

表 4-3　2011—2014 年农技部门统计全省小麦不同产量水平分布情况

年份	收获面积（万亩）	不同亩产面积（万亩）					
		200kg 以下	201～300kg	301～400kg	401～500kg	501～600kg	>600kg
2011	5 390.30	157.69	357.94	1 003.10	2 027.50	1 466.48	377.59
2012	5 438.80	81.93	352.58	1 020.93	2 006.97	1 485.91	490.48
2013	5 909.90	80.18	372.47	1 072.16	2 166.43	1 652.66	566.01
2014	5 612.10	117.08	294.28	797.16	1 827.29	1 866.32	689.47
平均	5 582.65	109.22	344.32	973.34	2 007.05	1 617.84	530.89
所占比例（%）		1.96	6.17	17.44	35.95	28.98	9.51

四、技术潜力

近年来，山东省重点推广了小麦精量播种高产栽培技术、半精量播种高产栽培技术、氮肥后移高产栽培技术、宽幅精播高产栽培技术、规范化播种高产栽培技术、深耕深松综合高产技术等，在生产上发挥了显著的增产效果，为小麦持续增产发挥了较大的促进作用。据山东省农技推广总站调查（表4-4、表4-5），2011—2014年4年间，全省平均每年推广精量播种面积1 095.16万亩，平均亩产510.52kg，比4年间全省平均产量每亩增加57.91kg，增产幅度12.79％；平均每年推广半精量播种面积2 907.16万亩，平均亩产470.93kg，比4年间全省平均产量每亩增加18.32kg，增产幅度4.05％；平均每年推广氮肥后移面积2 874.05万亩，平均亩产490.31kg，比4年间全省平均产量每亩增加37.7kg，增产幅度8.33％；平均每年推广宽幅精播面积1 008.49万亩，平均亩产514kg，比4年间全省平均产量每亩增加61.38kg，增产幅度13.56％。

表4-4 山东省2011—2014年小麦主要技术推广情况（一）

（面积：万亩 亩产：kg）

年份	收获面积	平均亩产	精量播种		半精量播种		氮肥后移		宽幅精播	
			面积	亩产	面积	亩产	面积	亩产	面积	亩产
2011	5 390.30	436.65	1 039.56	505.99	2 569.31	457.94	2 247.15	470.71	533.27	509.53
2012	5 438.80	449.93	1 076.96	509.31	2 869.46	470.59	2 662.89	493.51	886.83	509.20
2013	5 909.90	453.73	1 168.05	505.45	3 196.99	468.57	3 382.13	489.01	1 205.35	503.38
2014	5 612.10	469.37	1 096.07	521.43	2 992.86	484.93	3 204.02	502.75	1 408.50	527.79
平均	5 587.78	452.61	1 095.16	510.52	2 907.16	470.93	2 874.05	490.31	1 008.49	514.00
单产比全省平均产量增产数				57.91		18.32		37.70		61.38
单产比全省平均产量增产率（％）				12.79		4.05		8.33		13.56

从表4-5可以看出，2011—2014年4年间，全省平均每年推广规范化播种面积3 227.95万亩，平均亩产468.25kg，比4年间全省平均产量每亩增加15.64kg，增产幅度3.46％；平均每年推广"一喷三防"面积5 510.08万亩，增产幅度4.46％。2014年统计，全省推广深耕技术面积988.8万亩，平均亩产492.48kg，比全省平均亩产增加39.86kg，增产幅度8.81％；推广深松面积657.3万亩，平均亩产496.51kg，比全省平均亩产增加43.9kg，增产幅度9.7％。

表4-5 山东省2011—2014年小麦主要技术推广情况（二）

（面积：万亩 亩产：kg）

年份	收获面积	平均亩产	规范化播种		深耕		深松		"一喷三防"	
			面积	亩产	面积	亩产	面积	亩产	面积	增产幅度(％)
2011	5 390.30	436.65	2 849.29	454.28	—	—	—	—	—	—
2012	5 438.80	449.93	3 106.15	480.46	—	—	—	—	5 216.24	4.71

（续）

年份	收获面积	平均亩产	规范化播种		深耕		深松		"一喷三防"	
			面积	亩产	面积	亩产	面积	亩产	面积	增产幅度(%)
2013	5 909.90	453.73	3 448.78	482.78	—	—	—	—	5 761.07	3.89
2014	5 612.10	469.37	3 507.57	454.50	988.80	492.48	657.30	496.51	5 552.92	4.82
平均	5 587.78	452.61	3 227.95	468.25	988.80	492.48	657.30	496.51	5 510.08	4.46
亩产比全省平均亩产增产数				15.64		39.86		43.90		
亩产比全省平均亩产增产率（%）				3.46		8.81		9.70		4.46

　　应该看到，虽然上述高产栽培技术都具有较好的增产效果，但由于各种各样的原因，目前除"一喷三防"、半精量播种、氮肥后移、规范化播种等技术推广面积比较大之外，其他增产先进技术推广速度较慢，其中，2014 年统计，精量播种面积仅占全省小麦种植面积的 19.53%，宽幅精播面积仅占全省小麦种植面积的 25.1%，深耕深松面积仅占全省小麦种植面积的 29.33%，还有较大推广潜力和增产潜力。

第五章

山东省夏玉米生产技术现状

第一节　概　　述

一、夏玉米在山东省粮食生产中的地位

玉米是我国第一大粮食作物，在保障国家粮食安全及相关产业发展中具有重要地位。山东省地处黄淮海夏玉米生产区，生产条件较好，在自然资源、品种和栽培技术等方面均有一定优势，是我国主要的夏玉米产区，玉米种植面积常年在 270 万 hm² 左右，是我国重点产粮区域之一。山东省黄淮海地区是我国夏玉米的主产区，夏玉米种植地位仅次于小麦，农业种植基本上是一年两熟制。改革开放以来，山东省玉米在播种面积和总产量方面都取得了长足的进步。

据资料显示，1978 年，山东省的玉米播种面积为 213.5 万 hm²，占山东省粮食作物总播种面积的 24.2%，占全国玉米播种面积的 10.7%。2001 年以来山东玉米种植面积整体上呈现增长趋势（图 5-1），只在 2002—2005 年中间有小的波动，在这之后，玉米的播种面积进入了平稳的增长期，由于山东省粮食价格的不景气以及产量下降，2003 年玉米的种植面积出现了较大的下滑；2004—2012 年玉米播种面积的增长十分明显，玉米播种面积逐年增长，截至 2012 年，玉米播种面积首次突破 300 万 hm²，达到 301.8 万 hm² 的播种面积，占山东省粮食作物的播种面积的比例，较之以前有了较大幅度的提升，2017 年山东玉米种植面积达到 400 万 hm² 以上。

据资料记载，1978 年山东夏玉米产量仅 621 万 t，2001—2002 年，山东省粮食总产量下降趋势明显，2002 年以后，玉米产量又开始上升，2012 年，玉米产量达到 1 995 万 t，2017 年山东玉米年产 2 662 万 t，比 2001 年玉米产量增长了 1.7 倍。

根据图 5-2，山东 2010—2017 年玉米和小麦种植面积和产量总体上呈现增长趋势，小麦作为山东省最主要的粮食作物，种植面积和产量一直领先于玉米，2010 年山东小麦播种面积 356.2 万 hm²，玉米播种面积 295.5 万 hm²，2017 年小麦播种面积 408.4 万 hm²，玉米播种面积 400.0 万 hm²，8 年间小麦和玉米种植面积差距在不断缩小，玉米种植面积仅次于小麦，是山东省第二大粮食作物。多年来，小麦产量一直优于玉米，直到 2017 年玉米年均总产量超过小麦，达到 2 662 万 t，玉米在山东粮食生产中的比重越来越大，地位越来越重要。

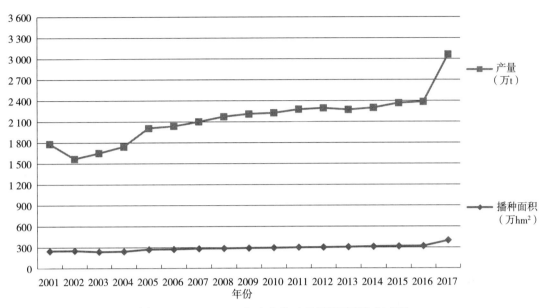

图 5-1　2001—2017 年山东省玉米播种面积和年产量

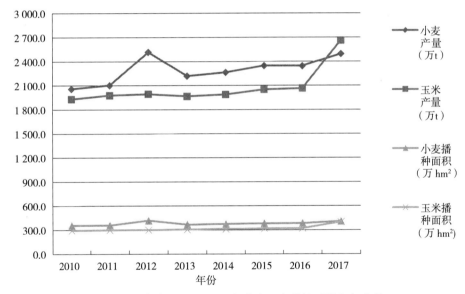

图 5-2　山东省 2010—2017 年小麦玉米种植面积和年产量

二、夏玉米主要种植方式

夏玉米种植方式主要有套种和直播两种方式，并有少量间作。随着土地资源越来越匮乏，农业环境问题日益突出，农村劳动力流失严重，加之农业生产机械化发展进程越来越快，如何在保持玉米作物种植面积稳定的基础上，提高其对旱、涝的抵御能力，增强农技农艺融合，提高生产效率，减少水、肥、药的投入，降低生产成本，积极挖掘玉米产量潜力，保障玉米的总产相对稳定，成为亟待解决的问题。近年来玉米套种面积越来越少，直播面积尤其是机械化直播面积越来越大。

山东的夏玉米种植方式主要有直播和套种两种方式。玉米直播就是在小麦收获后，不对土壤进行任何耕作，直接进行播种作业。小麦收获后，直接贴茬播种玉米能够最大限度地提早播种玉米，为玉米播种省去大量繁复的整地工作。夏玉米在畦内或畦背两侧种植，有等行距直播、宽窄行直播及套种等方式。

1. 等行距种植　由于各地要求的单位面积株数行距及株距的差异较大，造成机播和人工点播的夏玉米行距种类繁多，有 50cm、55cm、60cm、65cm、70cm 等，人工点播随意性大，缺乏规范性。

2. 宽窄行种植　由于黄淮海区玉米播种受小麦种植方式的影响，很多地方采取宽窄行种植方式，尤其是人工套种，往往将两行玉米种植在畦背的两侧，形成宽窄行。在玉米收获主要还是靠人工完成的地区，宽窄行种植的目的不是为了通风透气创高产，而是为了便于人工进地作业。

3. 套种　小麦收获前的 5～10d，主要依靠人工在小麦行间进行玉米点播种植作业。根据作业方式不同又分为人工点播套种、人工半机械化套种、机动套种。玉米套种随意性强、缺乏规范，随着玉米机械化的发展，弊端越来越明显，不利于机械化作业，还容易引发玉米粗缩病的发生，应减少套种，积极适应小麦玉米生产机械化发展的要求。

三、夏玉米主要品种

山东黄淮海平原夏玉米种植区由于生长期相对较短，应该尽量种植中早熟品种。同时根据不同的地块应选择不同的品种：小面积高产攻关田可以采用登海 605、青农 11 等高产潜力大的品种，大面积示范田可以采用郑单 958、青农 11、登海 605 等耐密植、抗倒伏、高产、稳产的品种，普通农田种植耐密植、抗倒伏、适合机械化、高产、稳产、抗逆性强的郑单 958、青农 11、登海 605、登海 618、天泰 33、宇玉 30、济玉 901、农星 207、华良 78、华盛 801、迪卡 517、鲁单 9088、连胜 216、邦玉 339 等品种，青贮玉米可以种植饲玉 2 号、登海 605、德单 5 号等生物产量高的品种，鲜食玉米可以种植青农 206、西星五彩鲜糯、济宁糯 33 等口感、色彩、卖相好的品种，籽粒机收的可以种植京农科 728、鲁单 2016、宇玉 30、迪卡 517、鑫瑞 25 等生育期短、籽粒脱水快、穗位适中、抗倒性强的品种。

总体来说，山东现阶段玉米种植的主要品种有郑单 958、鲁单 981、浚单 20、农大 108、鲁单 984、聊玉 18 号、金海 5 号、莱农 14 号、鲁单 9002、登海 11 号、登海 3 号、泰玉 2 号、天泰 10 号、东单 60、鑫丰 1 号、淄玉 9 号等 16 个。

四、夏玉米生产中的主要问题

夏玉米生长季为每年的 6～9 月，而 6～9 月可供玉米生育的时期有限，为了争取足够的热量，使玉米充分成熟，及时收获，获得较高产量，又不误后茬小麦正常播种，对夏播玉米的播种技术提出了更高要求。另外，近年来，由于受全球气候变暖和耕作制度变革等因素的影响，加之传统栽培模式未能及时更新，致使玉米产量下降、种植效益低下，一直是困扰山东省粮食生产发展的主要问题。虽然山东省玉米种植面积和产量在全国已经处于领先地位，但是山东玉米生产中还存在不少问题。

1. 耕地面积逐年减少　由于各类建设项目大量占用耕地的和农村人口流失严重，山东省的耕地面积逐年减少，2005—2007 年，耕地面积分别为 690.788 万 hm²、688.153 万 hm²、685.519 万 hm²，耕地面积呈现逐渐减少的趋势。

2. 玉米经济效益低　山东省现行的农业生产模式大多是以家庭为单位的小户经营，在经营过程中难以形成规模化效应，这些都不利于大规模的农业机械化生产、统一的田间管理以及先进农业技术的实施，造成了在玉米生产中大量人力、物力以及财力的浪费，以及玉米生产的高成本投入。

3. 农机利用率不高　虽然山东省的农业机械化普及率很高，是一个农机大省，但不是农机强省。虽然农机动力和总值已接近或超过发达国家水平，但农机作业的组织化、规模化程度不高，农机的整体利用率偏低问题十分突出。例如，资料显示，2008 年黄淮海区玉米机播面积 739.32 万 hm²，玉米机收面积 181.46 万 hm²，属于全国领先水平，其中山东省的玉米生产机械化水平最高，2009 年玉米播种机械化总体水平为 87.9%，其中玉米贴茬免耕播种 227.7 万 hm²，占玉米播种面积的 80%，玉米机收面积 154.6 万 hm²，机收率达到 53%。但由于农机与农艺融合度差、种植不规范，小麦、玉米收获后秸秆处理质量差，传统播种机堵塞严重等问题，玉米生产机械化受到严重制约。玉米生产机械化技术重点应用于播种和收获作业环节，配套机械化技术主要应用于田间管理，其中播种和收获作业环节是机械化的重中之重。

统计显示，2009 年山东省农业生产综合机械化水平达到 75%，其中粮食机械化水平达到 86.%，基本实现农业生产的机械化。提前一年实现了"十一五"规划确定的农业机械化目标，跨入了农机化发展高级阶段。山东省各地推广的主要播种机类型是 2BYF-3 型免耕施肥播种机，截至 2009 年，山东省玉米免耕播种面积达 3 561 万亩，其中贴茬免耕播种 3 450 万亩，占玉米播种面积的 80%。同时，2009 年山东省玉米联合收获机发展到 4.02 万台，机收玉米 2 319 万亩，机收率达到 53%，比上年增长了 17%。

五、提高夏玉米产量的基本措施

夏玉米种植需要从种植技术、播种和收获机械化、水肥管理方面进行统筹协调，以更好地服务于农业生产，以提高玉米生产机械化、规模化，节本增效，保障高产稳产。现阶段玉米生产技术主要从以下几个方面着手提升玉米生产，促进玉米产量提升。

1. 种子　种子要适合当地的种植，根据当地实际情况进行选择，区域不一样，在审定种子做实验时的气候条件也不同，别处高产品种在当地种植时，不一定高产。购买以后，播前要拌种，如果购买的种子已经拌过种，建议进行二次拌种，一方面预防地下害虫和部分地上害虫，另一方面，对一些病害也有预防作用，有些拌种剂还会加入一些肥料，促进根系生长，苗齐苗壮，最终能提高产量。

2. 播种　播种深度不宜过深，根据土壤中的具体情况来定。播种密度也需要特别注意，过密或过稀都不能让产量达到一个最大值，不过播种密度不是一个固定值，和品种、土壤肥沃度、种植方式等有一定的关系。

3. 水肥　玉米属于高产作物，整个生育期对于水分和养分的需求也非常大，只有在水分充足的情况下，最终的产量才会达到预期，水分要注意几个生育期，如播种期、苗期、大喇叭口期、开花灌浆期等，这几个时期，如果田间过于干旱，要及时浇水。肥料方面，不同地块的肥沃程度会有差别，按照正确的做法需要测土施肥，但是在实际生产过程中，大家不会那么精确。

4. 除草　有些农户会使用封闭除草剂进行除草，严格来说，玉米未出苗前进行喷施，如果玉米已有出苗，就不能再使用封闭除草剂了。更多的农户选择使用苗后除草剂进行除草，最佳使用时期是玉米 3～5 叶期时，一旦玉米过了 5 叶期，就不能再全田喷雾了，如果想打除草剂，一定要使用含有安全剂的除草剂，同时建议定向喷雾。

5. 病虫害　玉米在生育期中的害虫有多种，除了地下害虫外，常见的地上部分的害虫如黏虫、蚜虫、灰飞虱、蓟马等，田间害虫一旦发生后，应及时进行防治。根据不同的害虫选择合适的杀虫剂，如甲氨基阿维菌素苯甲酸盐、吡虫啉、阿维菌素以及一些菊酯类的杀虫剂。除了虫害以外，还会有不少的病害发生，如大斑病、小斑病、丝黑穗病、锈病、粗缩病、茎基腐病等，病害一般建议提前预防为主，如果已出现，越早防治越好，可用药剂也有很多。

6. 田间管理　玉米在生长过程中如管理不善，容易出现早衰、空秆、缺粒、倒伏等现象，这样就会严重影响到玉米质量和产量。如何防止这种现象呢？根据田间经验，在田间管理中应抓好 4 项技术措施，着重做好"四防"。

（1）防早衰。由于玉米植株高大，生长期间必然要消耗大量养分和水分，而生育中水分过多，会造成土壤缺氧，这时根系活力减弱，吸水困难，但叶片蒸腾不减，尤其是晴天，叶片消耗水分更多，易造成生理代谢失调，出现叶片卷曲，生长缓慢，若此时缺肥，就会出现植株矮瘦，甚至枯萎死亡。

防治方法：若多雨地区，应做好排涝防渍工作，若出现早衰趋势或叶片落黄，应在开花初期追施精肥或喷施磷肥，以延长绿色叶片，苗期多施草木灰或硫酸钾肥，也可以防早衰。

（2）防空秆。矿物质供应不足，营养失调，不能满足果穗分化期对养分的要求，或密度过大，光合弱小，而氮肥多、磷素少、缺钾等都会造成空秆。

防治方法：在种植时应注意密度，要求大行玉米不封行，以保证株行通风透气，要适时适量供应养分和水分，以利果穗分化发育，同时应在施肥时注意氮、磷、钾三要素适当结合。土壤肥力差的土地应多补有机肥；土壤肥力高的土地，苗期要多施磷肥，以使植株粗壮，果穗分化期及时追肥，抽雄前后看苗情适当补肥。

（3）防缺粒与秃顶。如果土壤中缺少磷肥，植株在孕穗开花期如果糖代谢和蛋白质的合成、细胞分裂受阻，穗顶会萎缩，花丝伸长也减慢，影响自然授粉，就会导致秃顶甚至空穗。土壤若缺钾，可溶性碳水化合物向籽粒运输受阻，粒籽淀粉也必然少。或早期受病虫害、风害致使株苗运送养分不足，或开花期遇上阴雨天、花粉受精受阻等都会造成秃顶、瘪粒或空粒。

防治方法：防止植株早衰，关键要防治病虫害，多施磷肥、钾肥，如在抽丝时遇上干旱，要及时浇水和灌溉，开花期最好进行人工参与授粉。

（4）防倒伏。留苗密度过大，在茎秆伸长时肥水管理不当，容易造成倒伏，影响产量。

防治方法：种植时要加深耕作层，增施基肥，中耕时适当培土，使玉米扎稳根架。施肥时注意氮、磷、钾结合，并注意植株密度，保证生长期叶片有足够的阳光，使植株粗壮、植苗粗壮，以增加抗倒伏能力。

（5）防多穗。因地制宜选择优良品种，科学水肥管理。玉米抽雄前后需水量最大，是对水分最敏感的时期，要求土壤含水量 70%～80%。如果水分欠缺，应及时灌水、保墒，以保证雌雄穗均衡发育，降低多穗的发生。根据不同品种需肥特性、种植区域、方式、时期等，确定施肥元素及配比。一般的品种在中等地力情况下，每亩施三元素复合肥 60kg 作底肥；3～4 叶时，开沟条施速效氮，每亩施尿素 10kg 或碳酸氢铵 25kg；12～13 叶时，每亩施尿素 30kg 或碳酸氢铵 70kg。

防治方法：适时播种，合理密植，地表下 15cm 地温稳定通过 12℃作为适宜播种期；抢早抢墒播种，做到一播全苗，抽雄散粉期错开高温多雨季节。合理密植有利于通风透气，提高光能利用率，促进个体充分发育，降低多穗的发生。一般品种净作密度为每亩3 200～3 500 株，套种 2 500～2 800 株，紧凑型玉米净作密度每亩 3 500～3 800 株，套种3 000～3 500 株。加强田间管理，及时中耕除草，保持土壤疏松，发现多穗及时掰掉，保留 1～2 个果穗，避免过度消耗养分，集中保证目标果穗养分的供应。

7. 收获　适时收获有利于提高千粒重，也就是说，不要收获过早或过晚，过早可能还在生长，产量会降低，过晚又会影响品质。

六、夏玉米生产中的主推技术

为继续优化玉米种植的多元结构，推广先进、实用、轻简的玉米关键生产技术，促进农机农艺融合，实现绿色、高质、高效生产，保障夏玉米生产的稳定和可持续发展，近年来，山东大力推广"一增四改""精量直播晚收""超高产关键栽培"等成熟关键技术的基础上继续探索，推动农机与农艺融合，提高机械化水平，坚持绿色生产理念，减少人工、水、肥、药等生产要素的投入，实现良种良法配套，充分发挥品种的高产潜力；继续玉米种植结构的优化调整，引导多元化种植模式，实现从高产到高产、高效、绿色生产方式的转变，保障山东省玉米产业的稳定和健康发展。

第二节　夏玉米"一增四改"技术

2006 年农业部根据专家建议，在"加快玉米生产发展"的文件中明确提出将"一增四改"作为玉米增产的重要措施，是农业部全国 100 项农业主推技术中，针对黄淮海地区玉米作物的两大技术之一。该技术可充分挖掘玉米增产潜力，加快玉米生产发展。"一增四改"即合理增加玉米种植密度、改种耐密型品种、改套种为直播、改粗放用肥为配方施肥、改人工种植为机械化作业。

一、技术要点

1. "一增"　增加合理的玉米种植密度。根据玉米品种特征和生产条件，因地制宜将现有品种的种植密度普遍增加 500～1 000 株/亩。如果每亩增加 500 株左右，通过增施肥料以及其他配套技术措施的落实，每亩可以提高玉米产量 50kg 左右。

玉米在单株产量基本稳定的前提下，亩株数越多，产量越高。玉米是单秆作物，不像小麦、水稻那样可以有分蘖，一般每棵玉米只结一个果穗。因此，要提高产量，一方面是提高和稳定单穗重，另一方面是增加株数。增加密度对产量的提高是最直接最有效的措施。具体的原因就是：

第一，玉米是高光效作物，增产潜力大。玉米的光合效率高于小麦、水稻等作物。从干物质生产角度分析，产量主要由叶面积系数、光合效率和光合时间等决定。每亩株数越多，叶面积系数越高，产量就越高。

第二，密度是最易于由人为影响、掌握和控制的栽培措施。只要在播种和定苗等环节中合理操作，就能达到所要求的密度。

2. "四改"

（1）一改。改种耐密型高产品种。耐密植型品种除了株型紧凑、叶片上冲外，还应具备小雄穗、坚茎秆、开叶距、低穗位和发达的根系等耐密植的形态特征。不但可以耐每亩 5 000 株以上的高密度，密植而不倒，果穗全，无空秆，而且还具有较强的抗倒伏能力、耐阴雨雾照的能力、较大的密度适应范围和较好的施肥响应能力。

（2）二改。改套种为直播。玉米套种限制了密度的增加，降低了群体整齐度，特别是共生期间由于小麦遮光、争水、争肥，病虫害严重，田间操作困难，影响了玉米苗期生长，限制了产量的进一步提高。直播有利于机械化作业，可以大幅度提高密度、亩穗数和产量。一般来说，直播即小麦收割后不经过整地，在麦茬田里直接免耕播种玉米，通常称为玉米贴茬免耕播种。

（3）三改。改粗放用肥为配方施肥。玉米粗放施肥成本高，养分流失严重，改为配方施肥的具体措施为：一是按照作物需要和目标产量科学合理地搭配肥料种类和比例；二是把握好施肥时期，提高肥料利用率；三是采用在需要时期集中、开沟深施，科学管理；四是水肥耦合，以肥调水。如果没有肥水的供给保障，很难发挥耐密型品种的增产潜力。

（4）四改。改人工种植为机械化作业。机械化作业的好处是：①可以减轻繁重的体力劳动，提高生产效率。人工种植的效率低下，浪费人力、物力和财力。机械化作业省时省力，效率较高。②可以提高播种速度和质量。春争日，夏争时，夏玉米提早播种有显著增产效果。机械播种有利于一次播种拿全苗，保障种植密度，使技术措施容易规范到位，确保播种速度和质量，逐步实现精量和半精量。③可以加快套种改直播、夏玉米免耕栽培技术的推广。用机械播种可以快速完成夏玉米贴茬免耕直播，靠人工很难实现。④可使播种、施肥、除草等作业一次完成，简化作业环节，提高作业效率，节约生产成本，提高投入产出比。

二、注意事项

1. 合理提高玉米种植密度 种植密度需要根据品种、气候、土壤等方面来确定。一般来说，平展型玉米品种适宜稀植，紧凑型品种适宜密植，生育期长的品种适宜稀植，生育期短的品种适宜密植，大穗品种适宜稀植，小穗型品种适宜密植，高秆品种适宜稀植，矮秆品种适宜密植，薄地适宜稀植，肥地适宜密植，旱地适宜稀植，水浇地适宜密植。

要保证种植密度需要从以下几方面着手：

①要有足够的播种量，按照种子包装袋上的推荐密度播种。②确保一次播种达到苗全苗齐苗壮。首先选优质种，做好包衣，防病虫害，底墒足，播种深度5～7cm播后压实，减少失墒，确保苗全苗齐苗壮。③及时查苗补苗，防治病虫害。玉米整齐度高，植株均匀一致，发育进程一致，秸秆粗细大致相同，产量就会有保证，管理也比较方便。整齐度就得从玉米幼苗开始抓起，从播种开始抓起。

2. 改种耐密型高产品种

①品种上选用高产的耐密型品种，如郑单958、浚单20、农大108、金海5号、丹玉86等。②种子选用及处理：种子一定要精选，种前应对种子进行筛选，剔除残、病粒，保证籽粒饱满、均匀一致。要求纯度96％以上，净度99％以上，发芽率95％以上，含水量不高于13％。种子色泽光亮，籽粒饱满，大小一致，无虫蛀、无破损，以满足精准播种的要求。另外种子需要进行必要处理：播种前根据当地病虫害发生规律选择适当的专用种衣剂包衣种子，或根据需要选用相关的杀虫剂、杀菌剂、微肥等对种子进行拌种处理，以增强种子活力，防止病虫危害，促进生长。

3. 改麦田套种为麦收后贴茬直播，提倡机械化播种

①及时播种。播种时间尽量安排在6月5～15日，不晚于6月25日。②足墒播种。要求土壤墒情适中，如遇干旱，玉米播种后需及时浇水，确保出苗整齐。③适量播种。播种量一般掌握每亩2.5～3.5kg。④行距与播深。在麦收后抢茬直播，等行种植，行距50～60cm，株距根据不同品种对密度的要求，一般紧凑型品种30～33cm，平展型品种40～45cm。播种深度为3～5cm。⑤早间定苗。3叶期间苗，5～6叶一次定苗，去弱留壮，去小留大，去病留健，去混杂苗，留颜色、苗势一致的苗。对发生缺苗的地方，提倡留双株。⑥直播要与晚收结合。夏直播玉米要于9月下旬至10月上旬玉米成熟期收获。

4. 改粗放用肥为配方施肥　合理施肥，应采用玉米专用配方肥，并做到肥和种的隔离，覆土盖严，遵循"底肥足、苗肥早、穗肥重、粒肥补"的原则，施肥总量，按每生产100kg籽粒施氮（N）3kg、磷（P_2O_5）1kg、钾（K_2O）2kg计算。亩产600～800kg施肥参考：每亩施生物有机肥200kg、尿素35～50kg、磷酸氢二铵20～30kg、硫酸钾35～50kg、硫酸锌1～1.5kg。玉米生长的每个阶段，需肥数量比例不同，苗期占需肥总量的2％，穗期占85％，粒期占13％。玉米从拔节到大喇叭口时期，是需肥的高峰期，底肥要施足。

5. 改人工种植为机械化作业　推广玉米机械播种，减轻劳动强度，提高播种质量，简化作业环节，加快夏玉米免耕直播技术的推广速度。大力推广玉米机械收获，秸秆粉碎还田，培肥地力，避免焚烧秸秆污染环境。

（1）播种机具的调试。一般选用精量播种机，按照精准播种的要求调试好播种机具的传动、排种、追肥等部件。

（2）播种量。采用精量播种机播种。玉米播种量因种子大小、种植密度、种植方式的不同而有所不同。

（3）播种深度。适宜的播种深度根据土质、土壤墒情和种子大小而定，一般以4～6cm最为适宜。

（4）播种质量要求。按精准播种技术要求，达到行距一致，接行准确，下粒准确均匀、深浅一致、覆土良好、镇压紧实，一播全苗。适墒播种，遇旱要造墒；施足种肥，严防种、肥混合，一般亩施氮肥（尿素）10kg左右、复合肥40kg左右，注意种肥隔离，防止烧种；喷好除草剂，防治杂草。

增产增效情况："一增四改"技术的全面应用不仅可以大幅度提高玉米产量，而且可以促进我国玉米生产的现代化。通过改种耐密品种，不仅可以使种植密度每亩提高500～1 000株，而且可以提高玉米的抗倒伏能力、耐阴雨能力和施肥响应能力，更适于简化栽培和机械作业。通过测土配方施肥，可以提高玉米亩产50kg左右，并可提高肥料利用率。直播有利于机械化作业、提高种植密度和控制粗缩病的危害。"一增四改"高产栽培技术不仅可以提升玉米种植的效率，提升玉米种植的产量和品质，同时也对减少资金投入、促进增收具有不可忽视的作用，对玉米种植的可持续发展具有重要的意义。

第三节　夏玉米精量直播晚收技术

一、背景

山东省属小麦-玉米一年两熟区，因受光温资源的限制，长期以来生产上推广玉米套种技术，即小麦收获前10～15d将玉米套种到小麦田里，这种方式能及时有效地进行秋播。不过该种植方式存在以下主要问题：

（1）小麦玉米共生期长，玉米苗弱不整齐，密度不足、苗不匀、病虫害严重。开花灌浆期阴雨连绵，影响粒重。

（2）玉米早熟先收，不能充分利用9月秋高气爽、光照充足的有效灌浆季节，造成减产。

（3）生产上以苞叶变黄、籽粒上部变硬为成熟标准，收获时籽粒含水量在40%左右，距真正成熟（玉米籽粒乳线消失、黑层出现、完熟收获）相差10～15d。

（4）套种玉米费工费力，难以实现全程机械化操作。

山东农业大学针对玉米生产上存在的上述问题，以机械化为核心，采用精量直播晚收高产栽培技术，实现增加密度、提高整齐度、保证成熟度、增加产量的目标，研究推广制订了《夏玉米精量直播晚收高产栽培技术》。该技术增产增效情况：该技术被列为科技部、农业部和山东省重大推广技术。先后在山东、河南、河北等地区累计推广6 392万亩，平均亩增73.9kg，总增玉米51.2亿kg。其中山东省的101个县（市）累计示范推广5 443万亩，平均亩产609.2kg，最高达1 129.3kg。"十二五"期间，在不同生态类型区以同心圆分布的方式建立了高产攻关田、核心区、示范区和辐射区，建立超高产攻关田654.5亩，核心区15.01万亩、示范区1 270.44万亩，辐射推广16 100.36万亩，增产粮食

295.91万t，获得社会经济效益45.44亿元，为我国粮食连年增产起到了重要的示范带动作用。

二、技术要点

玉米收获过早，籽粒灌浆不充分，可导致千粒重下降，产量降低。适当晚收可增加粒重、减少损失、提高玉米产量和品质，是一项不需增加成本的增产措施。玉米适时晚收可以增加蛋白质、氨基酸含量，提高商品质量。玉米适时晚收不仅能增加籽粒中淀粉含量，其他营养物质也随之增加。玉米籽粒营养品质主要取决于蛋白质及氨基酸的含量。籽粒营养物质的积累是一个连续过程。随着籽粒的充实增质量，蛋白质及氨基酸等营养物质也逐渐积累，至完熟期达最大值。另外，适期收获的玉米籽粒饱满充实，籽粒比较均匀，小粒、秕粒明显减少，籽粒含水量比较低，便于脱粒和储放。

1. 播前准备

（1）品种选择。选用通过国家黄淮海区或山东省审定的耐密、抗倒、适应性强、熟期适宜、高产潜力大的夏玉米新品种。

（2）精选种子。选择纯度高、发芽率高、活力强、大小均匀、适宜单粒精量播种的优质种子，要求种子纯度不小于98%，种子发芽率不小于95%，净度不小于98%，含水量不大于13%。所选种子应进行种衣剂包衣，种衣剂的使用应按照产品说明书进行且应符合GB/T 8321.8规定。

（3）秸秆处理。小麦采用带秸秆切碎和抛撒功能的联合收割机收获，小麦秸秆留茬高度应不大于20cm，切碎长度应不大于10cm，切断长度合格率应不小于95%，抛撒均匀率应不小于80%，漏切率应不大于1.5%。

（4）播种机选择。选用单粒精播玉米播种机械，一次完成开沟、施肥、播种、覆土、镇压等工序。

（5）播种期和播种时间。适宜播期为6月上中旬。小麦收获后尽早播种玉米，玉米粗缩病连年发生的地块适宜播期为6月10～15日，发病严重的地块在6月15日前后播种。播种时田间相对含水量应为70%～75%，若墒情不足，可先播种后尽早浇"蒙头水"。

（6）播种方式。采用单粒精量播种机免耕贴茬精量播种，行距60cm，播深3～5cm。要求匀速播种，播种机行走速度应控制在5km/h左右，避免漏播、重播或镇压轮打滑。

（7）种植密度。一般生产大田，紧凑型玉米品种留苗67 500～75 000株/hm²。播种量按以下公式计算。

播种量（粒/hm²）＝计划留苗密度（株/hm²）/发芽率（%）×95%

（8）种肥。采用带有施肥装置的播种机施用种肥，施氮肥（N）45～60kg/hm²、磷肥（P_2O_5）90～120kg/hm²、钾肥（K_2O）180～200kg/hm²和硫酸锌22.5kg/hm²，在穗期补追氮肥，或施用玉米专用缓控释肥等，氮肥（N）、磷肥（P_2O_5）和钾肥（K_2O）的养分含量分别为220～240kg/hm²、90～120kg/hm²和180～200kg/hm²，种肥一次性同播，后期不再追施肥料。种肥侧深施，与种子分开，防止烧种或者烧苗。

2. 苗期

（1）除草。结合中耕除草，在人工灭除的基础上，做好化学防治。播种后出苗前，墒情好时可直接喷施 40％乙·阿合剂 3 000～3 750mL/hm² 对水 750kg 进行封闭式喷雾；若墒情较差时，可于玉米幼苗 3～5 片可见叶、杂草 2～5 叶期用 4％烟嘧磺隆悬浮剂 1 500 mL/hm² 对水 750kg 喷雾

（2）防治病虫害。加强粗缩病、灰飞虱、黏虫、蓟马、地老虎和二点委夜蛾等病虫害的综合防控，具体防治方法应按 DB37/T 1184 的规定进行。

（3）遇涝及时排水。苗期如遇涝渍天气，应及时排水。

3. 穗期

（1）拔除小弱病株。小喇叭口至大喇叭口期之间，应及时拔除小、弱、病株。

（2）追施穗肥。小喇叭口至大喇叭口期间，追施氮肥（N）180kg/hm² 左右。在距植株 10～15cm 处利用耘耕施肥机开沟深施，施肥深度应为 10cm 左右。

（3）防旱防涝。孕穗至灌浆期如遇旱应及时灌溉，尤其要防止"卡脖旱"。若遭遇渍涝，则及时排水。

（4）防治病虫害。小喇叭口至大喇叭口期间，有效防控褐斑病和玉米螟等，普遍用药一次，可采用飞机喷雾或高地隙喷雾器防治玉米中后期多种病虫害，减少后期的穗虫基数，减轻病害流行程度。具体操作应符合 DB37/T 1184 的规定。

4. 花粒期

（1）人工辅助授粉。玉米开花授粉期间如遇连续阴雨或极端高温，应采取人工辅助授粉等补救措施。

（2）施花后肥。花后 15～20d，可酌情增施尿素 90kg/hm² 左右，可结合浇水或降雨前追施，以提高肥效。

（3）防旱。玉米开花灌浆期如遇旱应及时浇水。

5. 收获期

（1）机械晚收。不耽误下茬小麦播种的情况下适时晚收，宜在 10 月 3～8 日收获，收获后及时晾晒、脱粒。收获时宜大面积连片推进，整村整镇推进，农机农艺联合推进，农机手和农户一起行动，避免联合收割机过早下地。

（2）秸秆还田。严禁焚烧玉米秸秆，应进行秸秆还田。

（3）注意事项。确保种子质量。

玉米晚收技术是一项行之有效的增产增效技术措施，能在不增加任何生产成本的情况下，通过延长玉米生长期，提高玉米产量、改善品质，便于群众接受和应用。在特殊的气候条件下，推广应用玉米晚收技术，正确掌握玉米收获期，延长灌浆时间，是增加千粒重、提高玉米产量和品质，实现粮食增产、农民增收和农业增效的重要措施。据研究只要玉米晚收 8～10d，就可亩增产 10％左右。

玉米收获后，一定要注意及时进行扒皮晾晒。收获后不要进行堆垛，在株上扒皮收获或带皮掰后拉运回家，利用人工及时进行扒皮晾晒。亦可推广新型玉米扒皮机进行扒皮，可节省大量人工。另外要注意适时进行脱粒晾晒。因晚收玉米的含水量一般在 30％～40％，农民可根据天气预报，选晴朗天气进行晾晒，在含水量 20％～30％时，及时进行脱粒晾晒，晾晒到玉米含水量在 14％以下为宜。

第四节 夏玉米超高产关键栽培技术

一、技术要点

夏玉米超高产关键栽培技术是以超高产玉米品种为研究平台，针对山东省玉米千斤省建设和高产创建活动对超高产技术的需求，通过研究超高产玉米品种筛选、超高产玉米群体质量指标体系建立、超高产关键栽培技术集成等提出的。其技术要点主要包括以下几点：

1. 选用良种 选择适宜的优良品种是实现夏玉米高产、稳产的首要条件。选用的品种应符合当地生态、气候条件和生产条件的需要，以选用适应性广、生育期适中、生长势强、抗逆性强、抗病虫能力强、同化产物高、增产潜力大的玉米品种为宜。所选种子的质量必须达到国标2级以上，即纯度和净度均大于等于98%，发芽率大于等于90%，含水量小于等于13%。尽量选用带包衣的种子，以防治地老虎、蝼蛄等地下害虫。对于未包衣的种子，播前应精选种子，剔除空瘪、破碎、霉变的种子，尽量做到大小一致、均匀饱满，并于播前选晴天晾晒，以提高种子出苗率。种子处理：挑除破碎、发霉变质籽粒和秕粒，选用大小一致的籽粒，浸种8h，晾干后用40%甲基异柳磷和2%戊唑醇，按种子量的0.2%拌种，防治粗缩病、苗枯病、黑穗病和地下害虫。

2. 抢时早播 夏玉米播种越早，越有利于出苗、生长，充分利用生长季节的有效积温，同时可以避开6月底至7月初的多雨芽涝和9月上中旬的干旱天气，避免形成黄苗、紫苗，提早成熟，从而形成高产，但是也不能播种太早，否则容易引发玉米粗缩病，造成减产。因此，在保证质量的前提下，夏玉米应尽量抢墒早播。山东省夏玉米适宜的播期为6月上中旬，在小麦收获完后抓紧时间抢种，或根据当时墒情在麦收前套种玉米，一般每亩的播种量为2～2.5kg，具体可根据品种特性酌情增减。播前浇足水，做到足墒下种，播种时深浅一致，不重播、漏播，播后及时覆细土，确保达到苗全、苗齐、苗匀、苗壮的要求，提高播种质量。

3. 合理密植 种植密度过大是当前夏玉米生产中较为突出的问题，密度过大往往导致单株玉米生长发育不良、空秆率高、雌穗秃尖严重，并发生不同程度的倒伏，从而造成减产。因此，一定要根据品种特性、土壤肥力状况、施肥水平、田间管理水平等确定合理的种植密度，合理密植。一般紧凑型玉米品种，如郑单958、中科11、浚单20等，每亩可留苗4 000～4 500株，高水肥田可留苗5 000株；平展型或半紧凑型品种，如鲁单981，每亩以留苗3 000～3 500株为宜。及时间苗、定苗，一般于3～4叶期间苗，5～6叶期定苗，以利于培育壮苗。间苗时拔除弱苗、过大苗及病残苗，留健壮苗，提高群体整齐度。密度达到5 000株/亩以上可不倒伏、不空秆、不秃尖，平均单穗粒重潜力在200g以上。生育期春播125d左右，夏播105d左右。

4. 平衡施肥 采用科学合理的施肥方法是提高夏玉米产量的重要因素。应在充分了解土壤养分含量的基础上，根据目标产量、肥料利用率等确定经济、高效的平衡施肥技术方案。据了解，每生产100kg玉米籽粒平均需从土壤中吸收纯氮2.57kg、五氧化二磷1.12kg、氧化钾2.14kg。因此，要想达到高产的目标，每亩需施尿素30～40kg、过磷酸钙 35～50kg、氯化钾 15～20kg，其中 30％的氮肥、全部磷肥和 80％～85％的钾肥作基肥于播种前及时施入；玉米大喇叭口期追施 50％氮肥和 15％～20％的钾肥作穗肥；玉米抽雄吐丝期追施 20％的氮肥作粒肥。

5. 病虫综合防治　玉米生长期主要的病虫害有玉米螟、黏虫、玉米蚜虫、红蜘蛛、地老虎、蓟马、玉米粗缩病、大斑病等。病虫防治应采取"预防为主、综合防治"的策略，优先采用农业防治、物理防治和生物防治等防治措施，选用抗病品种，合肥施肥灌溉，保持田间通风透光。化学防治应施用高效、低毒、低残留农药，推广使用生物农药，拒用高毒、高残留的化学农药，科学用药，提高防治效果，以有效控制危害玉米生产的主要病虫害，确保玉米高产、稳产。

6. 适期晚收　生产中一般农户在玉米苞叶变黄时（开花授粉后的 30～35d）即开始收获，但此时玉米并没有达到完全成熟，灌浆仍在进行，一直到开花授粉后 50d 左右籽粒乳线基本消失时才趋于停止，此时千粒重达到最大值。因此，为了获得最大产量，应在玉米苞叶变白、上口松开、籽粒基部的黑层出现、乳线基本消失、玉米达到生理成熟时收获。实践证明，夏玉米适当推迟收获期，能提高粒重，增产效果显著，一般可增产 10％左右。收获后应及时脱粒、晾晒，降低含水量。

二、注意事项

1. 合理施肥　遵循重施底肥、重施穗肥、巧施粒肥、科学施肥的原则，进行玉米施肥。

2. 良种良法配套　选择适宜高产的良种，并制定高产栽培技术规程，确保良种良法配套。在目前机收和机播水平不断提高、光温条件允许的情况下，在高产更高产阶段推广夏玉米直播晚收超高产栽培技术，有利于防止因病毒病传播而引发的玉米矮缩病，有利于玉米群体整齐和保证植株密度，从而达到玉米大面积增产。

3. 关键技术环节

（1）小麦机收。秸秆还田可利用小麦联合收割机，将秸秆直接全量还田，中、高产田秸秆还田量通常在 6 750kg/hm² 以上。

（2）麦后直播，保障密度。麦后直播能保证以适宜密度为基础的群体整齐度。玉米超高产栽培的关键是密度和整齐度，紧凑型玉米不仅要保证植株种植密度在 75 000 株/hm² 以上，而且要保证植株群体整齐度，行与行、株与株之间均衡生长。此外，由于农机化的发展和光热条件允许，在黄淮海地区推广夏玉米直播技术条件成熟。在泰安地区倡导麦收后夏玉米直播越早越好，一般不宜晚于 6 月 18 日。

（3）选用良种，保障产量，选用中晚熟高产紧凑型玉米品种。当前山东的代表性品种有浚单 20、郑单 958、鲁单 981 和登海 11 号等。

（4）强化苗期管理，促根壮苗。

①早间苗和定苗。宜在 3 叶期间苗，4 叶期定苗。间苗和定苗时要去弱小杂苗，留生长一致的壮苗。缺苗断垄较重的地段，可留生长一致的双株，确保密度。

②追肥。一般在定苗后至拔节前进行。此次施肥有促根、壮苗和促叶壮秆的作用，为粒多、穗大打好基础。要给瘦弱苗施偏肥，促苗整齐。玉米苗期耗水量约占全生育期耗水

量的 1/3，适宜的土壤相对含水量在 65％左右。根据墒情和天气，苗期的浇水次数掌握在 1～2 次，浇水时切不可大水漫灌。苗期遇涝，应及时挖沟排水，解除渍涝，并及时中耕，以便还苗。

③防治病虫。玉米苗期害虫主要为黏虫和蓟马。防治黏虫可用 50％辛硫磷乳剂 3 000 倍液喷雾。防治蓟马可用 40％乐果乳剂或 50％敌敌畏乳剂稀释 1 500 倍喷雾。喷洒乐果、菊酯类农药还可杀死蚜虫和灰飞虱等传毒昆虫，起到防止病毒病发生的作用。

（5）巧施花粒肥，促穗大和粒多。攻粒肥一般在雌穗开花期前后追施，以速效氮肥为主，追肥量宜占总追肥量的 10％～15％，同时肥水结合。试验表明，追肥后籽粒灌浆强度明显提高，千粒重增加 20g 左右。

（6）适时晚收，促进籽粒饱满。玉米正常成熟时，含水量为 20％～30％，颗粒变硬、发亮，乳线消失，出现黑层，有光泽，苞叶变枯松。根据对掖单 4 号的调查，苞叶完全变白时收获，千粒重为 270g；苞叶干枯发松时收获，千粒重为 340g。从苞叶变白到枯松约需 14d，在此期间，每晚收 1d，千粒重增加 5g。因此，适当晚收是增产、增收最简便易行且有效的增产措施。

第五节　夏玉米病虫害节本增效防治技术

一、背景

玉米在生长过程中，通常都会受到多种病害的威胁，如小斑病、纹枯病、大斑病等，常见的有黑粉病、黑穗病。导致玉米产生病情的主要原因是生长环境中存在的有害病菌，而光照、温度、湿度等环境因素可能会对这些病菌起到滋养或者助推作用，使玉米的生理机能受到严重的破坏，进而导致玉米出现病变。

在玉米生长的过程中，常见的虫害主要有红蜘蛛、飞虱、黏虫、金针虫、地老虎等。地老虎由于繁殖能力强，可对玉米的各阶段产生较大的侵害。对玉米造成影响最大的是玉米螟。玉米螟会破坏玉米的整体结构，导致玉米不能正常生长，造成玉米减产甚至绝产。据相关数据统计，被玉米螟破坏的粮食每年可达上千万吨，给农业户带来巨大的经济损失。

二、技术要点

以绿色防控技术为支撑，大力推进专业化统防统治。突出病虫害全程绿色防控与统防统治融合，选用抗耐病虫品种，实施种子处理、苗期病虫害防治、赤眼蜂防螟、白僵菌封垛、大斑病防控前移技术和中后期病虫一体化防治技术，实现节本增效，保障玉米生产安全。

1. 选择良种　在玉米病虫害预防和治理中，相关人员应该认识到，优良的种子在生长过程中，拥有较强的抗病虫能力以及较高的成活率，而且在收成方面也比较理想。较强的抵抗力可以减少外界因素对其生长的影响，有利于提高粮食产量。

选择玉米种植品种时，要结合当地实际情况，优先选择耐旱耐寒、产量高、抗病虫害能力强的品种种植。在种植前，要先用种衣剂对种子进行处理，这样可以在一定程度上防止病菌的入侵、减少虫害的发生概率、有效地促进种子和幼苗生长，还能预防病苗和死苗的产生。

在实际的种植过程中，我国的地区面积相对较大，而且不同的区域环境也有较大的区别。因此在种子品种的选择上要慎重，若在部分炎热地区，可以选用耐旱型的种子；若该地区土壤下层有较多的病虫，应该采用抗病虫的种子，同时还要对土壤做出相应的处理，减少病虫害对农作物的影响。

2. 改变种植方式　玉米和其他作物采用轮作和深耕的方式种植，可以起到改善土壤理化性状、调节土壤肥力、有助于玉米根部生长、促进作物增产增收的目的。在条件允许的情况下，尽量采用生物方法来防治病虫害，不仅效果显著，还高效环保。利用天敌效应来降低虫害的发生概率和损失程度。同时还要定期对田间的残株、病株进行清理，留下强壮的幼苗，给农作物创造良好的通风和光照条件。

3. 化学防治　现阶段最有效的病虫害防治手段要数化学手段，成本低、见效快且没有局限性。随着科学技术的不断进步，化学药剂已经逐渐减少了对自然环境的损害程度和污染程度，是一种较为成熟的病虫害防治手段。化学药剂的使用方法有很多种，如喷雾、喷粉、浸泡等，喷在植被上，可以保证病虫不侵入农作物。喷粉是将粉液留在田间，确保杀死有害病虫。种植前可以先将种子放在药剂中浸泡，以达到预防病虫害的目的。不同的病虫害防治手段也不一样，应该因地制宜，具体问题具体分析。

（1）地下害虫、蚜虫、黏虫、棉铃虫、玉米矮化病等苗期病虫害。选用含有噻虫嗪、吡虫啉、氯虫苯甲酰胺、溴氰虫酰胺等成分的药剂包衣或拌种。玉米矮化病发生较重的区域，选用含有7%以上克百威，按商品使用说明进行种子包衣。防治地下害虫亦可用辛硫磷颗粒剂与细沙拌匀在玉米播种前开沟撒施，为避免在阳光强烈照射下施药，施药后及时覆土。使用烟嘧磺隆除草剂的地块，避免使用有机磷农药，以免发生药害。

（2）玉米螟。秸秆粉碎还田、深耕冬闲田和播前灭茬，降低虫源基数。越冬代幼虫可在玉米螟化蛹前，采用白僵菌统一封垛；在越冬代玉米螟成虫羽化期，可在村屯内堆放秸秆附近放置杀虫灯、性诱剂或食诱剂诱杀成虫，大面积连片防治效果最好。在玉米螟产卵初期，释放赤眼蜂防治玉米螟。每亩放蜂1.5万～2万头，分2～3次统一释放。在心叶末期喷洒苏云金杆菌制剂，或选用四氯虫酰胺、氯虫苯甲酰胺、高效氯氟氰菊酯等药剂喷施，提高防治效果，兼治其他多种害虫。苏云金杆菌对低龄幼虫效果好，因此施用时间要提前2～3d。

（3）大斑病。选用抗病品种，合理密植，科学追肥。提倡适期早用药，在玉米大斑病发病前或发病初期施药，可采用苯醚甲环唑、吡唑醚菌酯等药剂，视发病情况施药1～2次，间隔7～10d，全株均匀喷雾。与芸苔素内酯等混用可提高防效，降低用药量。吡唑醚菌酯发病初期使用效果最佳。

（4）玉米蚜虫。常发、重发区，应用吡虫啉、噻虫嗪等种衣剂包衣，吡虫啉具有内吸性，持效期较长，拌种使用，能较长时间防治玉米蚜虫。噻虫嗪具有内吸传导性，种子处理后迅速内吸，传导到植株各部位，可有效防治玉米苗期蚜虫。玉米抽雄前和盛发初期喷施噻虫嗪、吡虫啉、溴氰菊酯等药剂进行防治。

（5）丝黑穗病。选用抗病品种，用戊唑醇、苯醚甲环唑、灭菌唑、咯菌腈·精甲霜灵等种衣剂包衣。戊唑醇要注意严格按说明书推荐用量使用，避免超量使用抑制作物生长，产生药害。苯醚甲环唑对瓜类敏感，施药时应避免药液飘移产生药害。

（6）双斑萤叶甲。田间、地头杂草多的地块发生重，要及时铲除杂草，结合秋季深翻灭卵达到防治目的。利用瓢虫和蜘蛛等天敌防治双斑萤叶甲。选择高效低毒低风险的药剂进行防治，重点喷在雌穗周围，喷药后间隔5～7d再喷施一次。防治时需注意要在早晨或晚间害虫不活跃时喷药，且要大面积统防统治。

（7）二点委夜蛾。深耕冬闲田，播前灭茬或清茬，清除玉米播种沟上的覆盖物。利用溴氰虫酰胺等药剂进行包衣。应急防控可选用氯虫苯甲酰胺、甲氨基阿维菌素苯甲酸盐等进行防治。

（8）棉铃虫。释放螟黄赤眼蜂灭卵，卵孵化盛期选用苏云金杆菌、氯虫苯甲酰胺、甲氨基阿维菌素苯甲酸盐等进行防治。

玉米不仅是重要的粮食作物，更是我国主要的饲料原料，因此玉米的高质高产、价格稳定决定着种植业、畜牧业等产业的良性发展。做好玉米病虫害防治工作，对玉米甚至是我国粮食安全稳定意义重大。只有将细节做好，才能保证我国农业长久稳定的发展。

第六节　夏玉米一次性施肥技术

一、技术要点

所谓的玉米一次性施肥技术就是玉米简化施肥技术，即根据土壤肥力指标和玉米需肥特性，来确定最佳施肥量的定量化施肥技术，结合秋季或春季打垄时施基肥，将玉米全部生育期所需的氮、磷、钾肥一起作底肥，一次施入，在播种时和整个生育期不再施肥的方法。具有肥料利用率高、省工省力、操作简单易行等优点。

1. 玉米一次性施肥具体做法

（1）整地　最好于头年秋季进行土壤旋耕，深度要达到16cm以上，为来年春季适时播种和深施肥打下基础。

（2）施肥　春季打垄时一次性深施肥料，来满足玉米整个生育季节的需肥要求。主要是农家肥（每亩7.5kg）与氮、磷、钾肥（长效氢铵50kg，磷酸氢二铵15kg左右）配合施用，要结合测土配方确定用肥量。也可选用一次性长效肥配合优质口肥进行侧深施，如每亩施五洲丰牌一次性肥料40kg，另加10kg三元复合肥作口肥，既可满足苗期对养分的需求，又做到不烧苗，玉米生长后期又不脱肥。

2. 播后除草　玉米播种后在出苗前要根据土壤墒情适时进行封闭灭草，每亩用乙草胺和莠去津各150mL对水75kg喷雾。

由于玉米需肥量较多，生育期较长，专家建议在抽穗前即大喇叭口期适时追肥一次，每亩追施尿素15～20kg。

3. 玉米一次性施肥技术要点

（1）选好化肥。玉米专用肥的合格产品应颗粒整齐、均匀、干燥并且有一定的硬度，不应破碎，袋中没有或少有粉末，到国家指定的定点单位购买。

（2）整地。垄作地块可将化肥直接撒施到原垄沟里，合成新垄后镇压好，待温度适合时播种。

（3）播种。保证化肥在种子下 6cm，如深度不够，易造成烧种，播种后，要适度镇压。

4. 优缺点

（1）优点。①干旱地区可以避免因干旱而追不上肥，雨水较多地区因连续降雨而追不上肥的危险。②节约化肥，减少投入。生产实践证明，当化肥被水解时，能够被土壤胶体吸附，增加肥效。③节省人工，便于管理。一次性施肥免除了繁重的人工追肥，同时避免看天等雨现象。④提高产量，增加收入。一次性施肥技术有明显的增产增收效果，而且具有籽粒饱满、抗倒伏和避免中期脱肥等优点。

（2）缺点。一次性施肥在东北部分地区可行，在其他地区是否可行，要依赖于气候等条件，不是年年都能稳保基本产量。东北地区特殊条件是：土壤为黑土、黑钙土，既肥沃又保肥保水，种玉米不灌溉，年降水量偏少，集中在 7～9 月。一次性施肥的关键技术：底肥和种肥结合，保苗保粒。底肥用复合肥，每亩 35～40kg，保证深度。种肥用磷酸氢二铵每亩 5kg，肥和种隔开。这种方法不能到处滥用，因为一次性施肥的效果受多种因素影响，如肥料的成分、质量还有施肥位置、播种时期、温度和水热条件等。能否采用一次性施肥方案，要分析这种施肥方式的适宜性。首先，要看种植者对产量目标和安全稳产的指标要求，即使在正常年份、投入相同养分的条件下，一次性施肥不可能好于分期施肥，把较大量的速效性化肥一次施到土壤中去，使局部土壤溶液浓度过高，对种子发芽、出苗及幼苗生长不利，影响保苗；施肥浅了容易造成肥料挥发损失；在沙土、沙壤土上，还容易造成渗漏；生育后期脱肥，影响肥效的发挥。从农业生产实践看，也只有在东北地区玉米生产上可以基本成功，是由东北土壤、气候的特点所决定的。这种施肥方法在别的地区可能不适宜。如在华北地区的水浇地，会造成玉米前期蹲不住苗，后期又脱肥，产量就难以保证。又如在华中、华南地区，年降水量多，把化肥一次都施下去，就会造成玉米前期徒长、后期倒伏、产量降低。

二、注意事项

确保玉米一次性施肥技术的稳产效果，应注意以下问题：

①选择适宜的土壤类型。土层深厚、土质黏重、中性或微酸性的土壤，保水保肥效果好，适宜玉米一次性施肥。土壤瘠薄、沙性土壤、盐碱土等不适合采取一次性施肥，因为瘠薄沙性土壤，渗漏性强，保水保肥效果差，肥效短；盐碱土氮肥易挥发、肥效不长，不适宜进行一次性施肥。

②根据玉米需肥规律选用含氮 26%～30%、五氧化二磷 10%～12%、氧化钾 13%～15% 的缓控释肥料、复混肥料等进行一次性施肥。缓控释肥料中的缓控释氮量占总氮量的 15%～20% 为宜，既保证玉米中期需肥量大时的养分供应，又防止后期脱肥。一次性深施底肥的施肥量，要根据土壤肥力、产量指标及肥料利用率确定。

③一次性深施底肥，要配施口肥。一次性施肥深度要达到 12～17cm，确保肥效长，避免后期脱肥和发生苗期烧根。因为一次性施肥的肥量大、氮肥多，深施底肥的肥效长，能有效防止后期脱肥和苗期烧根。一次性深施底肥一定要配施口肥，确保玉米苗期正常生

长，一般每公顷施口肥磷酸氢二铵 75～100kg 为宜。

氮素是夏玉米生长所必需的重要元素，也是夏玉米产量形成的重要限制因子，氮肥施用不当，不但容易造成作物减产和氮肥利用率下降，还会引发一系列的环境问题。夏玉米底肥一次性施用缓/控释肥能满足夏玉米全生育期养分需求，节约追肥成本，从而实现轻简化生产。

采用夏玉米专用缓/控释肥一次性施用，避免了夏玉米生育后期的追肥，节约了追肥的人工成本，实现了黄淮海夏玉米轻简化和高效施肥的目的。其中一次性减量施用氮肥处理能够保证黄淮海夏玉米的稳产增产，并有效提高氮素利用效率。

作为农业大省、粮食主产区，山东省历来高度重视粮食生产，农业、科技、财政等部门出台了一系列政策，粮食生产能力不断提升。

第六章

山东省小麦、玉米生长的气象条件

第一节 山东省气象条件对农作物的影响

一、农作物生长所需的气象条件

农作物生长的实质是作物在一定的自然光、温度、降水等和栽培肥料与密度等条件下，以自身遗传特性为基础，通过与环境的互作进行干物质积累与转化的物质生产过程。众所周知，农作物正常生长需要的基本气候条件包括合理的光照、适宜的温度、昼夜温差、水分的提供等，这些作为农作物生长的基本条件和必备条件，是缺一不可的。

1. 光照条件 太阳光照是推动地球上各种物理进程和生物进程的主要能量来源，也是作物进行光合作用的最主要的能量来源。光照包括光照度、光照时间的长短，合理的光照是绿色植物生长发育的基本动力，密切影响着农作物的产量与质量。光照一般用年太阳辐射总量来衡量，与纬度、大气透明度、日照时间等密切相关，但光照条件好，不一定热量条件就好。

光照在作物生长发育过程中的作用主要有：一方面为作物光合作用提供源源不断的能量，将光能转化为化学能以存储在有机化合物中。另一方面光照能调控作物的生长进程，调节生长进度，适度的光照是作物每个发育阶段的必要条件。光照充足能有效地促进作物成熟。

2. 温度条件 温度变化是影响作物生育期长短和生育进程的要素之一，作物生育期的长短受气候影响显著，特别是温度的直接和间接影响。因为温度条件与农作物种类分布、复种制度的关系最为密切，直接影响农作物发育阶段的快慢和农作物成熟的早晚。作物的热量条件一般通过温度反映出来，受光照条件、纬度、海拔等影响明显。因此，一般来说在低温地区，积温过低，热量不足，农作物能量存储不足，生长缓慢的现象相当普遍。

温度对农业的影响主要分两种：①空气的温度。不同的农作物在不同的生长阶段对于温度的要求也不同，当温度达到0℃时土壤冻结，农作物活动开始终止；10℃春季喜温作物开始播种与生长；20℃作物正常生长。②土壤的温度。土壤温度影响作物的发芽与出苗、影响作物根系的生长和块茎与块根的形成、影响水分和养分的吸收。积温是在一定时期内，每日的平均温度或符合特定要求的日平均温度累积的和，10℃是大多数作物生长的下限温度，把从每年日平均气温稳定通过10℃这天起，到稳定结束10℃这天止，其间逐日平均气温加起来，其和就是大于10℃活动积温，它可以代表当地的热量资源状况。积温与农业生产的关系是非常密切的，是研究作物生长、发育对热量的要求和评价热量资源的一项重要指标，直接影响作物的生长、分布和产量。

3. 降水条件　水分在农作物生长发育中有着极其重要的作用，农作物获取水分的主要途径就是大气降水。降水根据强度的大小，对作物的影响存在不同程度的差异：中雨最有利于农作物的生长；暴雨常造成洪涝灾害，使土壤层的泥沙大量快速流失，严重破坏了土壤结构，会使土壤中的氧气含量迅速减少，直接导致农作物根系死亡。另外，降水季分配是否均匀对农作物生长发育有不同影响：降水分配不均并且雨热同期，则对作物生长有利，例如山东省所处的黄淮海地区属于季风气候；雨热不同期的代表气候为地中海气候地区，冬季温和多雨，夏季炎热干燥，则对农作物生长不利。此外，农作物生长还和降水量密切相关，降水量的差距最直接的表现是产生干旱和洪涝，一般来说，降水量多对农作物生长就有利。

二、山东省农作物生长气象条件概况

山东省黄淮海平原位于中国东部沿海、黄河下游，东经 $114°19'\sim122°43'$、北纬 $34°22'\sim38°23'$，是华东地区的最北端省份。山东省地域辽阔，土层深厚，受海洋和大陆影响，季风特点明显，属暖温带季风气候区，夏季暖热多雨，冬季寒冷干燥，光、热、水等自然条件配合较好，生长期比较长，适宜多种农作物生长。

山东的地形复杂，以山地丘陵为主。中南部地形突起，多为山地丘陵，称为鲁中南山地丘陵区；东部是半岛，大多是起伏和缓的波状丘陵区；西部及北部是黄河冲积而成的鲁西北平原区，是黄淮海平原的一部分。山东省地貌类型众多，包括中山、低山、丘陵、台地、盆地、平原、湖泊等多种类型。山东省境内山地约占陆地总面积的 15.5%，丘陵占 13.2%，洼地占 4.1%，湖沼占 4.4%，平原占 55%，其他占 7.8%，总体上说山东地貌中山地和丘陵约占全省总面积的 1/3，其余的主要是平原。

山东省的地理位置和地貌特征决定了其气候类型为温带季风气候，且气候变化具有明显的季节性特征，属于半干旱大陆气候。山东省平原地区地势平坦、土层深厚，适合发展种植业，农作物主要栽种方式是冬小麦-夏玉米轮作制度。

（一）光温条件

光照时长的有效指标一般用太阳辐照量来表示，一般说来，光照时间越长，太阳辐照量也越大，地面获得的太阳总辐射能也越多。黄淮海地区光照仅次于青藏高原和西北地区，山东省作为黄淮海平原的重要组成部分，光照资源充足，光照时数年均 2 290～2 890h，年平均气温 11～14℃，山东省无霜期一般为 174～260d，其分布规律是南部多于北部、平原多于山地、沿海多于内陆。鲁南、鲁西南及鲁西北平原和沿海地区在 200d 以上，鲁中山区和半岛中部少数地区在 200d 以下。山东各地大于 10℃ 的积温，一般在 3 800～4 600℃，全省光照时数年均 2 290～2 890h，日照百分率为 52%～65%，较其南邻的江苏省和安徽省高出 300～400h，光照资源比较有优势，其光照资源可充分满足喜凉、喜温作物一年两熟的要求。

根据山东省各地市年平均太阳辐照量（图 6-1）可见，山东各地市中的年平均太阳辐照量超过 17 000kJ/m² 的有东营、滨州、济南、淄博、潍坊、泰安、德州等地市，山东省小麦玉米产量比较高的地区正好也分布在以上地区。总体来说，山东省各地年平均光照辐射量变化范围为 16 233～17 813kJ/m²，完全可满足农作物小麦和玉米等一年二作作物的热量要求。

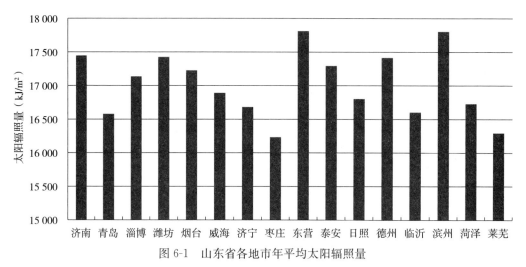

图 6-1 山东省各地市年平均太阳辐照量

山东省年平均气温基本遵循由西南向东北递减的分布规律，但地区差别不大，济宁、菏泽的南部地区和济南、枣庄的年平均气温都在 14℃以上，其中济南 15℃，是全省年平均气温最高的地方；半岛的丘陵地区年平均气温都比较低，一般为 11.4～11.9℃；鲁北和丘陵地区以外的半岛地区基本在 12.0～12.9℃；其他地区一般为 13.0～13.9℃。最冷月 1 月平均气温由－4℃递增到 1℃，最热月 7 月由 24℃递增到 27℃左右。极端最低气温在零下 11～20℃，极端最高气温为 36～43℃。

山东省 1 月全省各地的平均气温都在 0℃以下，为全年最低温。鲁北和山东半岛内陆是全省气温最低的区域，一般在－3℃左右；半岛的东部和南部沿海地区以及鲁南一般在－0.2～－1.0℃，是全省冬季最低温的高值区；其他地区多数都在－2.0～－1.0℃。

夏季太阳辐射最强，山东各地夏季气温最高。一般 7 月是山东内陆地区气温最高的月份，而半岛的东部和南部沿海受海洋气候的影响，8 月的气温才达到全年最高。8 月全省各地的平均气温在 21.5～27.5℃。济南、淄博、济宁及菏泽以南地区的平均气温都在 27℃以上；潍坊、莱芜和临沂的大部及以西地区的气温都在 26～27℃；半岛的东南沿海一般在 21.5～25.0℃，其他地区多数为 25～26℃。全省高温日数大致从西往东，从北到南递减。

山东全省低温日数差异很大，以鲁北、鲁中山区北部和半岛的内陆地区最多，年平均在 12～20d，其中泰山平均 47d，稳居全省之首；沿海地区和鲁南地区的低温日数一般在 2～4d，河口、长岛、成山头、威海、烟台、青岛和日照等最少，仅有 1d；其他地区一般为 5～10d。

（二）降水资源

山东省多年平均降水量为 676.5mm，大部分地区年平均降水量在 600～750mm，其降水分布特点是南多北少，东多西少，由东南向西北递减。降水季节分布很不均衡，全年降水量有 60％～70％集中于夏季，易形成涝灾，冬、春及晚秋易发生旱象，对农业生产影响最大。山东省水资源主要来源于大气降水，降水集中分配在 4～10 月农作物生长季节，各年该期间的降水量占全年总降水量的 80% 以上，具有雨热同季的特点。日照东部沿海年平均降水量达到了 900mm 以上，是全省降水最丰富的地方。临沂日照的南部地区年降水量在 800~900mm，是全省降水最多的区域；鲁东南的大部分地区和半岛的东南部为 700~800mm；鲁中山区、鲁西南及半岛的大部分地区年降水量一般在 600~700mm；鲁西北和半岛北部降水较少，一般都在 600mm 以下；降水最少的是黄河以北地区，多数不足 550mm，其中武城是全省年降水量最少的地方，只有 508.6mm。山东各地年降水天数基本遵循从西北向东南递增的规律。鲁西北地区较少，多数在 65~70d，宁津最少，只有 62.7d；鲁东南和半岛的东部地区是降水天数最多的区域，一般在 80~90d，其中文登最多，为 90.9d；其他地区多数都在 70~80d。

通过山东省 20 世纪 60~90 年代的年平均气温变化可见（图 6-2），山东省的平均气温从 20 世纪 60 年代以来增长显著，进入 80 年代后，全球气温明显上升。1990—1999 年平均气温比 60 年代上升了近 1℃。这是因为随着工业的发展，排放出大量的二氧化碳等多种温室气体，进而产生温室效应，全球变暖趋势越来越明显。通过查阅研究山东省 1961 年以来的年降水量可见，山东省的年降水量从 20 世纪 60 年代以来逐渐减少（图 6-3），倾向率为每 10 年减少 37.491mm，进一步分析表明山东省降水量的递减趋势存在着年代际和季节差异：从各年代来看，60~90 年代的平均年降水量分别为 729mm、704mm、599mm 和 649mm，说明年降水量在 80 年代降幅最大，90 年代后有所回升。从各季节降水量的时间变化序列来看，降水量减少最明显的季节是夏季，倾向率为每 10 年减少 28.356mm，对年降水量时间序列倾向率的贡献率为 82%；相反，冬季降水量则表现出微弱增加的趋势，倾向率为每 10 年 0.827mm，表明山东省年降水量的减少主要是由于夏季降水量减少所致。

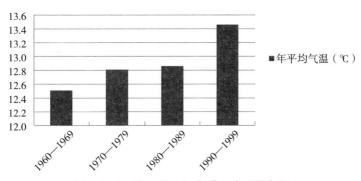

图 6-2　20 世纪 60~90 年代山东平均气温

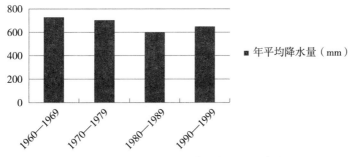

图 6-3　20 世纪 60~90 年代山东年平均降水量

从 20 世纪 60～90 年代 40 年山东省的光、温、水资源匹配条件总的变化趋势来看，总体上气温不断升高，但降水量却有所减少，水、热匹配条件并无明显改善。

从季节来看，春、秋季气温与降水量变化均较小，故水热条件变化不大；夏季由于增温幅度最小，降水量的降幅最大，水热条件有所恶化，是一年中水、热匹配条件下降最明显的季节；冬季降水量稍有增加，同时气温上升明显，水、热匹配条件有所改善。从年代来看，60、70 年代，由于气温和降水的变化幅度都比较小，水、热条件变化不大；80 年代增温幅度最小，而降水量为各年代中最低，是水、热匹配条件最差的年代；90 年代不仅升温幅度大，且降水量较 80 年代有所回升，水、热匹配条件有较明显的改善。

三、山东省光、温、水条件对小麦生长的影响

(一) 光照

光是小麦生长发育的基本动力。小麦生长早期，适度的光照是小麦发育的必要条件，此时较强的光照有利于分蘖的发生和健壮生长；到了小麦生育中期，光照时间和光照强度均会影响小麦拔节和抽穗分化，缩短日照，穗分化时间相应延长，有利于小穗数目的增加和形成大穗；光照强度不足，会降低小穗分化速度，使小穗数目减少且退化；在小麦生育后期，光照直接影响着籽粒的形成和灌浆速度，光照时间和光照强度直接决定着小麦籽粒产量的高低。在小麦籽粒形成期，光照不足，尤其阴雨天气，易导致籽粒退化；在小麦灌浆期，充分的光照有利于提高灌浆速度，促进籽粒饱满成型；阴雨天较多时，粒重明显降低。

小麦的产量主要是由在小麦生育期内单位群体小麦进行光合作用合成的干物质的量决定的。因而，小麦产量的高低，主要取决于群体的光合性能。绿色植物只有在光照达到一定强度（光补偿点）的情况下才能进行光合作用，但是超过一定的强度（光饱和点）就会抑制光合作用的进行。因此合理密植，建立良好的群体结构，使小麦群体的获得的光能均匀，才能促进小麦产量的有效形成；群体内光合功能最旺盛的叶片，能获得充足的光能，由此创建合理的群体结构，进行合理定苗。

(二) 温度

小麦从出苗到成熟所经历的时间称为全生育期。全生育期及各生育时期的长短主要决定于两方面：一是小麦本身的品种特性；如山东省冬小麦一般自 9 月下旬至 10 月中旬出苗，6 月上旬至中旬收获，全生育期需 230～270d。二是受气候环境因素的影响，特别是温度因子。小麦完成生育期必须满足一定的温度要求，如山东省春小麦全生育期，必须满足 1 500～1 700℃的积温；冬小麦则必须满足 2 100～2 400℃的积温。

在小麦一生的生长发育过程中，温度起着至关重要的作用。首先，温度的高低变化是确定小麦播期的关键因素。在土壤水分适宜的情况下小麦发芽的最适温度为 20～30℃，最低温度为 1～2℃，最高为 38～40℃。山东省小麦适宜的播种条件为日平均温度 16～18℃，若日均温度低于 10℃或高于 20℃时播种难以形成壮苗。其次，温度影响小麦生育速度。在北方的冬小麦，当日均气温下降到 0℃以下时，就停止生长，进入越冬期。山东省鲁西北平原地区因受冬季来自西伯利亚冷空气的影响，小麦早在 11 月中旬就已进入越冬期，而鲁西南等地受冷空气影响晚，小麦越冬期要等到 12 月上旬才开始。来年春季，

当日平均气温稳定在 3℃、天气晴朗时的午间温度可达 10℃左右时，新生分蘖、根和叶片都将明显生长，小麦进入返青期；在气温稳定通过 5℃以后，小麦进入春季分蘖期。

分蘖期，小麦分蘖对环境温度的反应是十分敏感的，当日平均气温在 0℃时，一般不产生分蘖；日平均气温 3～6℃时分蘖缓慢生长；6～13℃是小麦分蘖稳健生长的温度；分蘖生长最快的温度为 13～18℃，但易形成徒长的旺苗；18℃以上分蘖的发生受到抑制。受温度的影响，山东省冬小麦的分蘖主要集中发生在两个时段，一是 10 月中下旬日平均气温下降到 18℃以下时开始，到 11 月底或 12 月上旬日平均气温下降到 0℃时为止的冬前分蘖期，正常年份持续 35d 左右，冬前分蘖期间日均温度 6～13℃的天数越多，形成的壮蘖也越多；二是春季分蘖期，山东省各地一般从 3 月上旬至 4 月初，持续 30d 左右。在冬前亩茎数充足情况下，春季分蘖通常为无效分蘖，因此，在栽培上主要是掌握对冬前分蘖期的利用，应采取栽培措施控制无效分蘖的发生，促进分蘖的两极分化，提高冬前大蘖成穗率。

随着气温的进一步回升，小麦进入拔节期。进入拔节期后，根、茎、叶等营养器官迅速生长，幼穗也开始进入以小花分化为中心的生殖生长中心，此期是营养生长和生殖生长齐头并进，是决定产量的关键时期，管理上既要注意加速小分蘖的消亡，确保大分蘖成穗，又要防止小花退化，争取壮秆、大穗、多粒。小麦拔节期所要求的适宜气温为 12～16℃，在此温度范围内，小麦茎秆生长较快，但经验显示，此期温度在适宜范围内偏低一点有利于培育壮秆，并能延长小花分化的时间，有利于增加穗粒数。

在小麦灌浆阶段，温度对灌浆开始时间、灌浆持续时间及灌浆速度都有很大的影响。小麦返青之后，必须要有足够的积温才能开始灌浆，据多年的统计，自返青至灌浆所需积温在 1 160℃左右。因而，当春季温度偏高的年份，抽穗期提前，灌浆开始的时间也将提前。已知小麦粒重＝灌浆速度×灌浆时间，由此可知，既有较长的灌浆时间，又有较快的灌浆速度才能获得较高的粒重。小麦灌浆时间的长短主要取决于温度条件。灌浆期的适宜温度为 20～22℃，上限温度为 26～28℃，下限温度为 12～14℃，灌浆期内如果是在适温偏低范围内，则灌浆持续时间长，千粒重高。小麦灌浆速度主要是由其遗传因素所决定的，但也受气象条件的影响，主要是温度的影响。温度对灌浆速度的影响主要体现在 3 个方面，一是灌浆日平均温度的影响，二是最高气温的影响，三是昼夜温差的影响。当日平均气温在 16～22.5℃时，随温度升高，灌浆速度加快，几乎呈直线上升，22.5℃时灌浆速度最快，高于 22.5℃则随温度升高灌浆速度减慢。温度偏低对延长灌浆时间和提高灌浆速度都十分有利，利于灌浆的日最高气温在 26～28℃较为适宜，温度过高，器官失水加速，引起早衰，影响灌浆的进行。灌浆期间白天温度适宜，昼夜温差大，可增加光合产物的积累，减少消耗，有利于增加粒重。经验证明，小麦籽粒灌浆期，无干热风或干热风较轻的年份，灌浆时间长，千粒重高，易获高产。

冬小麦全生育期间（10 月上旬至来年 6 月中旬），全省常年平均气温 12℃左右，各地平均气温分布不均匀，胶东地区较低，而鲁南地较高。全省 17 地市在 12 月陆续进入越冬期，由于近年来气候变化，冬前温度增加，各地区进入越冬期的时间也随年份有所推迟。冬前（10 月上旬至 12 月中旬），全省平均累计积温 720℃左右，其中，鲁南大部，鲁西北、鲁中及半岛的部分地区在 800℃以上；鲁西北西部、鲁中及半岛的部分地区在 750℃

左右，其他地区在 750～800℃。全省平均累积日照时数 1 700h 左右，日照资源充足。

（三）降水

小麦一生总的耗水量为每公顷 3 900～6 000m³。小麦的蒸发耗水量占总耗水量的 30％～40％。小麦不同生育期的需水规律与当地气候，小麦生长发育密切相关。小麦拔节前，气温较低，植株生长较小，蒸发、蒸腾作用都比较弱，耗水量很少。从出苗到越冬期，随着气温不断降低，耗水量也逐渐减少，冬前耗水量占整个生育期的 15％～19％，越冬期间耗水量在进一步减少，至返青期，耗水量占总量的 7％左右。小麦返青后，生长加剧，田间耗水量也随着增加。拔节期至抽穗期，蒸腾显著增加，日耗水量增加，1 个月左右的时间，耗水量占全生育期的 20％～35％。抽穗至成熟期有 30～40d，耗水量占全生育期的 30％～42％，尤其是抽穗前后，日耗水量达到 45m³/hm² 以上。

山东冬小麦耐寒性较强，需要的热量条件较低，生育期一般在 245d 左右。冬小麦生长的气象指标主要为光照、温度和降水。越冬期，小麦生长慢，需光温资源较少。返青后，小麦以生殖生长为主，这时期气象条件是否适宜直接关系到小麦籽粒灌浆程度和粒重的高低，温度过高或过低都不利于灌浆。水是影响冬小麦生长发育的重要因素，小麦需水关键期是拔节抽穗期，而此期正处于山东少雨季节，自然降水量只有小麦生长需要量的 20％～40％，因此，此时需要借助人工灌溉实现小麦丰产。

表 6-1　山东小麦各生育期气象指标

项目	生育期									全生育期
	播期	苗期	分蘖期	越冬期	返青期	拔节期	抽穗期	扬花期	灌浆期	
积温（℃）	120～130	215～225	260～329		250～260	340～350	750～780			2 000～2 200
适宜温度（℃）	16～18	13～18	6～13		3～8	9～13	16～20	19～21	20～22	
最高温度（℃）	30～35	30	＞18			35			26～28	
最低温度（℃）	1～2	3～4	0～2		3	10	7～16	10	12～14	
受冻温度（℃）		−4	−8		−10	−4～−6	−2	3		
蓄水（mm）	9	22.5～25	56～63	48～54	44～50	135～153	151～171			455～525

四、山东省光、温、水条件对玉米生长的影响

（一）光照

玉米属短日照作物，在短日照条件下发育较快，在长日照下发育缓慢。玉米在强光照下合成较多的光合产物，供各器官生长发育，茎秆粗壮结实，叶片肥厚挺拔，弱光照下则相反。玉米是高光效的 C4 作物，环境光、温、水等条件适宜，其潜在理论产量可达 52 500kg/hm²，而在我国其目前的光能利用率最高仅为 2％；C4 植物的高光合效率只有在高温强光下才表现出来，弱光低温下，不能体现其高光合性。

玉米在强光照下，净光合生产率高，有机物质在体内移动得快，反之，则低、慢。玉

米的光补偿点较低，故不耐阴；玉米的光饱和点较高，即使在盛夏中午强烈的光照下也不表现光饱和状态。因此，播种的密度，一要播全苗、留匀苗，否则，光照不足、大苗吃小苗，严重减产。光照长短和光谱成分与玉米生长发育有密切关系。玉米苗细胞中出现叶绿体，可以进行光合作用。玉米作为C4植物对于CO_2的限制较低，起主要作用的就是温度与光照。当温度一定时，光合作用主要由光照强度控制。C4植物的极限温度为55～60℃，温度对玉米的光合作用影响不大，起主要影响作用还是光照强度。最低光强也称为光补偿点：即光照下降到一定数值时，光合作用吸收的CO_2量与呼吸作用放出的CO_2量相等。光补偿点以下，植物处于饥饿状态，光补偿点以上的植物叶片才表现出光合作用，才有光合产物积累。玉米籽粒产量随着光照强度的减小而降低，遮阴时期对玉米籽粒产量的影响显著大于遮阴程度的影响。

（二）温度

温度是影响玉米产量的主要因子，温度与玉米的生长速率和产量关系密切。玉米是喜温作物，若温度满足不了其需要，就不能通过春化周期，其他长发育一概谈不上。温度也影响着玉米籽粒形成和灌浆速度。玉米对温度变化较为敏感（表6-2），整个生育期要求温度≥10℃，积温为1 800～2 300℃。当气温达到10～25℃时，种子可正常发芽，<10℃或>25℃不适宜播种出苗，24℃时发芽最快；拔节期气温20～24℃为宜，最适温度为20℃；玉米灌浆期的最佳温度为22～25℃，高于25℃时灌浆速率下降明显；当日平均气温低于16℃时，玉米基本停止灌浆；开花期对温度要求最高，对气温变化反应最为敏感，以25～28℃最为适宜，若温度为32～35℃，高温加剧蒸发，相对湿度较低，花粉易失水降低活力性，花柱枯萎，授粉受精不利，玉米结穗率低，影响籽粒形成。研究表明夜间温度控制在18.3℃时玉米产量比39.4℃时高。平均气温在20～24℃，气温<16℃或>25℃均会影响淀粉酶活性，减少养分合成，有机物质转移慢，糖分物质积累少，延迟成熟，造成严重减产减质。由于山东冬小麦-夏玉米模式是在两季光温资源合理分配，与作物生长发育匹配度较高，且在水肥资源供应较充足的条件下获得，因此生态条件是决定作物高产的最主要因素。玉米生长发育期间的平均气温降低，或者活动积温减少，玉米成熟期将延迟，发生一般低温冷害，玉米单产降低。高温通过提高玉米种苗酶活性使得玉米幼苗早生快发。温度对玉米的叶片宽度、叶片增长速度及出苗时间影响很大，而对玉米的叶片数及植株总叶片数基本无影响。高温还会诱导玉米根系和叶片的抗氧化防护酶的活性。在玉米灌浆期间，玉米气冠温差都随生育进程不断变化，在吐丝后左右和到成熟期的气冠温差与产量之间关系十分密切。

（三）降水

玉米生长在一年中最热时期，蒸发量大，所以整个生育期需水较多，耗水量随着产量提高而增加，通常产量为7 500kg/hm^2的玉米全生育期需消耗水分4 500～5 550m^3/hm^2。玉米不同生育阶段对水分的需求不同（表6-2），其中苗期较耐干旱，拔节、抽穗、灌浆期需水最多，抽穗、拔节至灌浆约占全生育期需水量的50%，后期相对偏少。玉米播种期要求土壤水分为大田最大持水量的60%～70%，这样才能保证出全苗；出苗至拔节期，土壤水分可控制在田间最大持水量的60%左右，必要的干旱，有利于促进幼苗健壮；拔节至抽穗期需水量猛增，在抽穗至灌浆期达到需水顶峰，此时土壤水分需达田间最大持水量的 80% 左右，如遇干旱对开花、授粉受精和籽粒形成不利；灌浆至成熟期需水仍较多，土壤水分以田间最大持水量的 80% 为宜，但进入乳熟后，对水分需求逐渐减少，维持在 60% 即可。玉米整个生育阶段需水量的 50% 由拔节到灌浆占据，玉米主要生长季 4～9 月黄淮海地区平均降水充沛，可基本满足玉米生长发育需求。

热量资源是玉米生长的重要资源，一般用温度表示。日平均气温稳定超过 10℃ 是夏玉米出苗和生长的临界温度，超过 15℃ 的积温，是夏玉米生长的适宜热量资源，20℃ 的积温，是夏玉米高产的热量资源，温度在 20～26℃ 时，夏玉米光合速率较高，呼吸消耗较少，干物质积累最快。

表 6-2　山东省夏玉米各生育期气象指标

项目	生育期				
	播种—出苗	出苗—拔节	拔节—抽穗	抽穗—灌浆	全生育期
积温（℃）	120～150	500～600	650～700	1 000～1 100	2 200～2 550
适宜温度（℃）	20～25	20～24	25～27	20～27	
最高温度（℃）	35～40	35～42	30～37	28～30	
最低温度（℃）	6～7	6～10	10～12	16～17	
蓄水量（mm）	20～27	47～70	70～105	170～240	375～450

山东黄淮海平原是我国重要的粮食产区，为我国粮食安全做出了重要贡献。然而由于黄淮海地区资源紧缺，大部分地区光热资源一季有余、两季不足，制约了冬小麦夏玉米技术的发展；同时由于降水不足且分布不均，小麦季耗水严重，地下水过度开采问题日益加剧，限制了冬小麦-夏玉米一年两熟种植模式周年产量、资源利用效率及经济效益的提升。

五、山东省冬小麦常见的气象灾害

受自身地理位置和气候特征的影响，山东省是陆地与海洋等多种气象灾害频繁发生的省份。山东省几乎每年都会发生农业气象灾害，只是作用范围的大小及程度的深浅有所差别。1978—2014 年，山东省共发生旱灾、洪涝灾害、干热风、冰雹、霜冻、寒潮和农作物病虫害等几十种农业自然灾害。总的来说，山东省农业自然灾害主要有旱灾、洪涝灾害、寒潮灾害、风雹灾害、霜冻灾害、台风灾害 6 种，其中又尤以旱灾发生频率最多、作用范围最广、对粮食生产影响最大。1978—2014 年，山东省平均受灾面积 314.357 万 hm²。其中旱灾平均受灾面积 197.241 万 hm²，占到了受灾面积的 62.74%；其次则为洪涝灾害，占比达到 17.56%；第三则为风雹灾害，占比达到 12.59%。相对于旱灾、洪涝灾害、风雹灾害来说，冷冻灾害占比 5.39%，因此对山东省粮食生产影响相对较弱。

由于山东省自然地理特征复杂多样，旱灾频发地区必然存在区位差异，且呈现块状分布。具体来看，旱灾频发地区主要出现在中部山区以及西部、西北部平原地区，并呈现出中部、北部、西北部多于东南、西南部，东南、西南部又多于半岛地区的扩散递减型阶梯状分布格局。从地市层面看，旱灾频发区多出现在济南、莱芜、滨州、聊城、德州、菏泽 6 个主要地市以及泰安和淄博的部分地区，其中又以滨州、德州、聊城、菏泽的旱灾最为严重。而这些地区又是山东省重要的产粮地区，因此旱灾对山东省粮食生产的影响极大。

与旱灾分布特征不同，山东省洪涝灾害主要呈现出南多北少、东多西少的态势。具体来看，洪涝灾害频发区为南部及东南部内陆，其次则为半岛地区，西北地区洪涝灾害发生频率最低。从地市层面看，枣庄、临沂、济宁3市是洪涝灾害的多发地区。山东省冰雹灾害主要集中于南部与西南部地区。按照冰雹灾害发生的强度大小，冰雹灾害多发区的空间分布呈现由西南部向东北部逐层减弱的辐射状分布特征。西南部的济宁、枣庄、菏泽风雹灾害发生频率最高，其次则为临沂、泰安、莱芜，其他地区风雹灾害影响相对较弱。从台风灾害看，山东省的台风灾害明显集中于东南、东北沿海地区及山东半岛地区。内陆地区台风灾害发生频次极低。其中，半岛地区中的青岛、烟台、威海3地市为台风频发地区，受台风影响较为严重。

　　近年来受全球气候变化影响，黄淮海地区秋、冬季温度持续升高，日照时数减少，干旱、涝渍灾害频发，严重影响作物生长发育。另外，气候的变化造成了传统冬小麦-夏玉米模式季节间气候资源配置不合理，使得作物与光、温、水资源变化不匹配，进而影响作物的生长发育，限制了周年产量及资源利用效率的进一步提升。在小麦生产中，经常会遇到干旱、冻害以及干热风等自然灾害，对小麦生产影响很大。

　　1. 干旱　干旱灾害的主要表现形式为大气干旱和土壤干旱，无论是哪种形式都会引起土地失去水分而出现龟裂现象，导致农作物无法获取足够的水资源而使得内部水分大量流失，出现极度缺水的情况，使农作物不再生长，甚至死亡。因为水分流失的速度远大于植物自身水分补给的速度，这也是造成农作物缺水的主要原因之一。小麦全生育期需要的降水量在450～600mm。麦田产量不同，对水分的需求也有一定差异。一般来讲，山东麦区3～5月是小麦需水高峰期，若此时降水不足，极易引发春旱，对小麦产量和品质产生影响。不同生育时期干旱对小麦的影响不同，前期干旱主要影响小麦的分蘖，后期对小麦成穗和产量影响最大。如果干旱出现在小麦播种期，会使小麦出苗速率下降，即使小麦正常出苗，也会影响麦苗品质；小麦拔节到孕穗期对水分需求较大，若此时严重持续干旱会降低成穗率和结实率，进而导致小麦减产；灌浆至成熟期干旱抑制干物质向籽粒的运输与积累，导致千粒重下降；若小麦抽穗到成熟期出现干旱，会降低千粒重，导致小麦产量和品质下降。一般情况下干旱引起植株水分缺失，会导致叶片的气孔关闭，严重缺水条件下，会损伤叶肉细胞，影响光合酶活性，降低植物的光合速率，最终影响光能向籽粒的转化，影响小麦成穗，整个小麦的营养生长受到抑制，显著降低了小麦穗数、穗粒数及千粒重，从而导致产量降低。

　　山东省是传统的农业大省，小麦和玉米是最主要的大田作物。山东小麦年播种面积在6 000万亩以上，玉米年播种面积在4 000万亩以上。据资料显示，截至2016年，山东小麦、玉米播种面积达到10 555.81万亩，总产量为4 409.54万t，种植面积比1949年减少了40%，但产量增长了4倍。小麦、玉米已经成为山东省的主要粮食作物。

　　从1949—2016年山东省小麦、玉米种植面积和产量折线图可见，小麦、玉米种植面积总体呈下降趋势，中间有小幅波动（图6-4）。在2000年玉米的种植面积出现了较大的下滑，2002年，发生了近百年来最严重的一次干旱，山东受旱面积为371万 hm²，其中重灾面积123万 hm²，绝收面积30万 hm²，造成的直接经济损失达100亿元以上，所以2003—2004年小麦、玉米种植面积大面积下滑，从2004—2012年小麦、玉米播种面积逐年稳步增长。

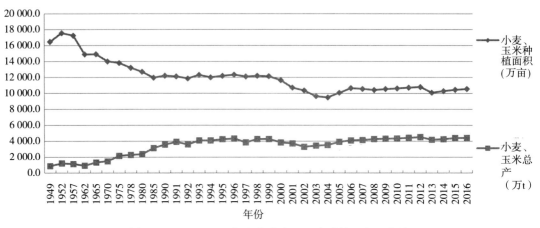

图 6-4　1949—2012 年山东小麦、玉米种植面积和产量

2. 冻害　农业气象灾害中冷冻灾害最主要的两部分是冷害和冻害，其中冷害是在冬天以外的季节发生的，出现的主要原因是农作物在生长发育过程中因没有获得足够的温度而受到灾害。冻害是在夏天以外的季节发生的，其主要表现为寒潮或霜冻，农作物受到低温影响而使其自身的自然生长受到抑制，发生霜冻灾害时，会因为昼夜温差过大，使得农作物在夜间因温度低生长受到影响。小麦冻害根据发生时间分为两种，一种是冬季冻害，另一种是早春冻害。农作物的发育期不同，抗寒能力不同。小麦拔节后，抗寒性降低，一旦遭遇到骤然降温，易造成植物细胞脱水凝固致死。根据小麦受冻后的植株表现症状，可将冬季冻害分为两类：一类是一般冻害，症状表现为叶片黄白干枯，但主茎和大分蘖却没冻死；一类是严重冻害即主茎和大分蘖冻死、心叶干枯，一般发生在已拔节的麦田。小麦遭受不同程度的冻害时，轻的麦叶受冻，重的主茎大分蘖冻死 40%～60%，严重的整株小麦冻死，对小麦成穗和产量影响较大。小麦在起身拔节期，最怕倒春寒。当寒潮来临时，地表层温度骤降到 0℃以下，就会发生"倒春寒"冻害。所谓"倒春寒"是指小麦在过了"立春"季节进入返青拔节这段时期，因寒潮到来而剧烈降温，地表温度降到 0℃以下，发生的霜冻危害。当温差达 20℃，形成明显的倒春寒现象，危害程度最终在小麦抽穗期逐步显现，造成部分麦穗难以分化，无效分蘖增多，亩有效茎数再次减少。发生"倒春寒"冻害的麦田，一般发生在两个生长期：一是返青后拔节前，此期主要是叶片受冻，受冻叶片似开水浸泡过，经太阳光照射后便逐渐干枯。由于包在茎顶的幼穗其分生细胞（生长点）对低温反应比叶细胞敏感，幼穗受冻严重使地上部分全部枯萎、生长点被冻死；二是拔节后麦苗处于小花分化阶段，小花分化期或起身期的幼穗，受冻后仍呈透明晶体状，轻者使小麦形成半边穗、两段穗等畸形穗，严重者会使小麦败育，形成穗部大量空壳，甚至整个幼穗受冻死亡。当小麦拔节后温度低于 4℃，会对小麦造成不良影响，使小麦的抗冻能力大大下降。当气温低至 0℃并且持续 4h 以上，幼穗就会被冻死，将来抽出的穗就会有很多被冻坏的白穗，导致小麦严重减产。调查发现，受冻麦田较未受冻麦田每亩减产 80kg。

山东地貌以山地、丘陵和平原为基本类型，平原主要分布于鲁北及鲁西，山地丘陵分布于鲁中南及鲁东。因此，在春季每次冷空气影响时，鲁中山区和半岛内陆（鲁东丘陵区）气温一般较低，是霜冻多发地区。

冬季冻害的补救措施有：及时追施氮素化肥，促进大分蘖迅速生长。发现主茎和大分蘖已经冻死的麦田，要合理地分 2 次追肥及时补救，第一次在田间解冻后立即追施速效氮肥，每亩施尿素 10kg；第二次在拔节期，结合浇拔节水加施拔节肥，一般亩再用尿素 15～20kg。受冻的麦田在早春时节就应及早划锄，提高地温，促进麦苗返青，在起身期追肥，针对其生育特点，采用前促、中控、后补、少吃多餐、控氮增施磷钾肥的原则，合理施用基肥和追肥。

3. 阴雨 小麦进入灌浆成熟期，若雨量充沛，虽然保障了小麦的灌浆需水，但是长时间的阴雨天气会使得日照时数减少，反而不利于小麦干物质形成和积累。雨水过多会造成土壤松软，一旦出现大风等强对流天气，极易导致小麦倒伏，使小麦植株的水分养分运输受阻，将对灌浆成熟期的小麦造成产量低、品质差等重大不利影响，具体影响情况如下：

①籽粒不饱满。灌浆温度低、日照时间不足影响灌浆；雨后温度快速回升高温逼熟，湿度大，根部、叶部病害共同作用促小麦早衰枯死等，籽粒难以饱满，容重低。

②赤霉病将快速蔓延。已发生赤霉病的病菌随雨水传播蔓延加快，一旦重发生，将严重影响小麦品质和商品性、食用性等。

③霉变发芽。小麦灌浆成熟期，随着籽粒生理成熟，维持阴雨饱和湿度 36h，就有发芽霉变的可能。

④倒伏。穗头重，田间水分饱和，根土附着力降低，如果大风天气，将会造成小麦大面积倒伏。雨后麦田湿度加大，如遇到天晴高温，白粉病、叶锈病、赤霉病等有可能严重发生，甚至暴发流行，可直接影响小麦成熟，降低粒重而减产。

4. 干热风灾害 小麦干热风，也称为"热风""干旱风"等，是小麦在生长后期经常发生的一种高温并伴随着一定风力的气象性灾害，一般可持续 3～4d。干热风持续的时间虽然比较短，但是危害却很明显。

干热风的原因，是每年 5 月下旬至 6 月上旬，高空的东亚大槽已明显减弱东移，但中亚的高压脊继续维持。由于青藏高原对西风气流的阻滞作用，在其东部的陕、晋、豫交界一带的低空，形成一个反气旋环流。在地面，因我国内陆雨水稀少、增温强烈，气压迅速降低，形成一个势力很强的大陆热低压，由于气压梯度加大，便产生一种又干又热的风。气候干燥的蒙古国和我国河套以西与新疆、甘肃一带，是大陆热低压的常见源地。热低压移动沿途经过干热的戈壁沙漠，会变得更加干热，干热风也就变得更加强盛。当小麦成熟期出现干热风，气温高达 39℃，造成高温逼熟，影响了干物质的积累和输送。小麦干热风的危害主要体现在"干"和"热"两个方面，而"风"则对这两种危害有着非常强有力的加剧效果。在干热风持续一段时间之后，会造成小麦植株的水分大量流失，导致代谢失衡、紊乱，生理变化失调，最终导致小麦籽粒灌浆受到抑制，造成小麦提前枯熟。干热风主要危害体现在以下几点：

①加剧植株水分流失。受到干热风的影响，小麦的蒸腾作用会大幅加快，导致小麦植株失水过多，造成体内、外的水势差增大，进一步加快小麦水分流失的速度。

②根系吸收能力下降。干热风会导致根系的活力下降，严重影响根部对于水分和养分的吸收，造成根系伤流量减少。

③灌浆速度减慢。在干热风的影响下，小麦光合速度下降，光合产物的合成、转化、运输被影响，灌浆受到了抑制，甚至灌浆停止，导致小麦籽粒穗秕，降低产量和质量。一般情况下，干热风会造成减产 10％～20％，严重时会导致产量下降 30％。

多年来，人们掌握了各种抵御干热风的方法，一方面人为避免干热风发生，一方面增强农作物的防御能力。营造农田防护林是主动防御干热风的战略性措施，可以起到减风、降温、增湿三重功效。处于人造林网内的农田小麦，其灌浆速度加快、时间延长，千粒重可提高 2～4g，单产增加 3％～15％。

农田水利设施是防御干热风的关键武器。只有浇足灌浆水，才能通过灌溉使干热风缓解。一般在小麦灌浆以前，若干旱少雨，应及早浇灌浆水。此外，针对保水性能差的田块，还要酌情浇好麦黄水，当土壤缺水时，可在麦收前 8～10d 浇一次麦黄水。增强植株抗逆性，也可以提高小麦自身的防御力。适时、适量在作物叶面喷施磷、钾、硼、锌、钙等元素，可增加千粒重 1～4g，最终产量增加 5％以上。如在小麦孕穗、抽穗和扬花期，各喷一次磷酸二氢钾溶液，在小麦扬花期喷硼溶液，在小麦灌浆时喷施硫酸锌溶液，这样可明显增强小麦的抗逆性，提高灌浆速度和籽粒饱满度。此外，还应加强对抗干热风优良小麦品种的培育、选用。

六、山东省夏玉米常见的气象灾害

夏玉米生长的夏季，是风、雹、涝等气象灾害多发的季节，每年都有不同面积、不同程度的玉米受灾。

1. 冰雹灾害 冰雹灾害对农作物的危害特别严重，尤其是对于刚冒出土的幼苗，冰雹会造成幼苗大面积死亡，对于成熟的农作物，冰雹灾害会影响其果实的存活率，从而影响农作物的经济效益。对农业设施也会有或大或小的不良影响。冰雹是山东省重要的自然灾害之一。常年受灾面积在百万亩左右，多的年份达 600 万亩以上。以 4～10 月发生概率较大。降雹时间虽短（一般不超过 30min），但来势迅猛，常伴有狂风，阵雹过后，可使作物荡然无存，树倒瓦碎，杀飞鸟，伤人畜，给人民生命财产造成极大的危害。黄豆粒大小的冰雹可使玉米的叶片撕裂，将玉米叶片打成像梳子梳理过一样，破损、撕裂严重者，其叶片组织完全坏死，影响玉米的正常生长和发育。玉米苗期遭冰雹后，幼苗顶尖未展开的幼叶组织受损死亡、干枯，使叶片不能正常展开，致使新生叶展开受阻、叶片卷曲呈牛尾状。玉米在发芽出苗期遭受冰雹灾害，易造成土壤板结、地温下降、通气不良，影响种子发芽和出苗，灾后应及时疏松土壤，以增温通气；在玉米拔节到抽雄前，特别是大喇叭口期以前，雌雄穗和部分叶片尚未抽出时遭受雹灾，只要未抽出的叶子没有受损伤，且残留根茬，只要及时中耕、施肥，加强田间管理，一般仍可获得较好收成；玉米抽穗后遭受雹灾，植株恢复生长的能力变差，对产量影响较大。由于下冰雹时一般都伴有雷雨大风，造成幼苗倒伏、地面积水，倒伏的玉米苗大多被泥水淹没，如果不能及时排水，幼苗将受涝害。一般情况下，从出苗至 7 叶，当土壤水分过多或积水，使根部受害，甚至死亡，当土壤含水量占田间持水量的 90％时，将形成苗期涝害。田间持水量 90％以上持续 3d，表现为叶片红、茎秆细、瘦弱，生长停止。连续降雨大于 5d，苗瘦弱发黄或死亡。据调查显示，凡被冰雹砸断穗节的玉米，基本不能恢复生长。如果穗节完好，应及时加强管理，促进植株恢复生长，减少产量损失。

2. 狂风灾害　7～8 月，山东常常出现狂风暴雨天气，造成玉米倒伏或折茎。一般玉米倒伏分为根倒、折茎和中上部弯倒几种情况。

①玉米根倒，即玉米植株自地表处连同根系一起倾斜歪倒。发生根倒的主要原因是土壤湿度过大，在降水量大、风大时容易发生。

②玉米茎折。即玉米植株未发生根倒，而是从基部某节位折断，茎秆折断的部位有的是幼嫩的节，有的是节间。主要原因是茎秆发育不良和瞬间强风所致。

③玉米中上部弯倒，即植株中上部弯曲、匍匐，田间玉米倒伏的情况比较复杂，有的是整块地表现为同一种类型，有的则是上述 3 种类型都有。

对成熟前倒伏或折茎的玉米，应及时扶起，以免相互倒压而影响光合作用。对于已经倒折的玉米，如果是根倒，将玉米植株扶正，及时培土，如果是茎折，要根据发生程度区别对待。茎折比较严重的地块，可以考虑将倒折植株割除用作青饲料，然后补种一些叶类蔬菜；茎折比例比较小的地块，将倒折植株割除即可。发生弯倒的玉米时，雨后可用长竹竿轻轻挑动植株，抖落雨水，以减轻植株压力，待天晴后让植株慢慢恢复直立生长。但抖落雨水时要注意尽量不要翻动植株，以防人为造成茎秆折断。

3. 洪涝灾害　在农业气象中洪涝灾害对农作物的危害程度仅次于干旱灾害，是第二大农业气象灾害，一般多发于夏季，主要分为 3 类：湿灾、洪灾和涝灾。大面积、长时间的降水是引起洪涝的主要原因之一。当某一地区经历了长时间的大暴雨或特大暴雨时，农田会有很多积水，甚至会使河水水量暴涨，从而引发河堤崩塌等现象，暴涨的河水蔓延至农田中，淹没农田。如果没有及时解决这个问题，长时间积水会造成农作物大量死亡，从而影响产量。近年来，全球气候频发异常状况，使得洪涝灾害发生的频率越来越高，并呈上升趋势，需要及时采取有效措施。玉米是一种需水量大而又不耐涝的作物，当土壤湿度超过田间持水量的 80％以上时，植株的生长发育即受到影响，尤其是在后期，表现更为明显。玉米生长后期，在高温多雨条件下，根际常因缺氧而窒息坏死，根系迅速衰退，植株未熟先枯，对产量影响很大。据调查，玉米在抽雄前后一般积水 1～2d，对产量影响不甚明显，积水 3d 则会减产 20％，积水 5d 减产 40％。

玉米怕淹，暴雨过后，地里的积水要及时排除，否则遇到突然天气放晴，高温之下，玉米极容易出现发黄。对于排水不畅的地块，要及时挖沟排水，有必要时可用机械抽水。等地里的水排完后，地面稍微晾干后，要抓紧时间进行中耕松土，这样能增强土壤的通透性，利于排湿散墒，减轻渍涝对玉米根系功能的影响，使玉米植株尽快恢复正常生长。对于遭受涝灾的玉米，要尽早排除田间积水，降低土壤和空气湿度，促进植株恢复生长。当能下地时，及时进行中耕、培土，以破除板结，防止倒伏，改善土壤通透性，使植株根部尽快恢复正常的生理活动。及时增施速效氮肥，加速植株生长，减轻涝灾损失。

暴风雨后，玉米倒伏折断后，容易发生病虫害。要防止青枯病、茎基腐病、软腐病等细菌性根部病害的暴发。若玉米田发生大斑病、小斑病、锈病、青枯病、黑粉病、黑穗病，可选用三唑酮、多菌灵等杀菌剂喷雾进行防治。若发生叶斑病、锈病等病害，可以用戊唑醇、苯醚甲环唑等杀菌剂喷雾进行防治。同时，要加强对草地贪夜蛾监测防控，做好三代黏虫、玉米南方锈病等流行性、迁飞性重大病虫害防治。

发生内涝的玉米地块，很容易出现养分流失，造成后期缺肥，影响玉米正常生长。要在中耕散墒时，适当补充化肥，以速效氮肥和钾肥为主。如每亩补 7～10kg 尿素，让玉米快速恢复长势。对于正赶上开花授粉期的玉米，要注意暴风雨对玉米正常授粉的影响，玉米授粉不良，则会导致玉米出现秃尖、缺行少粒甚至空棒现象。可采取人工辅助授粉来弥补，当天气放晴之后，可于上午 9～11 时、下午 4～6 时，进行人工辅助授粉，增加授粉概率。

第二节　山东省小麦、玉米种植的气象分区

一、山东省各地市冬小麦种植适宜度

山东省小麦玉米主要分布在菏泽、聊城、济南、青岛等地区。为清楚地说明种植适宜度，按照气象上的光照积温资源、温度条件、降水条件等，对山东省的济南、青岛、淄博等地市区分别进行小麦、玉米适宜性分区，分别归纳出了其小麦、玉米种植的适宜区、次适宜区、不适宜区。各地市冬小麦种植适宜度大致如下：

①济南市：除南部山区外，均为适宜区。

②青岛市：全市大部地区为适宜区。

③淄博市：沂源县北部、淄川区南部和博山区多为不适宜区；沂源县南部大部为适宜区和次适宜区；其他地区为适宜区。

④济宁市：梁山县北部和汶上县东北部为不适宜区；微山县沿湖地区为次适宜区；其他地区为适宜区。

⑤枣庄市：峄城区东部、台儿庄区东北部、市中区东南部为次适宜区；山亭区东部、市中区东北部为不适宜区；其他地区为适宜区。

⑥潍坊市：临朐和青州两县、市西南部为不适宜区；其他地区一般为适宜区。

⑦泰安市：北部和东部边缘地区为不适宜区或次适宜区；其他地区为适宜区。

⑧日照市：南部和西南部边缘地区为次适宜区；境内山区为不适宜区；其他地区为适宜区。

⑨威海市：全市一般均为适宜区。

⑩滨州市：无棣县北部为次适宜区；邹平县南部为次适宜区或不适宜区；其他地区为适宜区。

⑪莱芜市：西南部地区多为适宜区；其他地区为次适宜区或不适宜区。

⑫德州市：全市均为适宜区。

⑬临沂市：蒙阴和莒南两县东北部、沂水县北部多为不适宜区；其他地区为适宜区或次适宜区。

⑭菏泽市：单县东南部为不适宜区；东明县东北部、牡丹区北部、郓城县为次适宜区；其他地区为适宜区。

⑮聊城市：全市均为适宜区。

山东小麦栽培历史悠久，分布极广，跨 4 个纬度和 8 个经度，境内地形地貌复杂，各地生态条件差异很大，因此，山东小麦的产量和种植面积区域分布差异较大。根据山东统计数据，以 17 地市为基本单元，以播种面积等为指标划分山东省小麦种植区域。

现阶段山东省小麦生产基本形成以 6 个市区为主，10 个市区具有规模种植比较优势的基本格局。根据 2010—2017 年的统计资料分析（图 6-5），小麦种植面积在 400 万亩以上的城市有位于鲁西、鲁北平原区的德州、聊城、菏泽，位于鲁中南山地丘陵区的济宁、临沂和位于胶莱平原的潍坊等 6 个市，种植面积在 200 万～400 万亩的有滨州、济南、泰安、青岛、烟台、枣庄 6 个市区；以上 12 个市区的种植面积和产量分别占到全省的 83% 和 85% 以上，为山东省小麦主产市区。菏泽市种植面积和产量分别占到全省的 14.79% 和 13.62%，德州市种植面积和产量分别占到全省的 10.87% 和 13.07%。而山地或盐碱地较多的威海、日照、东营、莱芜小麦种植面积均较低，除了日照，其他都在 100 万亩以下，产量也都较低。

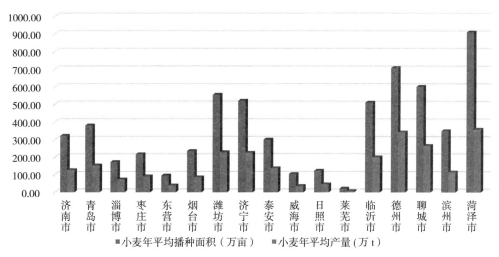

图 6-5　2010—2017 年山东省 17 地市小麦年平均播种面积和产量

二、山东省各地市夏玉米种植适宜度

玉米一般适宜生长在温度和降水条件相对较好的区域环境中，对玉米种植区分布影响较大的气象因素主要有年平均温度、年降水量、最热月平均温度、湿润指数、日平均气温 ≥10℃ 的持续天数及 ≥0℃ 的积温等。研究结果显示，这些因素对玉米种植区分布的影响率高达 91.5%，可以将这些因素作为影响区分玉米适宜种植区和不适宜种植区的主导因素。

热量和水分条件在玉米的种植中起到了关键性的制约作用，热量越高，水分越充足，则玉米的生长会更好，但当这些条件超出玉米最佳生长标准时，就会产生反向作用，使得玉米的生存概率下降。根据影响玉米种植区分布的主导气候因子，可以对我国玉米种植区的气候特征进行分析，并由此划分玉米种植区分布的气候适宜性区域。

①青岛市：全市均为适宜区。

②淄博市：淄川区南部、沂源和博山两县区大部为次适宜区；其他地区为适宜区。

③枣庄市：滕州市西北部、山亭区东南部、市中区东北部为次适宜区；其他地区为适

宜区。

④济宁市：邹城市大部、曲阜市东部、微山县南部、梁山县西北部和泗水县为次适宜区或不适宜区；其他地区为适宜区。

⑤潍坊市：临朐和青州两县、市西南部为不适宜区或次适宜区；其他地区为适宜区。

⑥莱芜市：全市边缘地区的部分地区为次适宜区或不适宜区；其他地区为适宜区。

⑦日照市：东北部多为次适宜区或不适宜区；其他地区为适宜区。

⑧临沂市：郯城、苍山、临沐三县，兰山、罗庄、河东三区，营南县西南部、沂南县东南部、费县东北部一般为适宜区；其他地区多为次适宜区。

⑨菏泽市：单县南部、曹县西南部、牡丹区西北部、东明县东北部、郓城和鄄城两县大部为次适宜区或不适宜区；其他地区一般为适宜区。

山东省玉米种植区主要集中在德州、菏泽、潍坊、聊城、济宁、临沂、青岛、滨州 8 个地区。根据 2010—2017 年的统计资料分析（图 6-6），玉米种植面积在 400 万亩以上的市有位于鲁西鲁北平原区的德州、聊城、菏泽和胶莱平原的潍坊等 4 个市，种植面积在 300 万～400 万亩的有青岛、济宁、临沂、滨州 4 个市区，以上 8 个市区的种植面积和产量优势显著，为山东省小麦主产市区。德州市种植面积和产量分别占到全省的 12.35% 和 12.16%，菏泽市种植面积和产量分别占到全省的 11.22% 和 9.34%。而山地或盐碱地较多的威海、日照、东营、莱芜玉米种植面积和小麦一致，大多低于 100 万亩，产量也较低。

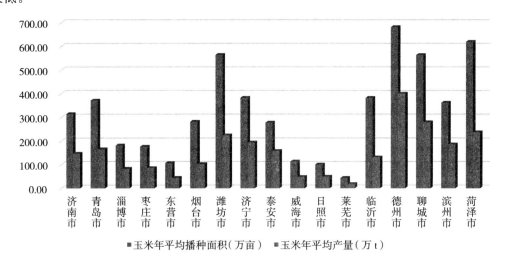

图 6-6　2010—2017 年山东省 17 地市玉米年平均播种面积和产量

另外以玉米的生态环境条件为主要依据，以品种类型、生态特性及其与生态条件的相互关系为内容，进行玉米种植、品种的分区，结合山东省的自然气候和生态条件，将山东玉米产区划分为 4 个产区：

1. 春播中晚熟区　该区主要指烟台地区三面环山的丘陵地带，该区属海洋性气候，年平均温度 11.5℃，无霜期 180d 左右，年降水量 700～800mm，为两年三作的肥水条件较高的精耕细作区。虽然该区品种类型很多，但在大面积上还主要是中晚熟品种，其生育期一般在 110d 以上，也有在 106～110d 的，平均植株高度 208cm，多数品种叶片数在

19～20片，叶片宽，茎秆粗大，生长茂盛，多为耐肥型品种。

2. 春夏播中熟区　该区包括烟台西部、青岛、潍坊以及临沂的一部分地区，土地肥沃，耕作较细，年平均温度在12.5℃左右，无霜期200d左右，年降水量650～800mm，为一年两作或两年三作种植区。该区主要种植生育期在91～110d的中熟品种，株高平均196cm，叶片较宽，叶片数在18～19片，多为耐肥水类型。

3. 夏播中熟区　该区包括鲁中南山区，如泰安、淄博、临沂大部以及济宁部分地区。除冲积平原较肥沃外，主要是山岭薄地，耕作比较粗放。年平均温度为13℃左右，无霜期200d左右，年降水量700～750mm，为一年两作种植区。该区主要是生育期在95d左右的中熟品种，株高平均193cm，叶片较窄，一般18片左右，多为耐瘠薄类型。

4. 夏播早熟区　该区包括鲁北盐碱地区和鲁西南湖洼地区，如聊城、德州、惠民、菏泽、济宁等地，地势低洼，易受盐碱危害，春季干旱，夏秋雨量集中，旱涝不均，耕作粗放，年平均温度12.5℃，无霜期190d左右，年降水量550～700mm，易受灾害，为一年两作种植区。该区主要是生育期在90d以下的早熟品种，植株矮小，平均株高150cm，叶片窄而短，数目在16～17片，多为抗旱涝、耐盐碱、耐瘠薄类型。

第七章

小麦、玉米周年"双少耕"高产栽培理论

第一节 概 述

一、背景

探索山东省小麦、玉米轮作体系周年粮食丰产技术、提高资源利用效率、降低农业生产对生态环境负效应是农业生产转型的迫切需要。受传统生产习惯和区域气候特点的影响，延续了几千年的小麦翻耕技术模式已经成为阻碍我国华北平原粮食可持续生产的重要原因。生产中主要存在以下几个问题：

（1）不利于周年水分利用，自然降水利用效率低下。华北平原属典型的大陆性季风气候，6～9月为雨季，其余时间自然降雨远远低于农业生产耗水。小麦播前深耕、精细整地和玉米贴茬直播是区内生产技术体系的核心，该耕作模式不利于黄淮海地区水资源的周年统筹规划。这主要是由于在黄淮海地区小麦生育期适逢旱季，降水量少，而玉米季为雨季，水资源充足。小麦播前深翻，土体中贮存的水分随土壤耕翻被蒸发消耗，没有发挥土壤的蓄水作用。而小麦收获后，玉米贴茬直播后坚硬的地表又造成了雨季降雨的大量径流，不仅浪费了宝贵的水资源，而且造成了土壤和养分的流失。研究表明，华北平原中北部小麦、玉米生产体系中周年水分缺口为160～220mm，但是由于耕作措施与区域气候的错位，该缺口扩大至240～360mm（以周年灌溉3～4次计）。

（2）生产成本高，粮食生产效益低。随着秸秆还田的大面积推广实施，地表秸秆对下季作物播种质量的影响极其明显。由于玉米秸秆含水量高、韧性强，所以以小麦播前翻耕需要高强度的地表整理，以避免玉米秸秆对小麦播种质量的负面影响。生产中农民需要先粉碎秸秆灭茬，再进行深耕、旋耕、耙平、起畦、播种、镇压等工序，费工耗时，生产成本高。而小麦秸秆细弱并且受收获前高温天气的影响，小麦秸秆对下茬作物播种质量的影响较小，整地强度较玉米秸秆覆盖地块明显降低。另外，无论小麦还是玉米只要改善了播种质量均能够明显增产，但是从产量潜力发挥来看，玉米播种时可以依靠少耕保障较高的生产群体和整齐度，而小麦作为自身分蘖成穗作物，播种质量对其影响远远低于玉米。

（3）周年肥料利用不合理，小麦、玉米同地生产两季作物割裂，小麦、玉米同地"不通肥"现象明显。土壤作为农业生产管理的受体，是养分、水分协调的基础，而当前生产中大多认为一季作物的收获预示着土壤养分的耗竭，缺少周年统筹规划管理。以小麦种肥施用为例，玉米收获后0～40cm土层土壤残留氮素高达125.3kg/hm²，而小麦从播种到

返青期的氮肥需求仅为 45kg/hm^2，此时的土壤残留氮完全可以满足小麦正常发育到返青期，但是实际生产中多在此时施入大量氮肥。农民普遍习惯在耕翻土地时将大量的化肥施入土壤，但是小麦从播种到拔节要经过大约 180d（10 月上旬至来年 3 月下旬）的时间，在此时期内小麦一直处于苗期，根系较弱，地上部生长缓慢，养分需求量低，施入土壤的养分经过灌溉水的淋失和反硝化作用大量流失到环境中。不仅增加了农民的生产成本而且造成了地下饮用水源的"三氮"污染（氨态氮、硝酸盐和亚硝酸盐）。

由此可见，小麦、玉米周年"双少耕"高产栽培技术以最大限度地利用区域内光、温、水资源，增加小麦、玉米周年粮食产量为目标，优化整合两季作物栽培技术，达到周年粮食生产互补、综合、平衡的目的，并且降低整地强度，提高周年粮食产量。

二、技术效果

（1）节水效果。玉米少耕充分发挥了土壤"水库"的调节作用。使土壤拥有更好的蓄水和水分下渗功能，不仅避免了玉米季丰富降水的地表径流损失，而且也起到了补充深层地下水的作用。小麦少耕播种，减少了播前造墒环节，减少了土体贮存水分的翻耕损失，节省灌溉 2～3 次，每亩农田年度可节省灌溉用水 120m^3 左右，水分生产率提升 35% 以上。

（2）降本效果。小麦、玉米"双少耕"显著提高了周年粮食生产比较效益。小麦生产中由频繁的精细整地到少耕播种，每亩生产成本由传统生产的 160 元降至 60 元（传统小麦播种：旋耕灭茬两遍 30 元/亩，深耕 60 元/亩，播前旋耕破土 40 元/亩，耙平 10 元/亩，播种 20 元/亩；小麦少耕：地表灭茬 20 元/亩，播种 40 元/亩）。玉米播种环节由贴茬直播转变到少耕精播，生产成本保持 20 元/亩不变。周年田间操作成本由传统农业生产的 180 元/亩降至 80 元/亩，粮食生产比较效益凸显。

（3）增产效果。玉米作为 C4 作物其产量潜力高于小麦，并且玉米生育期恰逢雨季，自然降水充足，生产中田间管理和养分供给是限制其产量水平发挥的关键因素。因此，保障玉米播种质量和持续的养分供给是提升区域周年粮食产量水平的核心。试验证明，玉米少耕播种群体在 5 000～5 500 株/亩，显著高于贴茬播种的 4 200～4 800 株/亩，玉米产量提高 12%～17%，增产效果显著。

第二节 小麦、玉米周年"双少耕"高产栽培理论

山东是我国主要粮食产区之一，但粮食安全问题依然严峻，例如，集约化高强度农田生产、生产资料的过度投入、粮食生产成本高、水资源的持续匮乏等等。深入分析发现，当前应用的粮食生产技术多侧重高产潜力挖掘，忽视了小麦、玉米周年均衡增产和粮食生产效益的降低，特别是小麦、玉米周年轮作条件下存在农业资源利用率低、耕地质量下降、农业气象灾害预警及抗逆减灾技术支撑薄弱等问题，制约了区域粮食的可持续生产。对照一些发达国家的做法，新型自然农耕生产法、保护性耕作、农田轮休制等更加侧向于粮食安全生产的技术在国际社会中持续普及，但是，受我国国情的影响，如何在满足粮食需求的条件下实现人与自然的和谐共处，仍然是当前农业科学家亟待解决的关键问题。

近几十年来，一些发达国家和国际农业机构开展了一系列作物高产计划和工程，并取得了重要进展，有力地促进了农业科技进步与能力提升。20世纪90年代以来，世界粮食作物生产科技创新呈现出技术创新与综合管理新的发展趋势。一是重视粮食生产的前瞻性和基础理论研究与技术创新相结合，有意识加强了规模化、规范化条件下的粮食科技创新。二是在重视粮食单产的同时十分注重产品品质，注重粮食生产资源的高效利用，更加重视较低成本控制下可持续高产、超高产技术，以及作物品质技术的提升和"低碳农业"技术的开发；美国学者Matson（1997年）和Cassman（1999年）分别提出了"集约化可持续农业"和农业的"生态集约化"，主张通过水肥资源调控、土壤质量的改善及综合管理途径来挖掘作物的产量潜力和提高农田生产效率，降低农业对环境的负效应。三是注重发展保护生物多样性和防灾减灾技术，增强粮食生产系统应对气候变化的适应力，重视全球气候变化、温室效应、极端气候与粮食安全的预测预警研究及其技术对策研究。美国农业部对外农业服务局（FAS）、美国国家干旱减灾中心分别建立了作物长势、产量决策分析系统和国家尺度的干旱监测系统；欧盟建立了MARS FOODSEC农业监测预警系统，实现了不同作物的灾害监测、预警与评估产品的快速制作，能够快速高效地指导和应用于农业生产。总体来看，粮食科技创新推动了粮食产量大幅度提高，但产需矛盾没有根本解决，也面临着新问题。气候变化背景下农业气象灾害频发对集约化农业提出了新的挑战，亟需加强协同实现小麦、玉米生产增效和资源效率提升的理论与关键技术创新。

近年来，我国在"粮食丰产科技工程""测土配方施肥"等国家重点科技项目支持下，小麦、玉米产量实现了连年增产，但粮食安全问题依然严峻，口粮严峻问题依然突出。一是我国人均粮食占有量还不到450kg，仅为发达国家的1/3左右，每年的粮食需求缺口近150亿kg，增产任务依然艰巨。二是近10年粮食单产平均增长率不足0.7%，生产方式相对滞后导致粮食质量与效益徘徊不前，特别是粮食机械化作业效率和水肥利用效率与发达国家差距很大；我国现有的粮食生产技术多侧重高产潜力挖掘，优质高产同步、资源可持续高效利用、全程机械化生产等技术难题尚未根本解决。三是全球气候变化背景下，干旱、洪涝、高温等自然农业气象灾害频发；我国常年农作物的平均受灾面积约4亿亩，每年因灾损失粮食5 000万t左右；目前，我国关于气象灾害对作物生产影响方面的研究主要集中在气象灾害发生规律、产量损失、逆境胁迫生理和分子机制等方面，但在农业气象灾害预警技术、抗逆稳产、应灾减灾技术研究及推广应用上相对较少。

山东是我国北方主要粮食产区之一，小麦、玉米常年种植面积和产量分别占全国的14.4%、9.7%、18.1%和11.0%。小麦玉米双晚技术、"少免耕"技术、宽幅精播技术和玉米"一增四改"技术、夏玉米精量直播晚收高产栽培技术、夏玉米超高产关键栽培技术等一批小麦、玉米主推技术的大面积推广应用，显著提升了小麦、玉米科技创新能力和生产能力。但是在节水领域缺少关键有效的主推技术，水资源的匮缺已经是制约区域小麦、玉米生产的关键限制因素。另外，生产中重产量轻品质和效益、农机农艺融合度低、技术抗灾能力差等问题尚未根本解决，也制约了该区域粮食产业的绿色可持续发展。因此，针对山东省区域生态特点和生产问题，开展小麦、玉米周年"双少耕"高产栽培技术研究，是支撑本区域粮食生产由粗放向集约、由数量向质量、由低效向生态发展的重要举措。

小麦、玉米周年"双少耕"高产栽培技术从 2010 年开始在山东省农业科学院作物研究所试验田进行试验。至 2014 年国家发明专利"黄淮海地区小麦免耕-玉米翻耕周年粮食高产栽培方法"(ZL201310284061.0)下达,技术初步成型。

第三节　小麦、玉米周年"双少耕"高产栽培技术研究结果

小麦、玉米周年"双少耕"技术试验从 2013 年 10 月小麦季开始到 2016 年玉米收获结束,在山东省农业科学院作物研究所十三条试验地进行。该试验点位于济南市东北郊(东经 117.089299°、北纬 36.713954°),本区属暖温带大陆性季风气候,主要气候特征是冬冷夏热,雨量集中,年平均气温约为 14.7℃,年平均降水量在 670mm 左右,年累积日照时数大约在 2 610h,平均太阳辐射约为 3 200MJ/m²。冬季一般是从 11 月下旬开始,持续到来年 2 月下旬,平均气温为 11.5℃ 左右,最冷月平均气温在 0℃ 以下,最低温度在 -13℃ 左右。夏季从每年的 6 月初开始至 9 月中旬结束,平均温度在 28.6℃ 左右,最高温度超过 35℃,年降水量的 60% 集中在夏季。试验田种植制度为小麦、玉米一年两熟制,冬小麦一般于 10 月上旬或中旬播种,来年 6 月初收获,小麦收获后夏玉米直播,于当年的 9 月底或 10 月初收获。

试验田安装了自动测量、记录和发送数据的气象站,图 7-1 是试验期间的月平均温度和月降水量情况。由图可见,每年的 6 月、7 月、8 月和 9 月是本区域的雨季,占全年降水量的 80.63%(2014 年)和 77.28%(2015 年)。11 月至来年 3 月月平均气温最低,最高 8.5℃,最低 -1.5℃,该区间平均为 3.38℃(2013—2014 年度)、4.22℃(2014—2015 年度)和 3.76℃(2015—2016 年度)。最高月平均温度为每年的 7 月,试验期间分别为 27.1℃(2013 年)、27.5℃(2014 年)和 28.2℃(2015 年)。由此可见,本区域最显著的气候特征是雨热同季、高温伴随强降雨。

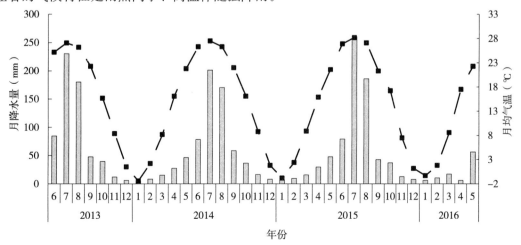

图 7-1　试验期间试验田月降水量和月平均气温

试验田小麦品种采用山东农业科学院作物研究所选育的济麦22，该品种最高产量纪录突破了 12 390kg/hm²，株型紧凑，综合抗性较好；玉米品种选用河南省农业科学院粮食作物研究所选育的郑单958，该品种夏播生育期103d左右，株高250cm左右，综合抗病性较好。试验期间，小麦基本苗控制在 225kg/hm² 左右，玉米播种密度控制在 75 000kg/hm² 左右。由农场人员控制病虫草害，及时做好田间管理，试验期间没有因为病虫草害或干旱等原因造成的显著减产。

试验田土壤为黏壤土，耕层土壤容重 1.42 g/cm³，小麦播前整地时农田表层坷垃较多，田间出苗率较沙壤土低2%～5%。试验前土壤全氮、硝态氮、有效磷、速效钾和有机质含量见表7-1，其中0～20cm土层土壤中硝态氮、有效磷和速效钾含量较为充足，土壤有机质含量不高。

表 7-1　试验田土壤基础肥力

土层	容重 （g/cm³）	全氮 （g/kg）	硝态氮 （mg/kg）	有效磷 （mg/kg）	速效钾 （mg/kg）	有机质 （g/kg）
0～20cm	1.42	1.13	11.52	32.53	143.21	1.12
20～40cm	1.78	1.01	9.37	29.61	121.43	0.95

一、试验设计

本试验为耕作方式和氮肥管理的双因素试验，其中耕作方式为主区设计，小麦耕作方式分为少（免）耕、旋耕、深耕和深松4种耕作方式，玉米采用免耕、深耕和旋耕3种耕作方式，小麦、玉米周年搭配为小麦免耕＋玉米免耕、小麦免耕＋玉米深耕、小麦旋耕＋玉米旋耕、小麦深耕＋玉米免耕（CK）和小麦深松＋玉米免耕5种耕作方式。副区试验设计包括传统农户处理、高产高效处理和氮肥精准管理3种氮素管理水平。

1. 主区试验设计

（1）小麦免耕＋玉米免耕（WN/MN）。在上季作物秸秆全量还田的情况下，不耕翻土壤，一次性完成苗带旋耕、播种、施种肥、覆土和镇压等多项操作。本试验田小麦播种选用的是山东郓城工力有限公司生产的2BMZSF-12（4）6型多功能小麦免耕播种机，玉米播种选用河北农哈哈机械有限公司生产的玉米精量播种机（2BY-4）。

（2）小麦免耕＋玉米深耕（WN/MT）。小麦播种由苗带旋耕播种机作业完成，小麦收获后由山东大华机械有限公司生产的1LFT-450型翻转犁对农田进行深耕作业，整平以后由玉米精量播种机（2BY-4）播种。

（3）小麦旋耕＋玉米旋耕（WR/MR）。小麦、玉米收获后由山东大华机械有限公司生产的低箱（DX）旋耕机旋耕整地，小麦由大华机械生产的2BFJK001型小麦宽幅宽苗带施肥精量播种机播种，玉米由玉米精量播种机（2BY-4）播种。

（4）小麦深耕＋玉米免耕（Con. WT/MN）。玉米收获后由1LFT-450型翻转犁对农田进行深耕作业，整平以后由2BFJK001型小麦宽幅宽苗带施肥精量播种机播种。小麦收获后，用玉米精量播种机（2BY-4）免耕播种。

（5）小麦深松＋玉米免耕（WL/MN）。玉米收获后，由山东大华机械有限公司生产的 1SZL-230W 型深松整地联合作业机对试验田进行深松操作，然后由 2BFJK001 型小麦宽幅宽苗带施肥精量播种机播种。小麦收获后，用玉米精量播种机（2BY-4）免耕播种。

2. 副区试验设计

（1）传统农户处理（CN）。小麦玉米周年轮作合计施用氮素 600kg/hm²，其中小麦季和玉米季分别为 300kg/hm²。施氮方法均采用基追方法 2 次施入，基追比为 1∶1，追肥时期分别为小麦返青期、玉米小喇叭口期。

（2）高产高效处理（HN）。小麦玉米周年用氮 480kg/hm²，较传统农户处理降低氮肥施用量 20%，小麦季和玉米季的氮肥施用量分别为 260kg/hm² 和 220kg/hm²。施氮方法均采用基追方法 2 次施入，基追比按照 0.8∶1.2 执行，追肥时期分别为小麦拔节期、玉米大喇叭口期。

（3）氮肥精准管理（ON）。小麦玉米周年用氮 420kg/hm²，较传统农户处理降低氮肥施用量 30%，小麦季施氮总量为 220kg/hm²，玉米季施氮总量为 200kg/hm²。小麦季的氮肥管理方案为基肥 40kg/hm²，返青期第一次追肥 80kg/hm²，抽穗期第二次追肥 100kg/hm²。玉米季的氮肥管理方案为小喇叭口期施肥 200kg/hm²，不设置基肥。

为了便于记录，试验进行过程中将不同周年耕作方式和氮肥管理水平进行了编码（表7-2）。本试验主区采用顺序排列方式，副区随机排列，耕作方式每个处理面积 162m²，氮肥管理每小区面积 16m²。

表 7-2　试验处理缩写和编码

项目		缩写	编码	项目		缩写	编码
耕作方式	小麦免耕＋玉米免耕	WN/MN	T1		传统农户处理	CN	N1
	小麦免耕＋玉米深耕	WN/MT	T2		高产高效处理	HN	N2
	小麦旋耕＋玉米旋耕	WR/MR	T3	氮肥管理	氮肥精准管理	ON	N3
	小麦深耕＋玉米免耕	Con. WT/MN	T4		—	—	—
	小麦深松＋玉米免耕	WL/MN	T5		—	—	—

不同氮肥管理方案和耕作方式对小麦各生育时期叶面积系数的影响明显，表 7-3 列出了本研究中 2014—2015 年度小麦从越冬期至花后 20d 各主要生育时期的叶面积指数。分析数据发现，小麦整个生育期叶面积系数呈现单峰曲线，从越冬期的 1.80～2.80 开始增加，至抽穗期达最大值，为 6.70～7.62，其后逐步降低，至花后 20d 时回落达到 3.10～3.70。比较不同氮肥管理方案对小麦叶面积系数的影响发现，传统农户处理（CN）由于前期施氮量高于高产高效处理（HN）和氮肥精准管理（ON），因此在拔节期前，CN 处理小麦的叶面积系数一直维持在较高的水平，最大值为小麦免耕玉米免耕（WN/MN）处理的 2.85，较 ON 处理的 1.89 增加了 50.79%，差异显著（$P<0.05$）。但是随着生育时期的进行，到抽穗期时其叶面积系数已经低于 ON 氮肥管理方案，说明 CN 氮肥管理方案虽然施氮量最大，但是不利于小麦生育中后期的氮肥需求。

表 7-3　氮肥处理和耕作方式对小麦不同生育时期叶面积指数的影响（2014—2015 年）

耕作处理	氮肥管理	生育时期					
		越冬期	拔节期	抽穗期	扬花期	花后 10d	花后 20d
WN/MN	CN	2.85a	4.15b	6.89b	5.54c	5.44ab	3.31b
	HN	1.96b	4.28ab	6.93b	5.78c	5.12b	3.56ab
	ON	1.89b	4.39ab	7.31ab	6.49ab	5.32ab	3.69a
WN/MT	CN	2.48ab	4.25ab	7.52a	5.81c	5.67ab	3.32b
	HN	2.01b	4.14b	7.64a	5.78c	5.31ab	3.21b
	ON	2.17b	4.39ab	7.58a	6.39b	5.28b	3.57ab
WR/MR	CN	2.62ab	4.39ab	7.15ab	6.87a	5.69ab	3.37b
	HN	1.82b	4.58a	6.94b	6.54ab	5.48ab	3.46b
	ON	1.96b	4.61a	7.53a	6.38ab	5.61ab	3.75a
Con. WT/MN	CN	2.28ab	4.47a	6.89b	6.94a	5.29ab	3.09c
	HN	2.35ab	4.59a	7.14ab	6.85a	5.34ab	3.27b
	ON	2.18b	4.27ab	7.21ab	6.43ab	5.88a	3.56ab
WL/MN	CN	2.61ab	4.11b	6.74b	6.28b	5.19b	3.11bc
	HN	2.11b	4.27ab	7.11ab	5.89c	5.37ab	3.51ab
	ON	2.39ab	4.32ab	7.27ab	6.13ab	5.81a	3.78a

注：花后天数为小麦扬花后日期数；同列数据后小写字母不同表示不同处理间的差异显著（t-test，$P < 0.05$）。

　　对比不同耕作方式对小麦叶面积指数的影响发现，耕作方式对小麦越冬期和拔节期的叶面积系数的影响不明显，到抽穗期时耕作方式对小麦叶面积指数的影响才开始显现。如小麦玉米双季旋耕处理（WR/MR）观测到了 7.53 的最高叶面积指数（抽穗期），而同期 WL/MN 处理的农户氮肥管理方案仅为 6.74，较最大值降低了 11.72%，差异显著（$P < 0.05$）。分析产量形成的关键时期花后 10d 的叶面积指数差异发现，小麦翻耕播种有利于维持此期的叶面积系数，此时的氮肥精准管理方案下叶面积指数仍然维持在 5.88 的高水平上，而 WN/MN 处理下的高产高效氮肥管理方案仅为 5.12，WL/MN 处理下的农户氮肥管理方案为 5.19，较最高水平分别降低了 14.83% 和 13.29%，差异显著（$P < 0.05$）。由于此时处于小麦籽粒形成的关键时期，籽粒的灌浆强度为 0.95～1.10 mg/粒，每天可形成 260～320kg/hm² 的籽粒产量。因此，此期较高水平的叶面积系数有利于小麦籽粒产量的形成。本研究结果证实，小麦播种前进行农田翻耕或旋耕操作可以促进其根系的生长发育，如果采取精准的氮肥管理方案，保障小麦生育后期的氮肥供给，则会显著增加抽穗期至成熟期的叶面积系数。

　　不同氮肥管理方案和耕作方式对小麦灌浆速率具有显著的影响，本研究调查了 2014—2015 年度小麦季的灌浆速率（表 7-4）。分析小麦扬花后籽粒灌浆速率发现，灌浆期的灌浆速率呈单峰曲线，峰值大约出现在花后 20d 时，处于 2.50～2.93mg/（粒·d）的范围，随后逐渐降低。结合此期的叶面积指数（表 7-3）分析发现，此时小麦的叶面积指数已经出现明显的下降，仅靠光合产物已经不能维持如此高通量的灌浆速率。因此，此时籽粒的灌浆"源"还应该包括小麦植株中贮藏的可溶性糖和氨基酸等可移动物质向籽粒中的转运。如花后 25d 时虽然叶片已经大部失去光合能力，而灌浆速率仍然维持在 2.04～2.37mg/(粒·d) 的较高水平。

对比氮肥管理方案对小麦灌浆速率的影响发现，不同氮肥方案对小麦灌浆速率能够产生显著性差异。由表 7-4 可见，花后 10d 时随着小麦籽粒"库"的逐步建成后产生的促进作用，灌浆速率较花后 5d 出现了较大幅度的增加，由 0.23～0.33mg/(粒·d) 的水平上升到 0.98～1.18mg/(粒·d) 的水平，增加了近 5 倍。此期，在小麦翻耕玉米免耕（WT/MN）、小麦旋耕玉米旋耕（WR/MR）和小麦深松玉米免耕（WL/MN）3 个处理中，氮肥精准管理处理（ON）下小麦的灌浆速率分别较传统农户处理（CN）增加了 0.15mg/(粒·d)、0.17mg/(粒·d) 和 0.16mg/(粒·d)，增幅为 15.15%～16.83%。分析原因发现，氮肥精准管理处理（ON）通过多次少量的肥料投放方案能够实现氮素供给与小麦需肥的匹配，在保障小麦生育后期氮素需求的同时，显著增加小麦的灌浆速率。

表 7-4 氮肥管理和耕作方式对小麦灌浆速率的影响 [mg/(粒·d)]（2014—2015 年）

耕作方式	氮肥管理	花后 5d	花后 10d	花后 15d	花后 20d	花后 25d
WN/MN	CN	0.23±0.013b	0.97±0.08b	1.49±0.15b	2.48±0.23c	2.14±0.21bc
	HN	0.27±0.016b	1.02±0.83b	1.55±0.13ab	2.57±0.27c	2.20±0.19ab
	ON	0.33±0.009a	0.98±0.78b	1.69±0.14a	2.73±0.23ab	2.18±0.21bc
WN/MT	CN	0.26±0.011b	1.12±0.13a	1.43±0.17b	2.68±0.22bc	2.09±0.22c
	HN	0.31±0.021ab	0.99±0.10b	1.52±0.15ab	2.71±0.25ab	2.16±0.23bc
	ON	0.35±0.036a	1.08±0.15ab	1.64±0.14a	2.84±0.27a	2.11±0.22bc
WR/MR	CN	0.30±0.012ab	1.01±0.09a	1.60±0.16ab	2.65±0.25bc	2.04±0.21c
	HN	0.32±0.041a	1.15±0.14a	1.57±0.13b	2.78±0.26ab	2.13±0.20c
	ON	0.33±0.037a	1.18±0.12a	1.70±0.12a	2.93±0.25a	2.35±0.22a
Con. WT/MN	CN	0.28±0.012ab	0.99±0.09b	1.65±0.13a	2.65±0.24bc	2.31±0.21ab
	HN	0.31±0.015ab	1.03±0.08b	1.68±0.16a	2.71±0.28ab	2.26±0.19ab
	ON	0.34±0.027a	1.14±0.11a	1.69±0.17a	2.88±0.26a	2.26±0.21ab
WL/MN	CN	0.31±0.028ab	1.02±0.17b	1.53±0.18ab	2.83±0.22a	2.13±0.23bc
	HN	0.29±0.018ab	1.14±0.10a	1.48±0.14b	2.75±0.27ab	2.42±0.25a
	ON	0.31±0.024ab	1.18±0.11a	1.61±0.16ab	2.85±0.27b	2.37±0.22a

注：花后天数为小麦扬花后日期数；同列数据后小写字母不同表示不同处理间的差异显著（t-test，$P<0.05$）。

对比耕作方式对小麦灌浆速率的影响发现，深松、旋耕和深耕较免耕有利于小麦较高水平灌浆速率的维持。比较花后 20d 不同耕作方式下小麦的灌浆速率发现，免耕条件下观测的最大灌浆速率为 2.84mg/(粒·d)，而在深松、旋耕和深耕条件下观测的最大值分别为 2.85mg/(粒·d)、2.93mg/(粒·d) 和 2.88mg/(粒·d)。在小麦的生育后期花后 25d 时，本研究观测到的最大灌浆速率也是在小麦深松条件下取得的，为 2.37mg/(粒·d)。而同期免耕条件下观测到的最大值仅为 2.20mg/(粒·d)，降低了 7.73%。由此可见，虽然耕作方式对小麦灌浆速率的影响不如氮肥管理方案明显，但是由于耕作方式对小麦根层土壤产生了影响，进而改善了根际环境，所以出现了上述观测数值的差异。

二、综合管理与小麦、玉米根系发育的关系

为了深入分析氮肥管理方案和耕作方式对小麦产量建成的影响，本研究调查了小麦扬花期在翻耕、免耕、深松和旋耕耕作模式下的根长密度和根重密度的差异（图 7-2）。调查发现，扬花期小麦根系在 0～90cm 土层的分布呈锥形，即土层深度每增加 15cm，根长密度和根重密度同步降低 40%～60%，到 75～90cm 土层时小麦的根长密度和根重密度仅占 0～15cm 土层的 6.74%～8.37%。深入分析对比发现，0～30cm 土层小麦的根长密度和根重密度分别占其总量的 65.42% 和 69.84%，而 60～90cm 土层的根长密度和根重密度分别仅占总量 10.06% 和 6.89%。由此证明，虽然在 75～90cm 土层能够观察到小麦根系的分布，但是其对养分的主要吸收区间集中于 0～30cm 的浅层土壤。

比较不同耕作方式对小麦扬花期根长密度和根重密度的影响发现，在 0～15cm 的浅层土壤中免耕处理的根长和根重密度显著低于翻耕、旋耕和深松处理。如此时翻耕处理的根长和根重密度分别达 1.94cm/cm³ 和 0.168g/cm³，而免耕处理仅为 1.75cm/cm³ 和 0.153g/cm³，较翻耕处理分别降低了 10.86% 和 9.80%，差异显著（$P<0.05$）。分析不同耕作方式的数据发现，随着土层的深入，旋耕处理的根长和根重密度在 30～45cm 土层出现了快速下降，仅为 0.51cm/cm³ 和 0.038g/cm³，显著低于另外 3 种耕作方式（$P<0.05$），这主要是由于小麦、玉米连年双季旋耕造成的坚实犁底层限制了小麦根系的下扎。

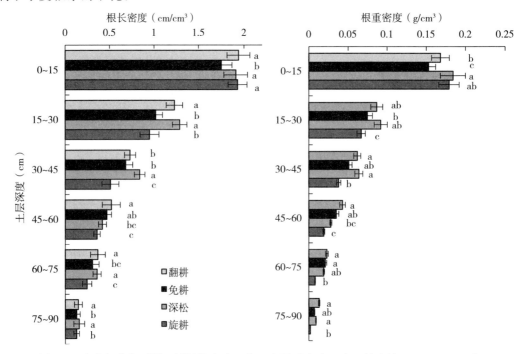

图 7-2 小麦扬花期不同土层根长密度（左）和根重密度（右）的比较（2014—2015 年）

　　小麦根系由种子根和次生根组成，由小麦分蘖节产生的次生根是小麦吸收土壤养分和水分的主体，次生根由表皮、皮层和中柱3部分构成。如图7-3所示，次生根的导管数较多，中央具有由薄壁细胞组成的髓腔，后生导管围绕着髓腔排列。拔节期小麦次生根的结构完整，除组成韧皮部的细胞为薄壁细胞外，其余细胞的壁均木质化加厚。比较不同耕作方式对小麦次生根微观结构的影响发现，翻耕小麦拔节期次生根中柱面积、原生和后生导管面积均较免耕处理大，原生导管数目、导管总数较多。说明翻耕小麦次生根维管组织较免耕小麦发达，这些微观结构特征有利于根系对土壤水分和养分的吸收、运输。

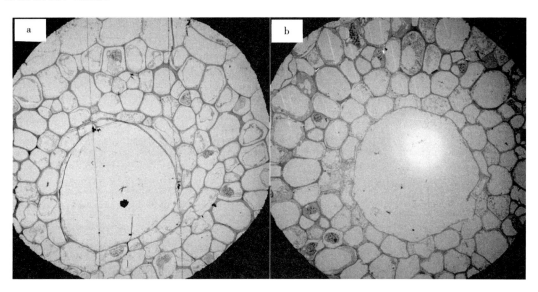

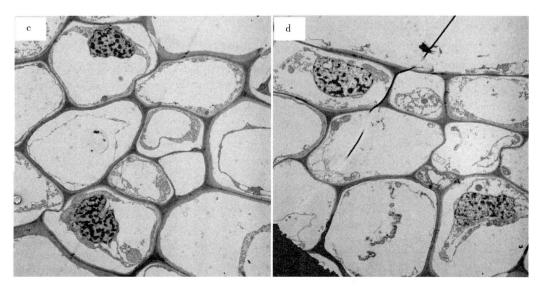

图 7-3　耕作方式对拔节期小麦次生根解剖结构特征的影响
a. 免耕小麦次生根　b. 翻耕小麦次生根　c. 免耕小麦次生根微观结构　d. 翻耕小麦次生根微观结构

通过调查氮肥管理方案和耕作方式对玉米气生根和地下节根条数的影响（表7-5），比较各层节根数量发现，第1层节根数量最少，第6层最多，如翻耕氮肥精准管理（ON）处理下第6层节根数为第1层的2.49倍。比较氮肥管理方案对玉米节根数量的影响发现，不同氮肥管理方案对第1层和第2层节根数量的影响较小，从第3层开始，氮肥精准管理（ON）出现了较传统农户（CN）和高产高效（HN）增加的趋势。该现象在玉米翻耕条件下尤为明显，差异达显著水平（$P<0.05$），而传统农户处理（CN）和高产高效处理（HN）之间差异不显著。该数据证实，在华北平原小麦玉米轮作体系下保持玉米季氮肥管理方案不变，氮肥施用总量降低26.67%，不会对玉米根系生长发育造成影响，如果采用氮肥精准管理方案在总施氮量降低33.33%的情况下，仍可以促进玉米根系的生长发育。

表7-5 氮肥管理和耕作方式对玉米孕穗期各层节根数的影响（条）

耕作方式	氮肥管理	第1层	第2层	第3层	第4层	第5层	第6层	第7层
免耕	CN	4.35bc	4.02c	4.23b	5.14c	7.43d	9.42c	8.57cd
	HN	4.14c	4.11c	4.28b	5.25c	7.84c	10.65bc	8.43d
	ON	4.38bc	4.23bc	4.55a	5.54b	7.89c	11.12ab	8.88c
旋耕	CN	4.59b	4.65ab	4.22b	5.32bc	7.91bc	10.12b	8.78c
	HN	4.65ab	4.75a	4.19b	5.62ab	8.13b	10.32b	9.24bc
	ON	4.94a	4.34b	4.41a	5.43b	8.33ab	11.17ab	10.14ab
翻耕	CN	4.75ab	4.85a	4.18b	5.84a	8.23ab	10.35c	8.53cd
	HN	4.64ab	4.71ab	4.28b	5.75ab	8.30ab	10.82b	9.67b
	ON	4.59b	4.67ab	4.43a	5.84a	8.56a	11.45a	10.73a

注：同列数据后小写字母不同表示不同处理间的差异显著（t-test，$P<0.05$）。

分析不同耕作方式对玉米孕穗期节根数的影响发现（图7-4），玉米播前翻耕或旋耕有利于玉米节根数量的增加。如分析第6层玉米节根数量发现，免耕条件下3种氮肥管理方案取得的平均节根数量为10.1条，而旋耕和翻耕分别为10.6条和10.8条，分别较免耕增加了5.14%和7.51%。这主要是由于玉米根系为须根系、节根较为粗大，如果表层土壤过于紧实会限制其根系的下扎，从而限制根系对养分和水分的吸收能力。

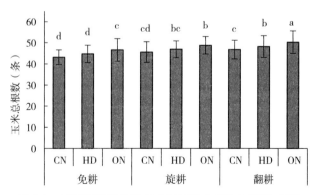

图7-4 氮肥管理和耕作方式对玉米总根数的影响（条）

本研究调查了不同耕作方式和氮肥管理方案下 0～20cm 土层玉米根长密度的表现（表 7-6）。整体上来看，两年的观测结果一直表现为玉米在抽雄期根长密度最大，从孕穗期至成熟期逐渐降低。通过比较两年的观测数据发现，受年际气候变化的影响，2014 年 0～20cm 土层玉米根系的根长密度较 2015 年度高。氮素管理方案的差异对 0～20cm 土层根长密度的影响较为明显，表现为氮肥精准管理（ON）＞传统农户处理（CN）＞高产高效处理（HN）的规律，说明氮肥精准管理能够增加 0～20cm 土层玉米的根系密度。比较不同氮肥管理方案下玉米根长密度从孕穗期至成熟期的降幅发现，翻耕条件下 ON 处理 0～20cm 土层玉米根长密度的降幅为 0.086cm/cm³，而 CN 处理下为 0.094cm/cm³，分别占抽雄期根长密度的 20.9% 和 24.2%。由此可见，精准的氮肥管理方案还可以延缓玉米根系的衰亡。

比较不同耕作方式对玉米根长密度的影响发现，同在氮肥精准管理方案下，翻耕条件下玉米 0～20cm 土层根长密度最高，为 0.411cm/cm³，免耕处理最低，仅为 0.382，较翻耕处理降低了 7.59%，差异显著（$P<0.05$）。由此证实，玉米播前翻耕对耕层土壤的疏松作用有利于玉米根系的生长。如果结合氮肥精准管理方案，0～20cm 土层根长密度可以增加 0.047cm/cm³，增幅高达 12.9%。因此玉米季实行优化的耕作方式和精准的氮肥管理方案可以显著促进玉米根系的生长，为其产量水平的发挥打好基础。

表 7-6 氮肥管理和耕作方式对 0～20cm 土层玉米根长密度的影响（cm/cm³）

耕作方式	氮肥管理	2014 年			2015 年		
		抽雄期	孕穗期	成熟期	抽雄期	孕穗期	成熟期
免耕	CN	0.364c	0.342b	0.264c	0.336b	0.301b	0.254b
	HN	0.371bc	0.347b	0.283b	0.358a	0.327a	0.276ab
	ON	0.382b	0.357ab	0.312ab	0.362a	0.336a	0.281b
旋耕	CN	0.377bc	0.342b	0.283b	0.343b	0.319ab	0.273ab
	HN	0.364c	0.330c	0.293ab	0.351a	0.317ab	0.286ab
	ON	0.391ab	0.364ab	0.321a	0.363a	0.336a	0.285ab
翻耕	CN	0.388ab	0.357ab	0.294ab	0.346ab	0.311ab	0.278ab
	HN	0.386ab	0.359ab	0.319ab	0.352a	0.318ab	0.291a
	ON	0.411a	0.372a	0.325a	0.363a	0.321ab	0.296a

注：同列数据后不同小写字母表示不同处理间的差异显著（t-test，$P<0.05$）。

三、综合管理与小麦、玉米产量构成和产量的关系

表 7-7 统计了小麦、玉米 2013—2016 年度的产量及其周年粮食产量水平。分析 3 年平均数据发现，在本试验田地力水平下小麦产量处于 7 461～8 171kg/hm² 的范围内，玉米产量处于 8 252～11 577kg/hm² 的范围，玉米产量水平比小麦高 10.60%～41.68%。2016 年小麦深松玉米免耕（WL/MN）处理取得了最高的小麦季产量，为 8 280kg/hm²，

2016 年小麦免耕玉米翻耕（WN/MT）处理取得了最高的玉米季产量，为 11 752kg/hm²。比较不同氮肥管理方案下小麦产量水平可见，3 个试验年度中深松处理的氮肥高产高效管理小麦产量水平最高，3 年平均产量为 8 142kg/hm²，免耕处理的氮肥优化管理小麦 3 年平均产量水平最低为 7 561kg/hm²，二者的差异达到了显著水平（P＜0.05）。整体上分析来看，氮素精准管理（ON）处理的小麦产量水平最高，其次为高产高效处理（HN），传统农户管理（CN）最低。本研究说明华北平原小麦生产过程中小麦季 220kg/hm² 的氮肥施用量完全可以满足小麦的氮素需求。

玉米产量水平的发挥也出现了与小麦一致的结论，从耕作方式比较来看玉米翻耕（MT）和玉米旋耕（MR）产量水平要显著高于玉米免耕，本试验中玉米翻耕取得了 11 577kg/hm² 的最高平均值。比较氮肥管理对玉米产量的影响发现，优化管理（ON）较传统农户管理（CN）和高产高效管理（HN）更有利于玉米产量水平的发挥。这主要是由于相较于传统农户管理（CN）和高产高效管理（HN），氮素精准管理（ON）更能够满足玉米全生育时期的氮肥需求，在降低玉米季氮肥施用量的基础上，满足了玉米不同生育阶段对氮肥的需求，因此有利于玉米产量的发挥。

比较不同耕作方式对小麦产量的影响发现，小麦免耕玉米免耕（WN/MN）处理在不同氮肥管理方案下的平均产量为 7 641kg/hm²，而小麦翻耕玉米免耕处理则为 8 033kg/hm²，较免耕处理高 5.13%，差异不显著。而玉米在翻耕条件下取得的平均产量为 10 991 kg/hm²，免耕条件下仅取得了 9 041kg/hm² 的产量水平，较翻耕处理低 21.57%，差异显著（P＜0.05）。由此证明，虽然播前翻耕对小麦和玉米都具有一定的增产效果，但是小麦取得的增产幅度要远远低于玉米，因此玉米季实行翻耕更有利于周年粮食产量水平的提高。分析本试验 3 年小麦玉米周年产量可见，小麦免耕/玉米翻耕（WN/MT）处理取得了最高的产量水平，为 19 377kg/hm²。最低的为小麦免耕/玉米免耕（WN/MN）处理，仅为 15 813kg/hm²，较最高值降低了 22.54%。由此可见，玉米季实行翻耕并进行氮素精准管理更有利于小麦、玉米周年粮食产量水平的发挥。

分析玉米产量构成要素分析发现（图 7-5），耕作方式对玉米的千粒重和穗粒数影响不显著，对穗数影响显著（P＜0.05）。翻耕和旋耕处理主要是通过增加玉米的穗数提高产量。如翻耕穗数平均为 6.87×10⁴ 穗/hm²，旋耕为 6.70×10⁴ 穗/hm²，而免耕仅为 5.8×10⁴ 穗/hm²，较翻耕和旋耕分别降低了 18.45% 和 15.52%。较高的群体数量是玉米产量水平充分发挥的主要保障，当前华北平原玉米的主要耕作方式是贴茬直播，玉米播种时受小麦秸秆还田和土壤坚实地表的影响，播种质量很难得到保障。因此，本试验通过对比玉米 3 种不同的生产方式证实，完全可以通过推广玉米翻耕或旋耕改善玉米播种质量来提高产量。此外，玉米是 C4 作物，其增产潜力较 C3 作物小麦大，所以从周年粮食生产角度来看，玉米翻耕或旋耕播种更有利于周年粮食产量水平的增加。

分析小麦的产量水平和构成三要素发现（图 7-6），翻耕和旋耕有利于增加小麦的群体，对千粒重影响不大。这是因为翻耕或旋耕较少（免）耕能够保障小麦的播种质量，提高小麦群体的健壮度。从品种角度分析来看，本试验采用的小麦品种为济麦 22，该品种株型较为紧凑、分蘖力较强、对播种质量要求较高，这也是翻耕或旋耕提高小麦产量的一个重要因素。

表7-7　2013—2016年试验田小麦、玉米产量水平比较（kg/hm²）

试验处理		小麦季				玉米季				周年产量
		2014	2015	2016	平均	2014	2015	2016	平均	
WN/MN	CN	7 847±753ab	7 395±690c	7 442±712d	7 561±691c	8 346±763d	8 203±724d	8 207±883e	8 252±756f	15 813±1 384c
	HN	7 515±632c	7 602±734bc	7 775±745c	7 631±712bc	8 962±812c	9 005±847c	9 234±932c	9 067±807d	16 698±1 529bc
	ON	7 630±592bc	7 717±654b	7 850±652b	7 732±653b	9 441±893b	9 914±912b	9 781±928bc	9 712±927c	17 444±1 595b
WN/MT	CN	7 515±781c	7 602±731c	7 775±732b	7 631±743bc	10 243±983ab	10 312±971ab	10 122±993ab	10 226±956b	17 856±1 634b
	HN	7 547±592c	7 395±712c	7 442±792d	7 461±763c	10 320±1 232a	11 542±1 088a	11 652±1 064a	11 171±1 043a	18 633±1 874b
	ON	7 831±483ab	7 717±723b	7 850±783b	7 799±782b	11 652±1 023a	11 328±1 129a	11 752±1 029a	11 577±1 058a	19 377±1 809a
WR/MR	CN	7 715±692b	7 836±563ab	7 833±812b	7 795±729b	10 104±1 184a	10 178±994ab	9 922±874b	10 068±981b	17 863±1 598b
	HN	7 682±582c	7 739±692b	7 782±682b	7 734±692bc	10 005±998ab	10 993±989a	9 926±964b	10 308±992b	18 042±2 759b
	ON	78 233±609ab	7 749±643b	7 850±723b	7 807±673b	11 811±954a	10 337±1 033ab	11 157±873a	11 102±954a	18 909±1 750ab
Con. WT/MN	CN	7 974±618a	8 105±781a	8 154±812a	8 078±723a	8 346±766d	8 263±743d	8 207±764e	8 272±784f	16 350±1 592bc
	HN	7 747±713b	7 746±632b	8 058±763a	7 850±732b	8 962±812c	8 805±817cd	9 234±834c	9 000±874d	1 6851±1 639bc
	ON	8 078±778a	8 184±792a	8 250±801a	8 171±812a	9 441±864b	9 914±928b	9 781±924bc	9 712±918c	17 883±1 686b
WL/MN	CN	7 782±791b	8 128±723a	8 205±621a	8 038±783a	8 576±798d	8 623±764d	8 425±809d	8 541±854e	16 580±1 539bc
	HN	7 874±712ab	7 905±762ab	7 695±745c	7 825±638b	8 854±812c	9 287±891b	9 165±859c	9 102±863d	16 927±1 843bc
	ON	7 887±683ab	8 258±812a	8 280±732a	8 142±812a	9 326±935b	9 991±943b	9 816±945b	9 711±912c	17 853±1 544b

注：同列数据后不同小写字母表示不同处理间的差异显著（t-test, $P<0.05$）。

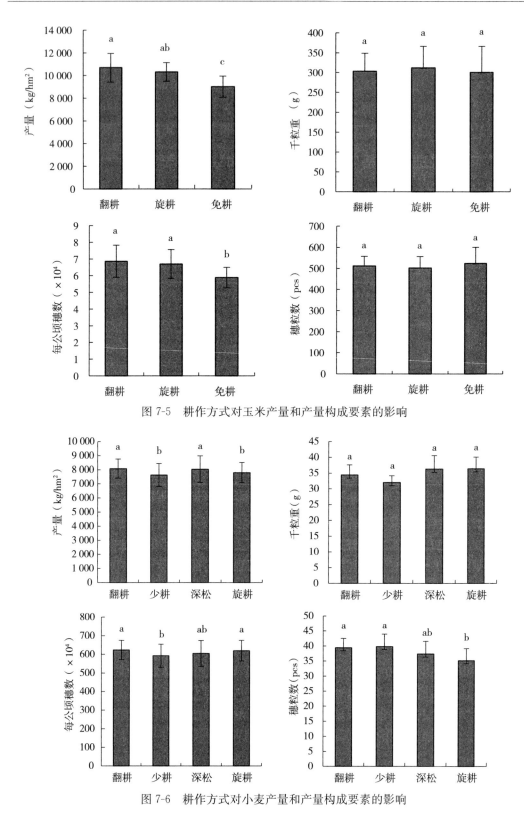

图 7-5 耕作方式对玉米产量和产量构成要素的影响

图 7-6 耕作方式对小麦产量和产量构成要素的影响

为了准确地反映耕作方式对小麦、玉米产量发挥的影响作用，对比了本试验的玉米成穗率和小麦单株分蘖成穗数。由图 7-7 可见，玉米翻耕播种成穗率为 95.38%，而免耕播种仅为 81.74%，较翻耕播种降低了 16.69%，差异显著（$P<0.05$）。小麦翻耕播种平均单株有效分蘖数为 2.16，而免耕播种仅为 2.05，较翻耕降低了 5.37%。适度规模的群体建成是获得高产的关键，尤其是在当前农业机械化水平不断提高的条件下，随着人力投入的减少，播种质量对作物产量的影响越来越大。因此，本试验数据为提高华北平原小麦、玉米周年轮作体系粮食产量水平提供了一条可行性途径。

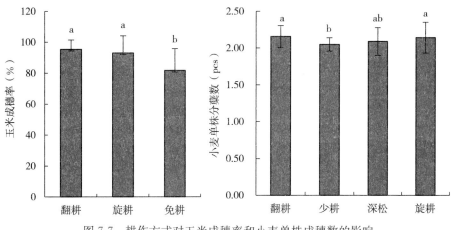

图 7-7　耕作方式对玉米成穗率和小麦单株成穗数的影响

四、小结

粮食消耗量的日益增加和过量氮肥投入造成的环境恶化要求未来粮食生产必须提高粮食单产且能有效地规避施肥带来的环境危害。本研究试图通过对比华北平原主要耕作方式的优缺点和通过对其重新组配，结合精准氮肥管理方案来探寻资源投入与高产的协同提高途径。研究结果显示，合理的耕作措施组合和精准的氮肥管理能够维持小麦关键生育期的光合能力，在扩大光合产物的"源"的同时，实现较强的光合产物到籽粒的"流"。本研究还发现，氮肥精准管理模式下小麦花后 25d 时，灌浆速率仍然维持在 2.04～2.37mg/（粒·d）的较高水平，而传统氮肥管理方案虽然总施氮量大，但是由于其粗放的管理方案，无法满足小麦生育中后期的氮肥需求，限制了小麦生育后期光合性能的发挥。该数据说明，在华北平原小麦玉米轮作体系下，如果采用氮肥精准管理方案，可以在周年总施氮量降低 30% 的情况下，取得周年粮食产量 22.54% 的产量增幅。由此可见，玉米季实行翻耕并进行氮素精准管理有利于华北平原气候条件下小麦玉米周年粮食产量水平的发挥。

深入分析本研究结果发现，翻耕能够增加玉米的密度和小麦的分蘖成穗数，从而提高群体数量，实现产量的增加，而精准的氮肥管理方案有利于调控作物的营养生长和生殖生长的比例，通过促进作物根系的建成进而促进地上部营养器官的生长，构建更为有效的"源"，并且精准的氮肥管理还能够加快小麦后期植株干物质向籽粒中的转移。王振林等研究表明，产量形成过程中的源库关系因生态环境的改变而改变，小麦产量形成时的干物质生产受叶源量调控，扩"库"能够加速叶片光合能力的发挥。从产量形成的源库关系来看，在籽粒数量已经确定的情况下减"源"极易导致粒重的降低，换言之，扩"库"能够促进光合产物的加强。

另外，从气候角度分析发现，华北平原属典型的大陆性季风气候，冬季寒冷少降水，夏季炎热降雨充沛。玉米生育时期恰逢高温多雨的季节，较高的温度导致区域内玉米生育期较短，从6月初至9月底，为110d左右。而欧洲较为凉爽的气温能够保障玉米150d左右的生育期，玉米较长的生育期虽然有利于干物质的积累，但是欧洲较为平稳的气温不利于籽粒产量的形成和后期秸秆干物质的转运。因此，欧洲11 000kg/hm² 的产量水平与本试验的产量水平相当。国内相关研究表明，相同的玉米品种在黑龙江和吉林生育期相差40～60d的情况下，产量水平仅增加10%～15%，而实际上华北平原玉米产量水平较东北春玉米产量水平低20%～35%，所以说在华北平原实行玉米翻耕或旋耕播种能够显著提高玉米和周年的粮食产量水平。

第四节　"双少耕"的节水原理

华北平原小麦玉米轮作体系周年水分消耗为800～1 100mm，而受大陆性季风气候影响，区域内自然降水量仅为650～900mm，因此该区域小麦玉米生产处于水分净亏缺状态（Wu et al.，2016）。区域内自然降水和人工灌溉是农田土壤水分的主要补给途径，地下水上移和露水是土壤水分的重要补充途径。但是受气候的影响，地表蒸发量巨大，占水分总消耗量的60%～75%（陈素英等，2004），一些研究指出可通过地表薄膜覆盖提高土壤水分利用率，但是由于地膜的不可降解性，残余地膜易对农田环境造成污染，因此地膜在华北平原逐渐退出了农业生产（张喜英等，2002）。为此，许多农业专家开展了可降解液体地膜的研究，以期对传统地膜进行替代，但是其节水效果受土壤类型、作物种类和农事操作的影响较大，效果不明显，没有得到大面积的推广应用（杨青华等，2005）。有研究显示，按照实时土壤墒情进行滴灌能够显著提高小麦玉米的水分生产率，这样既可避免大水漫灌对水资源的大量浪费，又可在进行滴灌的同时添加作物必需的营养元素，实施水肥一体化（刘月兰等，2014），但是也有研究认为在华北平原小麦玉米高强度轮作体系中，铺设管道的实用性和肥料施入量的精准控制是该技术不能不面对的核心问题（Mo et al.，2009）。基于以上情况，有研究开始针对小麦玉米轮作体系进行改造，提出了两年小麦-玉米-玉米、单季玉米和玉米-杂粮等多种种植制度（Gao et al.，2015），但是受农民生产习惯和现有生产条件的影响，上述种植制度的研究仅停留在科学家的试验田中。此外，作物品种也会影响到水分利用效率，如当前主推小麦、玉米品种的产量潜力已经分别达到了12 000kg/hm² 和21 000kg/hm²，但是其单位粮食耗水量与20世纪90年代品种差别不大，有个别品种反而出现了降低的现象（Meng et al.，2014）。

研究表明，通过水渠和灌渠的防渗水工程可提高灌溉水15%～20%的利用率（Gao et al.，2014），改大水漫灌为喷灌可直接提高30%以上的水分生产率（Mei et al.，2013），小麦季改4水灌溉为2水灌溉可提高水分利用效率15%以上（Wang et al.，2013）。这些研究都说明了华北平原小麦玉米轮作体系中可以依靠工程、农艺、农事等多种技术措施提高现有的水分利用效率，但是如何利用简便的技术在不增加社会投资和生产成本的条件下，通过优化生产技术体系发挥农户的节水主动性，这一方面鲜有报道。

本研究选择华北平原年降水量为800mm的中东部地区为试验地点，对小麦、玉米周年轮作体系展开研究，通过比较不同小麦、玉米生产技术模式下的周年水分利用效率和土壤水分含量的动态变化以及耗水量与生产技术之间的互作关系，对适宜华北平原气候和自然禀赋的周年生产技术进行水分利用率评价。此外，本章还初步对未来适宜于本地区气候条件的种植制度进行了探索。

一、试验方法

1. 土壤水分含量测定方法 玉米和小麦播种前由土壤取样器分别取各试验小区0～200cm土层土壤，每层20cm，标记编号，称量鲜重后将土样放在105℃的烘箱中烘烤直至恒重，冷却称重，计算土壤水分百分含量。土壤含水量测定的计算公式：

$$土壤水分含量＝(m_1－m_2)/(m_1－m_0)\times100\%$$

式中：m_0——烘干空铝盒质量（g）；

m_1——烘干前铝盒及土样质量（g）；

m_2——烘干后铝盒及土样质量（g）。

2. 灌溉用电计量方法 本试验田灌溉用电由单独电表计量，每次灌溉前和结束后，记录电表读数，计算试验期间灌溉用电量。

3. 灌溉用水量计量方法 本试验田灌溉用水均采用5.5kW的抽水泵抽提灌溉用水，该水泵的参数为：扬程30m，出水口径80mm，转速2 900r/s，流量42m³/h，每次灌溉用水量由灌溉时间计算获得。

4. 试验田年耗水量计算方法 利用小麦或玉米播种时土壤含水量和小麦或玉米收获时含水量的差值计算土壤含水量的变化，利用自动气象站获得的降水量和灌溉量共同计算年度试验田耗水量。

周年耗水量计算公式：

$$周年耗水量＝土壤含水量变化＋降水量＋灌溉量$$

5. 数据计算与统计分析 使用SPSS 19.0进行处理间和相关数值之间的差异显著性检验。

二、结果与讨论

1. 耕作优化与周年耗水量和水分生产率的关系 从3年农田平均耗水量来看（图7-8），不同耕作方式对小麦、玉米轮作体系周年的耗水量具有显著的影响。其中传统耕作方式下小麦翻耕玉米免耕处理（Con. WT/MN）3年平均耗水量最高，达718mm，而小麦免耕玉米免耕处理（WN/MN）最低，为653mm，其余依次为小麦免耕玉米翻耕处理（WN/MT）663mm、小麦深松玉米免耕处理（WL/MN）678mm和小麦旋耕玉米旋耕处理（WR/MR）702mm。从显著性差异来看，WN/MN、WN/MT、WL/MN 3个处理要显著低于Con. WT/MN和WR/MR，由此可见，避免小麦播期翻耕或旋耕，有利于小麦、玉米轮作体系周年农田耗水量的降低，这主要是由于冬小麦生长季降水量少，仅为260mm左右，农田表层土壤大多处于干燥期，小麦播前翻耕或旋耕会导致20cm以下土壤水分的过多蒸发消耗。尽管灌溉能够补充土壤水分，但是由于干燥表层土壤的土壤孔隙度较大，土壤毛细管会在灌溉后 5～7d 内加速土体水分的蒸发。因此，增加小麦季土壤"水库"的蓄水作用是降低华北平原小麦、玉米轮作体系周年耗水量的关键。

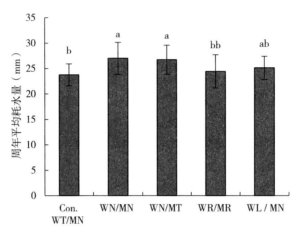

图 7-8　不同耕作方式对农田年平均耗水量的影响

本研究计算了周年小麦、玉米产量水分生产率（图 7-9），其中最高的处理为小麦免耕玉米免耕（WN/MN），为 26.98kg/(hm² · mm)，而传统小麦翻耕玉米免耕处理（Con. WT/MN）仅为 23.73kg/(hm² · mm)，二者差异达显著水平。其后从高至低各处理的水分生产率分别为小麦免耕玉米翻耕处理（WN/MT）26.70kg/(hm² · mm)、小麦深松玉米免耕处理（WL/MN）25.10kg/(hm² · mm) 和小麦旋耕玉米旋耕处理（WR/MR）24.43kg/(hm² · mm)。此研究中将小麦翻耕玉米免耕处理（Con. WT/MN）作为对照处理，用以评价当前华北平原小麦玉米轮作体系在集约化管理条件下的水分生产率，因为该处理包含了一次翻耕土地和一次免耕播种，既避免了农田长期免耕带来的土壤紧实度增加和土传病害的加剧，又能够使玉米播种适应农时，减少了后期可能光温资源不足造成的玉米不能完熟的情况。

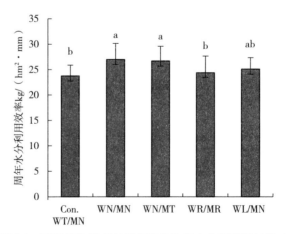

图 7-9　不同耕作模式对周年粮食生产水分利用率的影响

整个小麦、玉米轮作生产体系中周年粮食生产水分利用率主要受现有水资源限制，与产量水平正相关。由于小麦生长季是枯水季，所以如何在该季最大化利用有限的降水和灌溉水是提升该体系周年粮食水分利用效率的关键。研究表明，小麦播前承接华北平原雨季的结束，此时 0～100cm 土地贮藏的水分为 170～200mm（Sun et al.，2011），这也与本试验实测 3 年的数据吻合，试验中 0～100cm 土地贮藏的水分分别为 2013 年 185mm、2014 年 152mm 和 2015 年 179mm，虽然整体上土壤水含量较为充足，但是 0～20cm 土层含水量较低。由于小麦播种至来年返青主要依靠表层土壤水的供给，因此如果此时田间持水量低于 60%，则会很大程度上限制小麦健壮群体的构建。于是如何通过合理的耕作技术和灌溉组配满足小麦不同生育时期的水分需要是本研究需要重点解决的问题。对于这个问题，本研究结果也指出，小麦播前实行少（免）耕播种，可以起到节省越冬水浇灌的作用，在这一前提下，只要保证小麦来年返青期的水分需要就可以取得较为理想的产量水平。

2. 耕作优化与土壤水分动态变化的关系　本研究表明，在小麦收获后至玉米播种前这一段时间，试验田土壤含水量处于严重亏缺状态（图 7-10），这是由于上一季的降水或灌溉水均被小麦生长和干燥的气候消耗殆尽，研究表明，小麦播种到收获消耗的农田土壤水分为 650mm 左右（Li et al.，2012），而同期的降水和灌溉实现不了与其平衡。研究数据还表明，小麦收获后 0～40cm 土壤含水量不足 13%，虽然不同耕作方式对土壤含水量有一定的影响，但差异不显著。

　　3 年的实验数据表明，不同耕作方式对 0～150cm 土层蓄水量影响显著。玉米播前翻耕或旋耕能够促进雨季降水的下渗，与玉米免耕相比，0～150cm 土层能够多蓄水 64.32～95.70mm，尤其是对 60～150cm 土层土壤水分的补充尤为明显。这是由于玉米季翻耕将表土疏松后避免了地表的板结对降水下渗的阻碍作用，尤其是在华北平原 7～9 月多发强降雨的季节。本试验 2016 年玉米翻耕和旋耕处理较玉米免耕处理 0～60cm 土层含水量显著增加，该数据与 2014 年和 2015 年存在明显差异，这两年试验结果分别是 60cm 和 40cm 以下才出现较为明显的蓄水量差异。结合 2016 年气象数据分析发现，这主要是由于本年度玉米生长季降水较为平缓，没有出现单次降水量超过 40mm 的强降水，因此较为缓和的降水促进玉米翻耕和免耕处理对雨水的吸纳能力。由此可见，在华北平原北部年降水量 600～700mm 的地区，该项技术有利于节水和蓄水作用的发挥。因此，在华北平原小麦玉米轮作体系中虽然小麦季翻耕土壤是一个耗水过程，但是玉米季翻耕是一个蓄水过程，只要合理利用耕作措施，不仅可以提高水分利用效率，而且可以通过避免地表径流保护土壤并保存 0～20cm 土层的速效养分，促进土壤养分的保持（Mi et al.，2012），增加肥料利用率。

3. 耕作优化与灌溉水用量和灌溉水生产率的关系　小麦、玉米周年轮作生产技术体系中，不同耕作方式对小麦和玉米生长季的灌溉次数和灌溉量影响明显（表 7-8、表 7-9）。本研究中以小麦翻耕玉米免耕作为本区域集约化农业生产的对照，通过另外 4 种耕作方式的对比来评价不同周年耕作技术体系对农田灌溉用电量和灌溉量的影响。研究表明，在华北平原气候条件下，如果要维持小麦季土壤含水量在 70%～80% 的合理区间，对照处理 Con. WT/MN 周年需要灌溉 5 次，其中小麦灌溉 4 次，分别为播前造墒、越冬水、返青水和灌浆水，玉米需要苗期灌溉一次。而处理 WN/MN 和 WN/MT 周年仅需要灌溉两次，为小麦的返青水和灌浆水，处理 WL/MN 则需要灌溉 3 次，分别是小麦季的越冬水、返青水和灌浆水。从灌溉用电量和灌溉量来看，这两项数值与灌溉次数密切相关，

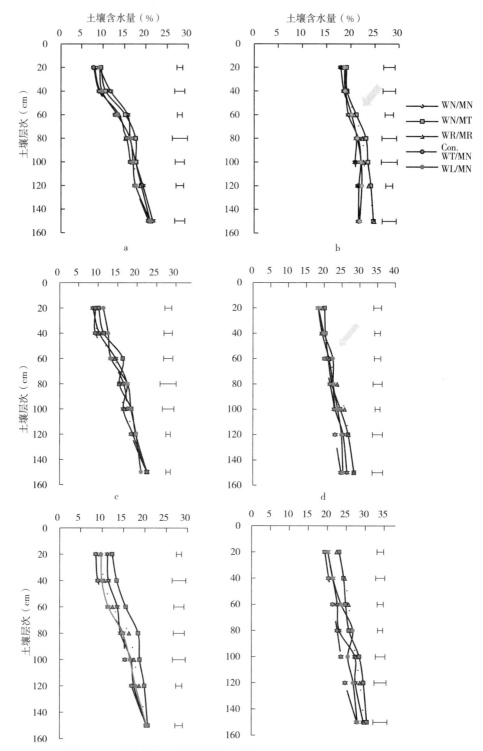

图 7-10　试验期间玉米播种前和收获后 0～160cm 土壤含水量的变化

a. 2014 年玉米播种　　b. 2014 年玉米收获后　　c. 2015 年玉米播种前

d. 2015 年玉米收获后　　e. 2016 年玉米播种前　　f. 2016 年玉米收获后

周年灌溉耗电量和灌溉量从高到低依次为 Con. WT/MN、WR/MR、WL/MN、WN/MT 和 WN/MN。与对照处理相比，WN/MT 和 WN/MN 处理在满足小麦或玉米的水分需求的前提下，减少灌溉耗电量 55.53% 和 60.65%、灌溉量 45.08% 和 47.95%。

表 7-8 不同耕作方式周年农田灌水次数比较

试验处理	小麦				玉米	
	造墒水	越冬水	返青水	灌浆水	苗期灌溉	周年合计
Con. WT/MN	1	1	1	1	1	5
WN/MN	0	0	1	1	0	2
WN/MT	0	0	1	1	0	2
WR/MR	1	1	1	1	1	5
WL/MN	0	1	1	1	0	3

表 7-9 2013—2015 年不同耕作方式下周年灌水用电量和灌溉量的比较

试验处理	灌溉用电量（kW·h/hm²）						灌溉量（m³）
	小麦				玉米	周年合计	
	播前	越冬水	返青水	灌浆水	苗期灌溉		
Con. WT/MN	78.57	98.21	117.86	78.57	78.57	451.78	221.60
WN/MN	0.00	0.00	106.52	71.27	0.00	177.79	115.35
WN/MT	0.00	0.00	121.71	79.21	0.00	200.92	121.71
WR/MR	83.28	103.23	111.22	69.80	85.27	452.8	238.91
WL/MN	0.00	86.46	120.59	81.70	0.00	288.75	170.07

调查不同耕作方式对小麦、玉米周年灌溉水粮食生产效率的影响发现（图 7-11），小麦免耕玉米翻耕处理（WN/MT）灌溉水生产率较对照增加了 2.15 倍，较小麦旋耕玉米旋耕处理（WR/MR）增加了 1.97 倍。由此可见，小麦季实行少（免）耕、玉米季实行翻耕或旋耕能够显著增加有限灌水资源的利用率。此外，小麦深松玉米免耕处理（WL/MN）较对照增加了 33.19%，灌溉水生产率差异达显著水平，这主要是由于小麦深松能

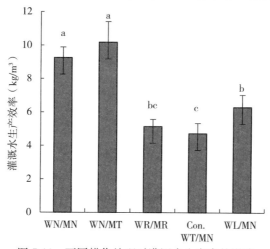

图 7-11 不同耕作处理对灌溉水生产率的影响

够打破犁底层，从而促进土壤深层地下水对作物生长的补充所致。本研究发现，虽然小麦季深松能够显著增加灌溉水生产率，但是玉米季翻耕或旋耕对灌溉水利用率增加的效果更为明显。本试验小麦季和玉米季均实行了秸秆全量还田，由于玉米秸秆量较大，小麦采用少免耕播种后玉米秸秆的地表覆盖节水效果对本试验数据起到了一定的促进作用，而玉米季翻耕或旋耕将小麦秸秆均匀分布于0～20cm的耕层土壤中，对玉米季土壤水分的保持也起到了一定的促进作用。

三、小结

华北平原受大陆性季风气候影响，其水分消耗途径主要为地表蒸发、作物蒸腾和地下水流失3个途径（孟春红和夏军，2004）。虽然冬季气温低小麦蒸腾量小，但是受干燥的气候和高强度风速的影响，地表蒸发量大。而7～9月的玉米季则为雨季，此期较为充沛的降水是对农田土壤水分的主要补充过程，但是受小麦、玉米两季作物高耗水的影响，该生产技术体系周年水分净亏缺缺口为110～230mm，这主要是由于小麦灌溉补充，因此如何采取适宜于本区域气候生态环境的耕作技术来提高现有水分生产率是保障该区域粮食生产可持续发展的重要探索内容。本研究调查发现，实行小麦免耕玉米翻耕周年一体化生产技术，不仅能够保障雨季降水对60～150cm土层土壤水分的补充，而且能够减少2～3次小麦季灌溉，提高灌溉水生产率2倍以上。

小麦、玉米轮作体系在集约化管理条件下显著增加了土壤有效水分的消耗。尤其是随着小麦、玉米生产全程机械化的发展，各类农机具轮番作业造成了土壤表层不断在松暄和紧实之间转换，而表层土壤松暄或紧实的过程与自然气候的错位是导致土壤水分大量消耗的主要原因。研究表明，20世纪90年代中期小麦、玉米轮作体系中农田水分年消耗量在160～300mm，而随着机械化的实施，该数值已经达到了280～420mm（Zhang et al.，2017），对于该数值的增加，小麦季土壤水分的自然蒸发贡献了约70%的份额（Varga et al.，2013）。虽然秸秆地表还田能够起到缓解该亏缺差额的影响，但是受秸秆还田的影响，实际操作中大多需要多增加1～2次的地表旋耕，这项操作又造成了表层土壤的松暄，不仅引起小麦播种过深的生产问题，而且加快了0～20cm土壤水的自然消耗（Tallec et al.，2013）。本研究发现，合理的耕作措施搭配能够显著地降低小麦、玉米轮作体系周年耗水量，最优处理的小麦免耕玉米翻耕（WN/MT）较对照小麦翻耕玉米免耕（Con. WT/MN）周年耗水量降低65mm，占全年耗水量的9.05%，使土壤"水库"的调节作用得到了充分的发挥。虽然小麦季深松能够增加小麦和玉米对深层土壤水的吸收和利用，但是由于其坚实的地表不利于雨季降水的下渗，降水利用率降低。

本研究还建立了适宜于华北平原气候特征和小麦、玉米轮作生产习惯的周年耕作技术模式，即小麦免耕玉米翻耕（WN/MT）或小麦免耕玉米旋耕（WN/MR）模式。3年试验结果证实，上述两种耕作模式能够在显著降低周年耗水量的基础上，增加周年粮食产量，为维持该区域内水资源的紧平衡提供了一条可行途径。

第八章

小麦、玉米免耕播种机械

播种作业是农业生产过程中的关键环节，必须根据农业技术要求做到适时、适量、满足农业环境条件，使作物获得良好的生长发育基础。机械化播种较人工均匀准确、深浅一致，而且效率高、速度快，同时为田间管理作业创造良好的条件，是实现农业现代化的重要技术手段之一。传统播种前，一般要进行耕地作业，形成良好的种床才能够进行播种，而免耕播种是指播种前不进行任何耕作，采用机械或农具直接在前茬地上开沟播种。根据保护性耕作技术的要求，免耕播种机除要有传统播种机的开沟、播种、施肥、覆土、镇压功能外，一般还必须有良好的清草排堵、破茬入土、种肥分施和地面仿形等功能，以满足免耕覆盖地播种的要求。

双免耕技术要求用秸秆残茬覆盖地表，实现保水、保土等功效，但大量的秸秆残茬对免耕播种施肥机的通过会造成极大的影响；在免耕且有秸秆残茬覆盖的相对坚硬的土壤上播种施肥，需要有入土能力强的开沟器，同时对拖拉机的动力也有较高的要求；我国人多地少、单产压力大，农业生产中一般是通过多施肥实现高产出，大量的化肥必须在播种的同时施入土中；实行免耕作业，地表不平程度加大，影响播种作业质量。以上几点均是免耕施肥播种机的研究开发重点和难点。

第一节　免耕播种机械的种类和特点

保护性耕作技术要求尽量减少对土壤的扰动，防止破坏土壤结构和造成较大的失墒，免耕播种要遵守这个原则。

免耕地表与传统的翻耕整地后的地表相比，地表坚实且有大量的秸秆覆盖，开沟器入土困难、阻力大。减少土壤扰动和增强土壤破茬入土能力的措施之一是选择开沟窄、入土能力强的开沟器。由于免耕播种要求开沟窄，且回土的颗粒较大，不容易被压碎，不能保证土壤与种子的贴合及其所需紧实程度，播种镇压要比传统翻耕的难度大。所以，应该根据免耕播种作业土壤的性状，选择覆土好、镇压可靠的镇压装置。

免耕播种机是用于保护性耕作技术中的一种专用播种机，按照作业工艺可分为免耕播种机、免耕（少耕）播种机、深松免耕播种机和联合免耕播种机，按照配套动力大小可分为大型、中型和小型免耕播种机，按照作业作物分为小麦免耕播种机、玉米免耕播种机等，目前比较常用的有小麦免耕播种机和玉米免耕播种机两大类。

一、小麦免耕播种机械的种类和特点

小麦免耕播种机主要有破茬免耕播种机和免耕（少耕）播种机两种，所采用的排种器大多是小外槽轮式排种器。破茬免耕播种机又分为圆盘开沟式免耕播种机和滑刀开沟式免耕播种机（又称为铁茬播种机）。

（一）小麦破茬免耕播种机

1. 结构 小麦破茬免耕播种机的结构和传统的小麦播种机相似，包括镇压装置、机架、播种装置、开沟装置和传动装置等部件，如图8-1所示。所不同的是，机架由3根横梁焊接而成，其中最后一根横梁主要安装脚踏板、排种传动总成、排肥传动总成，中间一根交错布置开沟器组，最前面一根横梁主要是焊接悬挂装置。小麦免耕播种开沟部件采用6组圆盘（或滑刀）开沟器组，且相邻两组开沟器组前后交错安装，其目的是避免秸秆堵塞。开沟器起到破茬、开沟的作用，这类播种机一般不装配灌区筑垄部件。

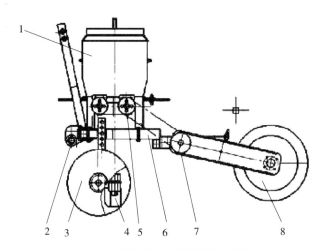

图 8-1 圆盘小麦免耕播种机结构

1. 种肥箱 2. 悬挂架 3. 圆盘开沟器 4. 覆土器
5. 链轮 6. 机架 7. 过渡链 8. 镇压轮

2. 工作原理 两个破茬圆盘各开一条凹沟，镇压轮与地面摩擦带动链轮旋转，经链条转动把动力传输给排种器与排肥器进行作业，种子落到开沟器开出凹沟的半坡上，化肥落入凹沟的底部。在圆盘开沟器的中间设有一对刀盘式覆土器，把凹沟合上，后面的镇压轮将土壤压实，使土壤与种子间紧密，保证出芽效果。

播种时，圆盘边缘应开刃，以保证开沟效果，由于免耕播种田间秸秆覆盖量较大，杂草较多，若开沟器边缘没有开刃就会造成开沟不均匀，没有好的种床，造成小麦出苗不均匀，要尽量采取平盘开沟器，这样可以创造良好的种床，播种速度不宜过快，查苗时不会出现晒种现象。

3. 特点 由于秸秆覆盖较多，破茬免耕播种机开沟效果较差，在小麦玉米两作高产区，秸秆量大，常出现秸秆堵塞现象，致使种床质量差、覆土效果较差、小麦播种深浅不一，出现亮籽现象，小麦的出苗率降低，造成弱苗缺苗。因此，在小麦玉米两作区，常采用小麦免（少）耕施肥播种机。

（二）小麦免（少）耕施肥播种机

1. 结构 免（少）耕施肥播种机主要由悬挂装置、齿轮箱总成、刀轴总成、扶垄犁、传动总成、种肥箱总成、排种（肥）总成、施肥导种器和镇压轮总成等部件组成，如图 8-2 所示。工作部件是由动力驱动其刀轴旋转，使刀片对土壤进行切削，并将需播种区域的土壤切下后抛，同时由镇压器驱动排种器排肥器转动，排出的种子、肥料经施肥管、导种管，按一定的农艺要求播入土层里，不断落下的碎土实现肥、种分层覆盖。

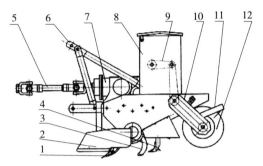

图 8-2　免耕（少耕）播种机

1. 犁体　2. 扶垄犁　3. 旋耕刀轴　4. 施肥导种器
5. 万向节　6. 悬挂装置　7. 变速箱　8. 种肥箱
9. 链条　10. 连接板　11. 刮泥杆　12. 镇压轮

2. 工作原理 拖拉机动力输出轴传递的动力经过万向节传递给变速箱，再由变速箱的主轴锥齿轮带动从动锥齿轮，经一对直齿介轮传递到与左右旋刀轴连接的花键轴上，从而使旋刀轴进行旋转作业。播种施肥是由后面的驱动轮与地面摩擦而旋转，经链轮、链条传输到排种器与排肥器，排出的种子、肥料经施肥管、导种管，按一定的农艺要求播入土层里，不断落下的碎土实现肥、种分层覆盖。

3. 特点 高速旋耕刀破茬防堵效果好，扶垄犁可筑扶灌溉垄脊，适用于黄淮海地区小麦玉米两作区。为提高防堵效果，这类机械多采用宽苗带播种，播种相对均匀，深度一致，覆盖效果好，小麦出苗率高。

二、玉米免耕播种机械的种类与特点

黄淮海一年两作区玉米免耕播种时，天气干燥失墒快，地表坚硬，农时紧张；前茬小麦秸秆处理差，割茬高、秸秆长。因此要求玉米免耕播种机械具有强力开沟破茬装置、高效防堵或清茬装置和精准单粒排种装置，以提高玉米免耕播种效率和质量。

（一）玉米免耕播种机基本结构与工作原理

1. 结构 玉米免耕施肥播种机主要由机架、开沟器、播种器、覆土机构、地轮传动机构、种肥箱等零部件组成，如图 8-3 所示，机架一般采用框架焊合结构，主要由前梁、后梁、左右侧臂、加强筋及上下悬挂支臂等焊合而成；机架前梁安装防缠施肥开沟器，后梁安装种箱支架和化肥筒总成。并通过上下悬挂臂，与拖拉机液压升降装置连接在一起，依靠拖拉机的升降控制，完成播种和转移田地。灭茬装置在开沟播种之前，就将根茬打断，防止开沟器堵塞。

2. 工作原理 玉米免耕播种机工作时，在拖拉机牵引下前进，拖拉机动力输出装置将动力通过传动机构传输到灭茬防堵机构，将播行处秸秆粉碎清理，防止堵塞。强力开沟器破土、开沟，由于开沟器比较窄，开出的种沟较窄，这样肥料和种子左右移动量较小，可以确保种肥间距，也利于玉米对行收获。同时，播种机镇压轮通过传动机构带动排种器、排肥器工作，排出的肥料通过输肥管输送到肥料沟内；排出种子靠重力垂直落入种沟内；覆土器随后将肥料和种子掩埋，镇压轮将种子上面的土壤压实，使种子与土壤紧密接触，利于发芽生长。整个开沟、落种、覆土、镇压的过程如图 8-4 所示。

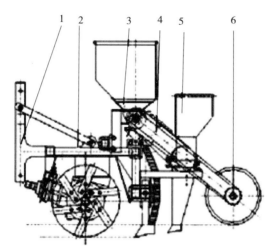

图 8-3　玉米免耕施肥播种机结构示意图

1. 机架　2. 灭茬装置　3. 排肥装置　4. 开沟器　5. 排种装置　6. 镇压装置

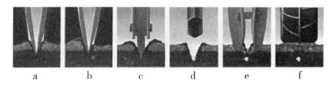

图 8-4　玉米免耕施肥播种机工作原理

a、b. 破土　c. 开沟　d. 投种　e. 覆土　f. 镇压

（二）玉米免耕播种机械种类与特点

按照开沟器的不同，玉米免耕播种机可以分为锄铲式和圆盘式免耕播种机；按照处理秸秆方式不同，分为立辊式、旋刀式、指盘式防堵免耕播种机；按照排种器结构不同，可以分为外槽轮式、窝眼轮式、仓转式、转勺式、指夹式和气吸式免耕播种机等，如图 8-5 所示。

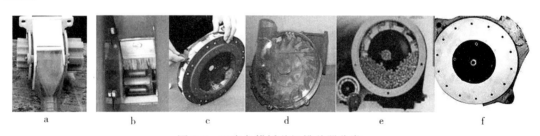

图 8-5　玉米免耕播种机排种器分类

a. 外槽轮式　b. 窝眼轮式　c. 仓转式　d. 转勺式　e. 指夹式　f. 气吸式

锄铲式开沟器常用在小麦秸秆切碎较短、土壤硬度较大的地块作业，是目前黄淮地区应用量较大的玉米免耕播种机开沟器形式。圆盘式开沟器主要用于小麦秸秆离田处理后的

地块作业，一般与指夹式排种器配合，实现玉米精准播种。

立棍式防堵装置主要用于小麦割茬相对较高的地块作业；旋刀式防堵装置主要用于切碎秸秆，避免秸秆影响播种质量。

排种器是玉米播种的核心部件，排种器形式不同，玉米播种的位置精度也不同。玉米能否实现精准播种，关键在于排种器与开沟器是否能配合应用。下面介绍典型排种器工作原理和特点。

1. 外槽轮式排种器　工作时外槽轮旋转，种子靠自重充满排种盒和外槽轮凹槽，槽轮凹槽将种子带出，实现排种，如图8-6所示。从槽轮下面被带出的方法称为下排种法。改变槽轮转动方向，使种子从槽轮上面带出排种盒的方法称为上排法。

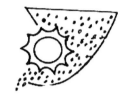

图8-6　外槽轮式排种器

特点及适用范围：槽轮每转排量基本稳定，其排量与工作长度呈线性关系。主要靠改变槽轮工作长度来调节播量。一般只需要2～3种速比，即可满足各种作物的播量要求。结构简单，容易制造，国内外已经标准化生产。对大小粒种子有较好的适应性。广泛应用于谷物条播，亦可用于颗粒化肥固体杀虫剂、除锈剂的排施。但对穴播要求较高的作物来说，播种精度低。

2. 窝眼轮式排种器　工作时，种子箱内的种子靠自重冲入窝眼轮内，当窝眼轮转动时，经刮种器刮去多余的种子后，窝眼内的种子沿护种板转到下方的一定位置，靠重力或由推种器投入输种管，或直接落入种沟，如图8-7所示。单粒精播时每个窝眼内要求只容纳1粒种子。

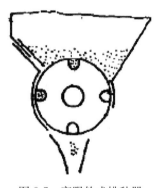

图8-7　窝眼轮式排种器

特点及适用范围：窝眼的型孔形状有圆柱形、圆锥形和圆弧形。为了便于种子充填、减少刮种时种子的损伤，型孔上带有前槽、尾槽或倒角。充种角越大充种路程越长，种子进入窝眼的机会越多，充填性能越好。窝眼轮线速度一般不大于0.2m/s。适用于播长、宽、厚差别不大的种子，以播球状种子效果最佳。清种装置不好时，易产生磕种现象，影响种子发芽出苗。

3. 仓转式排种器　仓转式排种器在排种过程中充分利用种子特性，实现重力充种、重力清种、重力排种，减少排种过程中的机械损伤。

仓转式排种器是在一个圆筒仓的周面上，均匀分布一些有活口开门的排种器，每个小排种器内部有在重力作用下工作的3个活门：即充种活门、清种活门和排种活门。工作时，滚筒内装适量（排种盘一半以下）种子，排种器随滚筒转动，排种器在每一转周内，受重力作用，其内部的渡种舌和护种舌随排种器所旋转的角度而摆动，先后经过候选、选取、清种、渡种、护种、投种6个过程，完成一个排种循环，如图8-8所示。主播玉米，兼播大豆、棉花、花生等作物。株距通过改变地轮与仓转轮传动比调节。

特点及适用范围：采用重力清种，取消了刮种器，不伤种子，可将种子浸泡或发芽后播种，确保苗全，又保农时。清种精度高，播量均匀稳定，节省种子、间苗少。采用"零速、等势"投种，穴距精确，同穴种子集中。零速投种就是投种速度抵消播种机前进速

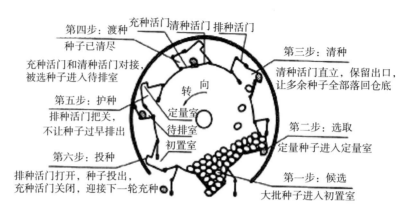

图 8-8　合转式排种器

度，种子垂直落入种沟，不再滚动和弹跳。

4. 转勺式排种器　转勺式排种器由勺轮、隔离板、投种盘等主要部件组成，如图 8-9 所示。工作时，转勺式排种器利用种子重力和形状尺寸，通过勺轮将单个种子从种子堆中分离出来，利用种子休止角特性，在勺轮与投种盘相通处从勺中滑落到排种盘中，随排种盘转动，落到种床中。目前，转勺式排种器是玉米免耕播种应用量最大的一种排种器。

图 8-9　转勺式排种器
a. 勺轮　b. 排种盘

特点及适用范围：充种和分离效果好，种子损伤小，适于大粒种子高速播种，单穴率高。株距调节通过改变转速比调整，但当需要改变穴粒数时，更换投种盘较麻烦。

5. 指夹式排种器　指夹式排种器工作时，当张开的指夹通过种子堆时，夹住 1 粒种子从种子堆中分离出来，夹持到内测盘种子室开口时，将种子投入。落到种子室的种子，随排种盘转动，落到种床中，如图 8-10 所示。支架盘转过一定角度时，指夹再次张开，准备再次取种分离。指夹式排种器是黄淮海地区玉米精量播种应用较多的一种排种器。

特点及适用范围：单粒率高，可达 97% 以上，分离可靠；整机作业速度高，可达 6～8m/s；价格高，有的指夹材料抗疲劳强度差，连续使用时间短。

6. 气吸式排种器　气吸式排种器利用的是真空吸力原理。当排种盘的吸种孔通过吸气室始端的种子室时，在两侧压力差的作用下，将种子吸附在吸种孔上。随着排种盘的转动，刮种器刮去吸种孔上多余的种子，只带一粒种子转到开沟器的上方，当吸种孔离开吸气道的末端后，负压消失，种子靠自重下落至开沟器开出的种沟内，如图 8-11 所示。

图 8-10　指夹式播种器

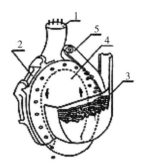

图 8-11　气吸式排种器
1. 气室　2. 吸气道　3. 种子室
4. 排种盘　5. 刮种器

特点及适用范围：通用性好，通过更换具有不同大小吸孔和不同吸孔数量的排种盘，便可适应各种不同尺寸的种子及株距要求。但气室密封要求高，结构复杂，易磨损。

第二节　常见免耕播种机

一、常见小麦免耕播种机

（一）破茬式免耕播种机

1. 凯斯 P2060 型免耕播种机　由凯斯纽荷兰（中国）管理有限公司生产的 P2060 型免耕播种机，一次性完成灭茬、开沟、施肥、播种、覆土、喷药等作业。该机型通过控制播种量、播种深度、中耕行距和种子与土壤接触程度进行窄行距作物的播种作业。整机高度集成，机架为折叠式，适用于大型农场作业，如图 8-12 所示。

主要技术参数：配套动力：400 马力①；刚性牵引式；作业幅宽：18.3～21.3m；播种行数：60～70 行；单体结构宽度：3.05～4.57m。

2. 中农机美诺系列 6115 免耕播种机　由现代农装北方（北京）农业机械有限公司生产

图 8-12　P2060 型免耕播种机

的 6115 系列免耕播种机，采用三圆盘式开沟播种机构，一次性完成破茬、开沟、播种、施肥、覆土、镇压作业。进口波纹圆盘犁刀，破茬能力强，坚固耐用，使用寿命长。双圆盘开沟器，能高质量完成种肥沟的开沟作业，满足不同播种深度的要求。零压橡胶空心镇

---

① 马力为非法定计量单位，1 马力≈735W。——编者注

压轮不易粘土，镇压限深效果好。良好的仿形功能，保证了播种深度的一致性。最大纯播种效率可达每小时21亩，通过性好，尤其适合一年一熟地区作业（图8-13）。

图8-13　6115免耕播种机

主要技术参数：配套动力：100马力；行距：19cm；播种行数：19行；作业幅宽：3.61m；种箱容积：0.96m³；肥箱容积：0.31m³；播种深度：0～8cm。

（二）小麦少（免）耕播种机

1. 奥龙2BMFS-200型免耕施肥播种机　由山东奥龙农业机械制造有限公司生产的2BMFS-200型免耕施肥播种机，主要由机架、苗带耕作总成、种肥箱、输种（肥）管、肥种开沟器、镇压轮等部件组成，可一次性完成旋耕、播种、施肥、覆盖、镇压、扶垄筑畦等多项作业。减少了拖拉机多次进地对土壤所造成的破坏。对作物的适应性广，既能播种小麦，也能播种玉米、大豆、高粱等其他作物。化肥深施，提高了化肥的利用率。实行宽苗带，大行距播种。有利于小麦的通风透光，增强抗倒伏的能力，提高作物的产量。行距可以调整以满足不同地区的农艺要求。也采用了主动切削形式切断杂草和还田茎秆，防止堵塞，防堵效果较好，开沟器不拥堵（图8-14）。

主要技术参数：行距：窄行10cm，宽行20cm；配套动力：70～80马力；播种行数：6行；最大播量：每亩30kg；播种深度：2～4cm；施肥深度：种子侧下5～6cm；刀轴转度：306r/min；作业速度：2～6km/h；作业幅宽：2m。

2. 亚奥2BMG-4/6免耕播种机　由西安旋播机厂生产的2BMG-4/6免耕播种机，可以实现联合作业，既可作为旋耕机、小麦条播机使用，也可作为玉米硬茬播种机使用，一次可完成旋耕、碎土、灭茬、开沟、施肥、播种、覆土、镇压多项农艺要求，如图8-15所示。播种小麦时，配备12cm宽幅播种器，使小麦群体结构得到合理调配，增强通风透光能力；播种机设有仿形限深轮，仿形效果好；开沟清茬总成采用多功能变速旋耕机构，

图8-14　2BMFS-200免耕施肥播种机

图8-15　2BMG-4/6免耕播种机

可实现小麦和玉米免耕播种和垄播、沟播等多种状态的播种要求。可在玉米秸秆直立地、秸秆粉碎地、根茬地播种小麦；也能在小麦根茬浮草地、秸秆粉碎地、根茬地播种玉米。

主要技术参数：作业幅宽：2.23m；配套动力：55~70 马力；作业速度：2~5 km/h；刀轴转速：251~326r/min；播种行数：小麦 6 行，玉米 3~4 行，化肥 3~6 行；种肥箱容积：92L；苗幅宽度：小麦 12cm，玉米 3~6cm。

3. 农哈哈 2BMFS-6/12A（8/16A）小麦免耕播种机　由河北农哈哈机械有限公司生产的 2BMFS-6/12A（8/16A）小麦免耕播种机，一次作业可完成碎秆、灭茬、开沟、施肥、播种、镇压等工序，是我国小麦免耕播种的主要机型（图 8-16）。适用于直立玉米秸秆或秸秆还田地直接播种小麦，也可以播种玉米。

主要技术参数：行距：窄行 10cm，宽行 20cm；播种行数：12（16）行；最大播量：每亩 30kg；播种深度：2~4cm；施肥深度：（种子侧下）5~6cm；作业速度：2~4km/h；作业幅宽：1.84（2.44）m。

4. 郓工 2BMFZS-12/6 型深松分层免耕施肥播种机　郓工 2BMFZS-12/6 型深松分层免耕施肥播种机主要由机架、变速箱、排种（肥）总成、深松机构、镇压总成等部件组成，如图 8-17 所示。机架上方安装变速箱和旋耕刀总成，旋耕刀总成位于悬挂支架的下方；变速箱的输出轴通过传动机构与旋耕刀的轴连接；变速箱的输出轴上安装传动轴，传动轴上安装偏心轴承，偏心轴承的外周安装连杆套；连杆套上安装连杆，悬挂支架上安装摆臂，摆臂通过摆臂轴与悬挂支架铰接；摆臂的一端与连杆铰接，摆臂的另一端安装松土铲；松土铲位于悬挂支架的下方，且位于旋耕刀的后方。它装有深松铲，可通过深松铲的摆动实现深松作业。该机能一次完成深松、旋耕、分层施肥、精量播种、镇压等工序，而且播种方式采取每支开沟器由两个排种器供种，苗带宽、不缺苗断垄、无疙瘩苗，小麦从播种到收获中间不用再追肥，省时省力，节能增效。

图 8-16　2BMFS-6/12A（8/16A）
小麦免耕播种机

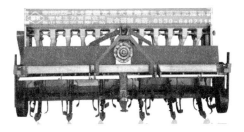

图 8-17　郓农 2BMFZS-12/6 型
深松分层免耕施肥播种机

主要技术参数：结构为悬挂式；排种器为外槽轮式；开沟器为圆盘式；深松机构为尖凿式；配套动力：60.3~73.5kW；深松铲数量：6 只；播种行数：12 行；施肥行数：12 行；播幅宽度：2.4m；深松深度：大于 25cm。

5. 大华 2BMF 系列免耕施肥播种机　山东大华机械有限公司生产的 2BMF 系列免耕施肥播种机，采用三角刀辊形式破茬部件，在秸秆残留地上对未耕地进行局部碎土，由镇压辊通过链条传动驱动排种排肥轴实现播种和施肥，播种开沟器采用大小行布置形式（图8-18）。具有整机刚性好、左右对称等结构特点，适用于有秸秆覆盖的小麦免耕播种作业。

图8-18　大华2BMF系列免耕施肥播种机

主要技术参数：行距：窄行10cm，宽行22cm；播种行数：12～16行；排种器为外槽轮式；作业幅宽：1.92～2.56m；排种（排肥）器驱动形式为镇压辊驱动；传动机构为链条；破茬清垄部件为三角直刀；播种器为弯管式；镇压器为整体对行铁轮；作业速度：2～5km/h。

二、常见玉米免耕播种机

1. 奥龙免耕深松多层施肥玉米精播机　山东奥龙农业机械制造公司生产的2BMSDFY-4型免耕深松多层施肥玉米精播机主要由机架、深松分层施肥铲、仿形机构、株距调节器、肥料箱、种子箱、转勺分离内侧囊肿精量排种器、开沟器、镇压轮等部件组成，如图8-19所示。深松分层施肥铲可将玉米全生育肥料按正态分布方式分层施到土壤中，中间施肥量大，顶层、底层施肥量少，不烧种；四边仿形机构保证播种深度一致，出苗整齐；深松铲后碎土轮，可弥合深松沟，细碎土壤，为播种创造良好种床；联体式变速株距调节器，株距调整方便，确保排种可靠；转勺分离内侧囊肿精量排种器可按种子密度要求，实现单粒精播，减掉人工间苗环节。

主要技术参数：4个平口凿式深松铲；作业幅宽：2.4m；深松深度：大于20cm；化肥箱容积：210L；施肥深度：10～20cm；播种行数：4行；播种行距：60cm；播种深度：2～5cm；玉米播种开沟器为圆盘式；机具重量：640kg；配套动力：90马力以上四驱拖拉机；工作效率为每小时6～10亩。适用于水肥条件较好的高产地块。

图8-19　奥龙免耕深松多层施肥玉米精播机

2. 大华玉米清茬免耕施肥精量播种机　山东大华机械公司生产的2BMYFC-4/4型清茬免耕精量播种机，主要由机架、清茬机构、仿形机构、种肥箱、种肥开沟器、镇压装置、传动装置等部件组成，如图8-20所示。该机与50～100马力拖拉机配套作业，主要用于非整地玉米播种，可条施晶粒状化肥，一次完成灭茬开沟施肥、开种沟、播种、覆土、镇压等项工序。整机具有独立中间变速箱，通轴清茬刀轴对种床进行清理；设计侧传动链条油箱结构，解决了链条易损问题；肥箱采用不锈钢结构，抗腐蚀性好；清种精度高，播量均匀稳定、省种，免除间苗环节；采用"零速"低位投种，穴距精确，苗距均匀；多档次可选株距，可播不同密度品种；种行清洁无草，促进苗齐苗壮，个体优势能充分发挥，玉米生长旺盛；增加防缠机构，不易堵塞，通过性好；开沟器入土性能好，工作阻力小，耐磨抗冲击，安装方便易更换。适于秸秆处理较差的平坦地块作业。

主要技术参数：采用勺轮式排种器，齿轮＋万向节＋链条式传动方式，锄铲式或尖铲式开沟器，245型旋转直刀清茬机构；清茬深度：小于3cm；种行秸秆清洁率：大于70％；播种、施肥行数：各4行；行距：60cm，株距：13～30cm，可调；播幅：2.4m；播深：2～5cm。

图 8-20　大华清茬玉米免耕施肥精理播种机

3. 工力玉米深松免耕施肥精播机

郓城县工力有限公司生产的 2BMYFS-4/4-4 型玉米深松免耕施肥精播机，主要由机架、变速箱、深松施肥铲、肥料箱总成、种子箱、排种器、开沟器、镇压轮等部件组成，如图 8-21 所示。该机型主要结构特点是采用了振动式深松施肥机构。作业时，拖拉机通过动力输出驱动振动装置，使深松铲在作业时产生振动，具有消耗动力小、动土体量大、地表平整等特点。

图 8-21　玉米深松免耕施肥精播机

工力 2BMYFS-4/4-4 型玉米深松免耕施肥精播机装配 4 个振动深松铲，作业幅宽 2.4m，深松深度大于 20cm，施肥深度 10～20cm，播种玉米 4 行，播种行距 60cm，播种深度 2～5cm，配套动力 90 马力以上四驱拖拉机，工作效率每小时 6～9 亩。适用于水肥条件较好的高产地块。

4. 德农气吸式玉米免耕精量播种机

山东德农农业机械制造有限公司生产的气吸式玉米免耕精量播种机有 2 行、4 行、6

行、8行、12行系列产品，4行以下产品可装配深松施肥铲。现以4行玉米深松施肥播种机为例介绍如下。

2BMQYFS-4/4-4气吸式深松免耕施肥播种机主要有机架、深松施肥铲、肥料箱、仿形机构、种子箱、开沟器、镇压轮、风机及管道、排种器、株距调节机构等部件。机架采用加强型方钢管，每个单体播种机装配在方钢管上，结构紧凑，机组转弯半径小；深松施肥铲可按照玉米生育期需肥量，均匀施于土层中；整机采用四边仿形和开沟器限深双仿形机构，确保玉米播种深度一致，玉米出苗整齐；选用螺旋线式离心风机，确保负压室吸力均匀稳定，避免漏播重播；圆盘式开沟器，使种子在种床不再跳动，玉米株距均匀一致；气吸式排种器，实现高速精量播种，减少间苗环节；压力可调式斜镇压轮，保障足够的镇压强度，并为种子形成"硬床软被"，利于出苗全苗。

2BMQYFS-4/4-4气吸式深松免耕施肥播种机深松、播种行数为4行，深松、施肥深度20cm以上，施肥、播种传动方式为地轮链条组合式，播种深度3～5cm，肥种间距大于5cm，行距55～65cm，可调，配套动力95马力以上拖拉机，工作效率每小时6～12亩。6行以下播种机适于小规模土地播种作业；多行宽幅播种作业适于大规模土地播种作业。

5. 颐元玉米施肥精量播种机

山东庆云颐元农机制造有限公司生产的2BYF-4型玉米施肥精量播种机主要有机架、肥种箱、排种器、开沟器、镇压轮、仿形装置、变速箱、清茬装置等部件。具有清理秸秆残茬、仿形开沟、精量播种、覆土镇压、化肥深施等功能。该机采用平面弯刀式苗带清理装置，可将玉米苗带处小麦秸秆残茬进行清理，为玉米播种创造良好的环境，利于玉米生长发育；肥、种尖铲式开沟器前后、左右分置，实现了肥种分施，避免秸秆缠绕和化肥烧种；该机采用浮动牵引及单体四边仿形装置，保证各行玉米播深一致，出苗整齐；排种器采用转勺分离式，确保玉米播种单粒精播，减掉了玉米间定苗工序。

主要技术参数：采用悬挂式结构，转勺式排种器，外槽轮排肥器，破茬刀与凿式复合开沟器；播种、施肥行数：4行；行距：50～70cm，可调；配套动力：18～50马力拖拉机；结构质量：240kg；作业速度：大于4～5km/h。适用于黄淮海小麦-玉米一年两熟区玉米免耕播种。

第三节 免耕播种机械的现状与发展趋势

一、国内免耕播种机械研究现状

1. 小麦免耕播种机 2002年，中国农业大学研制的2BMF-6小型小麦免耕播种机，与11～13.3kW小型拖拉机配套，采用双排梁结构，同一排梁上的开沟器间距达到30～40cm，增加了梁之间的距离；种肥采用同一个开沟器，较好地解决了防堵和种肥分施问题。目前，该种机型已在一年一熟地区的小麦和莜麦等免耕播种中大量采用。

2BMFS型免耕覆盖施肥播种机是中国农业大学、河北农机局等单位的国家"十五"科技攻关成果。该机采用加装旋转刀具的种肥开沟器，可在直立玉米秸秆或秸秆粉碎还田地免耕播种小麦，同时也可在高麦茬地播种玉米。其秸秆切碎能力和防堵塞能力强，种肥开沟器沿前进方向向后排列，减少开沟器堵塞，提高了机具的田间通过性。

2. 玉米免耕播种机　2002 年，中国农业大学研制的 2BMF-4C 轮齿拔草式玉米免耕播种机，采用"垂直切草盘＋轮齿式拔草器"，排堵能力强，且土壤扰动量小；尖角铲式开沟器开出的沟形窄，入土性能好，可自动回土，结构简单；肥种垂直分施，间距在 5cm 以上，满足大施肥量且不烧伤种子的要求。该机采用平行四边形单体仿形，改善了播深均匀性，适于一年一熟玉米种植区使用。

2003 年，沈阳市长青通用机械厂研制的 2BQM-3 型免耕施肥气吸精密播种机，配套动力 9.6kW，机器前方安装驱动式破茬器（圆盘式切草轮），由拖拉机驱动，作业时可将秸秆切断，在高留茬秸秆还田地块具有较好的防堵性能。

辽宁省农机所研制的 2BQMS-2 型免耕坐水气吸播种施肥机与 11～13.2kW 动力配套，设有铲式破茬器，先在未耕翻的表土上破茬开沟，消除苗带表层干土及残茬，在残茬防护装置保护下分别开沟、施肥、注水与播种，种肥分开，适于免耕坐水施肥播种。

二、免耕播种机械改进建议

免耕播种机的设计要走技术引进与自主开发相结合的道路。目前，国外已有系列化的保护性耕作机器，作业效果好，效率高，适合规模作业，但国外机器成本偏高，只能适量引进。与此同时，还应自主开发改进一些技术。播种机设计要在两方面下功夫：一方面对已有机器进行不断的改进和完善，解决田间通过性问题；另一方面要消化吸收国外同类机型先进技术，自主研发，大胆创新，设计出适合我国国情的免耕播种机。我国现已成型的玉米与小麦免耕播种机大都是小型的，虽适合山地、丘陵小地块使用，但对于黑龙江垦区面积较大的地块来说却不适合，因此还要加大力度研制与大功率拖拉机配套的高效和多用途的免耕播种机。时值我国保护性耕作技术得到党和政府大力支持及人们广为接受的今日，在我国北方旱地农业生产中普及应用保护性耕作技术，免耕播种机是核心，而防堵问题又是制约免耕播种机大面积推广应用的一项技术难题。纵观国内外免耕播种机防堵技术的研究状况，我国免耕播种机防堵技术的研究应着手以下几方面的研究：

一是找准免耕播种机防堵技术的切入点，加强免耕播种机防堵部件的性能和原理的研究，改进和完善试验手段和方法。

二是加强免耕播种机防堵技术与作业工艺措施有机结合。多年的保护性耕作试验研究表明单纯依靠机具本身难以解决免耕播种机的防堵问题，还应紧密结合播种作业的工艺措施如整秆免耕、碎秆免耕、立秆免耕和碎秆深松等技术措施，以完善免耕播种机的适应性，有效提高通过性和播种质量。

三是加强作物残茬的几何特性和机械特性的基础研究，根据不同作物的机械和几何特性探讨切割条件、切割方式和切割功耗，以选择相应的切割部件和防堵方式。

四是以降低投资成本，提高机具利用率为目标，实现免耕播种机防堵装置的通用化，如用一台两用免耕播种机同时解决小麦和玉米的播种作业，以提高免耕播种机播种质量和生产效率，加快旱地农业保护性耕作技术的推广应用。

三、免耕播种机械的发展趋势

从国外发展经验看，将来播种机的发展方向主要是高速、大型、智能化、通用性及机电一体等。随着我国经济实力的不断提升、国家政策的扶持、大马力拖拉机及动力机械的迅速发展，以及高新技术不断引进到农业生产环节和农业机械化领域，在借鉴国外经验的基础上，我国也必将在高速高质、大型复式、作物通用、机电一体化等方面发展。

结合我国国情自行开发设计适合我国农业生产特点的中、小型免耕播种机防堵装置，无论是主动式还是被动式防堵装置，应加强防堵装置对秸秆覆盖量适应性的研究。以节约能耗为出发点，减少功率消耗，并提高安全性能、可靠性能等。由于我国实行家庭联产承包责任制，田地划分比较细致，所以，在我国需要小型的免耕播种机较多，结构简单，可靠性强，防堵与防缠草装置设计科学合理，免耕播种机的理论知识也有待研究，尤其是旋播机对秸秆抛撒运动规律和运动轨迹的研究，以降低功耗，改善防堵装置的设计。

党的十八大以来，随着土地承包责任制的完善、城乡二元化差距的缩小，土地大部分要流转给大的承包户，这样种田就对大型的农机具提出新的要求，尤其是免耕播种机要向大型号发展，作业效率也要相应提高。联合作业的功能也要加强，已经出现的有旋播机、深松播种联合作业机、药剂喷洒播种联合作业机等。

另外，从国外发展精密播种和大量采用液压技术、光电检测装置以及采用 3S 系统，针对不同地块、不同土壤肥力进行变量播种等的发展趋势看，节约农业、精确种植已经逐渐向我们走来。我们应当有所准备，加紧研究更加先进的免耕播种机，为提高我国农业的综合效益，创造条件。

第九章

山东省粮食产业提质增效的策略

第一节　新形势下山东省粮食产业提质增效的对策研究

我国是一个有着 10 多亿人口的大国，解决人民群众的吃饭问题始终是关系国计民生的头等大事。山东作为全国 13 个粮食主产省之一，2003 年以来，在国家一系列扶持粮食生产发展的政策激励下，在全省上下的共同努力下，粮食连年增产，总产连续 4 年保持在 450 亿 kg 以上，为全省乃至全国经济社会持续健康发展作出了重要贡献。近年来，粮食生产形势发生了巨大变化，在消费带动和国内外粮价倒挂的影响下，全国出现了粮食增产、库存增加、进口同时增多的新情况，同时又面临着农产品价格"天花板"封顶、生产成本"地板"抬升、资源环境"硬约束"加剧等新挑战，粮食生产发展空间受到多重挤压。作为农业发展的基础，山东省粮食生产能否保持稳定发展，直接关系到整个农业的转型升级，关系到全省农业现代化的稳步推进。要解决好粮食生产面临的问题，就必须在粮食产业提质增效上狠下功夫。

一、粮食生产发展现状

1. 粮食生产稳定发展　从过去 10 年看，山东省粮食播种面积、单产、总产均呈增长趋势。2015 年，粮食播种面积 11 238.15 万亩，比 2005 年增长了 1 170.15 万亩，增 11.6%；亩产 419.35kg，比 2005 年增长了 30.25kg，增 7.8%；总产达到 471.27 亿 kg，比 2005 年增加了 79.57 亿 kg，增 20.3%。在这 3 项指标中，粮食总产量指标最为稳定，从未出现过减产年份；粮食单产波动较大，但总体仍呈增长趋势；粮食播种面积在 2007—2008 年有所下降，自 2009 年国家提出"保护 18 亿亩耕地红线"的目标后，全省粮食播种面积一直稳定增长。

2. 粮食产区进一步集中　从区域结构看，粮食生产进一步向主产区集中。2014 年，全省粮食播种面积在 500 万亩以上的市有 10 个，其中菏泽、德州、聊城、潍坊、临沂 5 市粮食播种面积均超过了 1 000 万亩，面积总和占到全省粮食播种面积的 51.7%；产量超过 25 亿 kg 的市有 10 个，其中德州、菏泽、聊城、潍坊、济宁 5 市粮食产量均在 45 亿 kg 以上，产量总和占到全省粮食总产的 52.3%；全省有 51 个县粮食产量超过 5 亿 kg。

3. 粮食种植结构趋于稳定　山东省粮食作物主要是小麦和玉米，2014 年播种面积分别占到全省粮食总面积的 50.3% 和 42%，产量分别占到粮食总产量的 49.3% 和 43.3%。

其他粮食作物有水稻、大豆、薯类等，这些作物的播种面积和产量均分别占粮食作物的7％以上。小麦作为山东省主要口粮，播种面积自2006年以来一直稳定在5 000万亩以上，产量自2008年以来一直保持在200亿kg以上。

4. 生产基础设施日益完善　近年来，通过大力实施粮食高产创建、千亿斤粮食生产能力建设、农业综合开发、中低产田改造、小农水重点县建设、土地综合整治等工程项目，粮食生产基础设施不断完善。据统计，2014年，全省共有水库6 424座，其中大型水库37座、中型水库207座、小型水库6 180座。全省耕地有效灌溉面积达7 600多万亩，农田灌溉水有效利用系数达到0.626。

5. 科技支撑能力显著增强　先后培育审定了小麦、玉米等粮食作物新品种百余个，主要粮食作物良种覆盖率达到98％以上。粮食高产栽培技术得到大面积推广应用。2014年，全省小麦、玉米双季秸秆还田面积达到9 000万亩以上，占播种面积的近90％，比2003年翻了一番；小麦精量半精量播种面积3 890万亩，比2003年提高了近20个百分点，小麦宽幅精播面积1 600多万亩，近几年每年面积增加都在200万亩以上；小麦"一喷三防"基本实现了全覆盖。玉米"一增四改"技术推广面积3 800万亩，比2003年翻了两番，"一防双减"面积每年推广200多万亩。2014年，山东省农业科技贡献率达到60％以上。

6. 机械化水平显著提高　2014年，全省农机总动力发展到1.31亿kW，比2003年增加0.48亿kW，增长57.8％；拖拉机248.6万台，比2003年增加65.6万台，增长35.8％；联合收获机达到25.6万台，比2003年增加18.7万台，增加了3倍多。全省小麦机播、机收率均达到98％以上，玉米机播、机收率分别达到95.3％和83％，主要粮食作物生产基本实现"全程机械化"。

7. 粮食生产经营主体多元发展　随着粮食产业组织方式的深化调整，全省粮食生产经营主体呈现多元并存、共同发展的局面，主要有种粮小农户、种粮专业大户、种粮家庭农场、粮食生产合作社四大类。从目前发展态势看，后3种经营主体处于快速成长期，2014年，种粮专业大户数量和粮食生产合作社在数量上分别比2012年翻了2.58倍、2.49倍；家庭农场中从事种植业的占比达到84.2％，种养结合占比9.9％。

山东省粮食连续13年增产，为全省农业转型升级打下了坚实基础，也为粮食生产自身优化调整、提质增效提供了保障。

二、当前粮食生产发展面临的形势

当前，我国农业正处于由传统农业向现代农业跨越的关键时期，粮食生产发展的机遇和挑战并存。一方面党中央、国务院对保障国家粮食安全高度重视，做出了一系列重要论述，提出了新时期粮食发展战略；另一方面由于农业已总体进入高成本、高风险，资源环境约束趋紧、青壮年劳动力紧缺的"双高双紧"阶段，粮食生产面临诸多挑战。如何成功把握粮食生产发展机遇、有效应对挑战，对山东省粮食产业转型升级、提质增效至关重要。

（一）机遇

一是党中央、国务院对保障国家粮食安全的认识提升到新的高度。党的十八大以来，党中央对国家粮食安全高度重视，对国家粮食安全形势作出了科学判断，明确提出了要构建"以我为主、立足国内、确保产能、适度进口、科技支撑"的国家粮食安全战略。习近平总书记强调，"中国人的饭碗任何时候都要牢牢端在自己手上""我们的饭碗应该主要装中国粮"。党中央、国务院对国家粮食安全形势的正确判断和重要论断，为粮食生产稳定发展打下了坚实的政策基础。

二是国家发展粮食生产的政策措施更加有力。为稳定发展粮食生产，从 2019 年开始国家着手对粮食补贴政策进行改革调整，在包括山东省在内的 5 个省份开展了农业补贴政策"三补合一"改革试点，以期更好的发挥国家补贴政策的激励作用。国务院发布《关于建立健全粮食安全省长责任制的若干意见》，进一步明确粮食安全省长负责制，并制定了《粮食安全省长负责制考核办法》，在增强粮食可持续生产能力、保护种粮积极性、增强地方粮食储备能力、保障粮食市场供应、确保粮食质量安全、落实保障措施等 6 个方面对各省进行考核。

三是山东省委、省政府对粮食生产高度重视。省委、省政府历来高度重视粮食生产，出台了一系列支持粮食生产稳定发展的政策措施。特别是近年来，省委、省政府不断加大对千亿斤粮食生产能力建设、高标准农田建设、农业综合开发等农业基础设施建设项目的投入力度的同时，2013 年又在全省启动实施了粮食高产创建示范方建设、耕地地力提升工程等，进一步提升了全省的粮食产能。2014 年，省委、省政府将 17 个市的粮食产量指标纳入省科学发展综合考核体系，连年进行考核，对全省粮食生产稳定发展发挥了重要推动作用。

（二）挑战

一是国际市场对粮食生产的影响日益加剧。我国加入世界贸易组织（以下简称WTO）以来，国际市场对我国农业生产的冲击不断加剧。在粮食生产方面，大豆作为我国入世之初最早全线放开的农产品，整个产业正在遭受国际企业和国际大豆主产国垄断的危机，全国大豆种植面积全面萎缩。山东省作为大豆生产大省，历史上大豆种植面积曾达到 3 300 多万亩，但目前已萎缩到 224 万亩。近年来，随着我国农业生产成本的"地板"不断抬升，人工、农机作业等生产性服务费用上涨很快，国内农产品价格和农业补贴"黄箱"政策也基本到了"天花板"，农产品原有的传统优势在逐步降低。从 2014 年开始，我国粮、棉、油、糖、肉等主要农产品国内市场价（批发价或到港价）已全面高于国外产品配额内进口到岸税后价，有些产品一度高于配额外进口到岸税后价，导致国外廉价农产品大量进入我国，对粮食产业的影响已经初步显现，可能将对整个粮食产业造成较大冲击。

二是资源环境约束日益趋紧。山东省是资源环境约束偏紧的省份，农业资源开发利用强度大，粮食增产的各种支撑要素已经绷得很紧。从耕地资源看，人多地少，人均耕地仅有 1.16 亩，低于 1.35 亩的全国平均水平，有 6 个市的 47 个县（市、区）人均耕地低于联合国粮食及农业组织规定的 0.8 亩警戒线。从淡水资源看，农业用水资源匮乏，人均水资源仅为全国平均水平的 14.7%，亩均水资源仅为 16.7%。黄河下游来水量呈减少趋势，近年平均来水量比多年平均水量减少 42.4%。全省地下水开发利用率达 95%，在鲁西北、鲁西南、鲁中地区出现地下水漏斗区。长期采用大水漫灌的灌溉方式，水资源利用率低，浪费严重，平均水分生产率仅 $0.8kg/m^3$。从生产环境看，每年农药、化肥折纯用量分别约为 2.55 万 t 和 470 万 t，有效利用率仅为 30%～40%，均是发达国家利用率的一半左右；不可降解塑料地膜残留严重，全省年地膜用量 13.9 万 t，残留率为 20%～30%；畜牧养殖废弃物不当排放，污染物的贮运和处理能力仍然不足。这些都给农业稳定持续发展带来严峻挑战。

三是农村经济社会结构发生深刻变化。伴随工业化、城镇化、信息化的深入推进，山东省农业农村发展正在进入新的阶段，呈现农村社会结构加速转型、城乡发展加快融合的态势。农户兼业化、村庄空心化、人口老龄化日趋明显，一些地区农村劳动力外出务工比重高达 60%～70%，在家务农的劳动力平均年龄偏大，农村劳动力结构性短缺问题日益突出，谁来种地、地怎么种的问题十分突出。

三、粮食生产提质增效存在的主要问题

1. 农田基础设施仍然比较薄弱　多年来，各级财政对农田水利基础设施建设的投入力度不断加大，全省粮食生产条件得到了较大改善，但与生产实际需求相比，山东省农业基础设施仍然比较薄弱。据不完全统计，全省小型农田水利老化失修的比重达到 40% 以上，特别是鲁西平原区，部分河道泄洪能力下降 50% 以上，部分河段甚至达到 70% 以上。部分新建农田水利设施，也存在建设标准不高、缺乏管护等问题。全省现有 1 亿亩耕地中，无水浇条件的旱地面积 2 500 多万亩，还有 1 500 万亩在正常年份下达不到充足灌溉条件，这部分地块基本上是靠天吃饭，遇旱则大幅度减产，甚至绝产。

2. 粮食品种结构比较简单　以小麦为例，小麦是山东省的主要口粮，对确保粮食安全至关重要。但近年来，种粮效益偏低的问题较为突出，直接影响粮食生产的稳定发展。随着人民生活水平的不断提高，适用于面包、面条、蛋糕等食品加工的优质强筋、弱筋小麦的需求量不断增加，部分优质专用小麦大量依靠进口，自给率较低。山东省是优质强筋、中筋小麦最适宜种植区域之一，中筋小麦种植面积占到全省小麦总面积的 95% 以上，但种植效益较高的强筋小麦，种植面积只有 230 万亩左右，仅占全省的 4.5% 左右。目前，在全省种植的强筋小麦，主要有济南 17 号、烟农 19、师栾 02-1 和州元 9369 4 个品种，高产优质种质资源储备比较薄弱。

3. 农业机械化水平还需进一步加强　近年来，山东省农业机械化保持了高速发展的良好态势，农机装备结构显著优化，农机作业水平大幅提升，粮食生产机械化水平居全国前列。但也应当看到，山东省粮食生产机械化还存在很多薄弱环节。在农机装备方面，大型动力机械仍然偏少。据统计，2014 年，山东省共有拖拉机 248.57 万台，其中 14.7kW 以上的大中型拖拉机仅有 51.84 万台，仅占拖拉机总数的 20%。大型动力机械偏少导致深耕深松等部分粮食生产关键措施难以落实到地，制约了耕地质量的提升。在农机农艺结合方面，目前仍然没有形成农机农艺结合有效的工作机制，粮食生产很多关键环节农机农艺结合还不够紧密。

4. 规模化经营尚处于起步阶段　为有效破解小农户分散经营与社会化大生产之间的矛盾，各地都在积极推进土地流转、发展农业规模化经营，江苏、浙江等地的土地流转率已超过 40%。山东省粮食种植主要是以家庭为单位小规模分散种植，生产效率低，抗风险能力差。虽然近年来种粮大户、种粮家庭农场等新型经营主体发展迅速，但全省经营土地在 50 亩以上的农户仅 1.74 万户，耕地面积仅占全省的 2.87%。同时，受种粮效益低等因素影响，流转后的土地"非粮化"现象比较普遍。据统计，2014 年山东省农业产业化组织中，粮食产业化组织只占全省总数量的 15.3%；农民专业合作社中，从事粮食产业的仅占 19%，这与农业大省地位是不相符的。

5. 社会化服务体系尚不完善　目前，山东省农业社会化服务体系建设还处于初级阶

段。农业公共服务机构比较薄弱，体制不顺、机制不活、队伍不稳、保障不足等问题比较突出。农机、植保、灌溉等专业化服务组织和供销、邮政等行业性服务组织数量少、规模小，服务内容和覆盖面不能满足生产需要。中介服务组织不健全，粮食储藏、销售、加工等服务滞后，容易造成流通不畅，不能实现优质优价，影响了种粮收益。

6. 粮食品牌化建设还比较滞后　近年来，山东省高度重视农产品品牌化建设，涌现出了烟台苹果、马家沟芹菜、大泽山葡萄等全省乃至全国的知名品牌，烟台苹果的品牌价值甚至超过了百亿元。但在粮食品牌建设方面，总体上还比较落后，知名粮食企业和品牌均较少。据统计，2013 年年底，全省农业龙头企业中，与粮食产业有关的企业有 1 928 家，仅占总数量的 21.2%，实现产值 4 221 亿元，占总产值的 30%，且其中大多数企业对粮食的加工不深不精，打造的粮食品牌多而杂，核心竞争力不强。

四、推进粮食提质增效的对策

1. 加强生产条件建设，不断提高粮食抗灾减灾能力　近年来，山东省干旱、洪涝、风雹等自然灾害以及病虫草害多发、重发，在对粮食产量造成较大损失的同时，也直接影响了粮食品质，拉低了粮食价格，减少了农民种粮收益。推进粮食提质增效，首先要在加强粮食生产条件上下功夫。一方面，要不断完善田间基础生产设施。以国家在山东省开展涉农项目资金整合试点工作为契机，加大项目资金整合力度，针对当前农田基础设施建设项目投资分散，标准不一，设施建设不完善、不配套等突出问题，制定全省统一的基础设施建设规划，按计划、分阶段稳步推进，解决好投资分散、重复实施问题。制定全省统一的农田基础设施建设标准，确保水、电、路、林、桥（涵）等设施设计科学、配套合理。同时，建立完善的田间设施管护机制，明确设施管护责任主体，确保设施长期可用。另一方面，要加强农业防灾减灾体系建设。整合水利、农业、气象、媒体、通讯等部门和单位的力量，完善相关设施设备，拓宽信息发布渠道，逐步建立起具有较大覆盖面的农业气象灾害预警体系。大力开展面向新型农业经营主体的直通式气象服务，指导新型农业经营主体合理安排生产，减轻灾害影响和损失，提升生产经营效益。完善农村基层气象防灾减灾组织体系，在市、县制定完善农业防灾减灾应急预案的同时，在乡镇、村明确专人负责气象灾害信息的分发、传递和抗灾减灾组织工作，最大限度减少灾害损失。进一步加强病虫害监测、预警、防控体系建设，及时发布监测预警信息，强化技术指导和服务，组织农户、专业化服务组织等科学防控病虫害，防止重大病虫害的传播和蔓延。

2. 合理调整小麦品种结构，推进产品优质优价　针对粮食提质增效问题，对滨州市泰裕麦业有限公司进行了调研，泰裕麦业通过发展订单农业，带动 25 万户农民种植师栾02-1 等强筋小麦，面积达到 100 多万亩。企业收购强筋麦，每千克价格要高出普通小麦价格 0.2～0.3 元。如按照平均亩产 500kg 计算，农民亩均可增收 100～150 元，100 万亩强筋麦在不增加任何投入的情况下，每年可带动农民增收 1 亿元左右。可见，优化调整品种结构、推动产品实现优质优价是推动粮食提质增效的有效途径。一是突出抓好优质强筋小麦良种的繁育和推广工作。应按照市场需求为导向，支持育种企业、科研院所等加快优质专用小麦的育种步伐，尽快培育出适合山东省生态条件和生产发展高标准品种，为企业、新型生产经营主体和农户等提供适销对路的优质专用小麦品种。二是突出搞好小麦品种种植区域规划。根据优质专用小麦品种、品质的不同生态适宜性，科学进行区域布局。山东省优质强筋小麦适宜种植区域主要位于胶东和鲁中等地区，应支持这些优势产区大力发展优质高筋小麦，建立优质高筋小麦种植基地，使产品达到优质高效目的。三是突出抓好高产栽培技术的集成组装和推广。目前，山东省优质专用小麦生产普遍存在优质不高产的问题，要加强对优质专用小麦品种高产栽培技术的集成组装和推广，强化对新型生产经营主体、农户等的技术指导和培训，实现高产高效。四是突出抓好粮食加工企业的培优扶强。发展优质专用小麦，必须要有良好的销售渠道。目前山东省专用小麦发展，主要依靠企业带动，发展订单农业。应通过政策扶持等措施，支持粮食加工企业向精、深加工方向发展，鼓励其通过"企业＋基地＋农户"或"企业＋合作社＋农户"等方式，不断扩大优质专用小麦订单规模，实现小麦优质优价。

3. 大力推行全程机械化，全面提高生产效率 农业机械化是现代农业的基础和标志。目前山东省粮食生产机械化已经达到了一个较高的水平，但农机农艺融合不紧密，先进、大型农机的研发和应用滞后等问题还不同程度存在，需要进一步加大工作力度。一是继续强化农机农艺融合。在农机农艺研发阶段，农业技术的集成组装要充分考虑机械化生产发展要求，将农机适应性作为科研育种、栽培模式组装和推广的重要指标。农机研发要紧密结合当前农业主推技术，针对玉米机收、病虫害防控等薄弱环节，开展技术攻关，提高农机的适用性、便捷性、精准性和安全性。在应用阶段，要制定科学合理的机械作业规范和农艺标准，下大力气抓好农机手培训，加强农机作业监管，确保现有先进技术落实到田。二是要大力发展大型动力机械、联合作业机械等先进农机。依托农机购置补贴政策的实施，加大对大型动力机械、联合作业机械等先进农机的补贴力度，鼓励种粮大户、农民合作社、家庭农场购置适应现代化发展的先进农机，扩大耕作、播种、施肥、收获等作业新机具覆盖面，推进粮食作物生产全程机械化，真正发挥机械化生产的威力。三是要大力推广应用新型植保机械。目前，山东省开展病虫害防治作业，还是以人工背负式喷药器械为主，作业效率低、局限性大，如防护措施不到位容易对人体健康造成损害。应加大对新型生产经营主体、植保专业服务组织等的政策资金支持力度，鼓励其积极购置无人直升机、自走式喷杆喷雾机、弥雾机等新型植保机械，为种粮农户提供专业化的植保服务，不断提高防治效果与效率，减少农药用量，增加经济效益。

4. 集成推广绿色增产技术，逐步减少成本投入 据中国农业科学院、山东省农业科学院和德州市合作开展的玉米绿色增产增效技术模式攻关数据显示，通过集成高产栽培技术，推行节水、节肥、节药措施，1 000多万亩玉米实现了增产10％以上，节省成本10％以上、增效10％以上。据武城县为民粮棉种植合作社理事长李庆双介绍，2014年他拿出500亩地作为小麦绿色增产示范，经过中国农业科学院专家测产，最高亩产达到747kg，创下当地小麦产量的新纪录。在节约成本上，仅应用绿色防控技术防治病害一项就节省了1万元。另外，应用大机械复合作业，每亩地节省了人工成本和单一机械成本约100元，500亩就省了5万元。成本减少了，小麦的产量还增加了，这一增一减，效益就出来了。实践证明，大力推广绿色增产技术，不但可以增加粮食产量、实现节本增效目标，更重要的是可以推动粮食生产可持续发展，是推进粮食提质增效的重要途径之一。应突出抓好以下几个方面的工作：一是大力开展粮食绿色增产模式攻关。主要是在"三推"（推广高产高效多抗新品种、推广规模化标准化机械化的栽培技术、推进耕地质量建设)、"三控"(控肥、控药、控水)和"五个优先"(良种良法配套优先、农机农艺融合优先、安全投入品优先、物理技术优先、信息技术优先)等方面开展技术模式攻关,为区域性、大规模推广绿色增产模式提供技术支撑。二是大力示范推广节水、节肥、节药等绿色增产新技术、新设备。结合现代农业示范区、粮食高产创建示范方建设等,在每一个示范区、示范方内都要设立绿色增产技术示范区域,集中示范应用各类粮食作业新机具,展示水肥一体化等节水、节肥、节药新技术、新设备,示范带动周边区域粮食生产向绿色化、可持续方向发展。三是加大对绿色增产技术应用的补贴力度。结合农业支持保护补贴、良种良法配套技术推广与服务专项等政策项目的实施,对农民、新型生产经营主体等应用绿色增产新技术、新设备给予一定补贴,充分发挥好政策、资金的引导作用。

5. 鼓励发展适度规模经营,向规模生产要效益　据调查,适度规模经营可给农民带来三大直接实惠。一是通过将小地块整合为大地块,可较大幅度降低机械作业、病虫害防治成本。二是规模经营有利于土地统一平整、土壤统一改良,更便于良种良法先进配套技术的应用和推广,能有效增加单产。三是通过土地集中连片,可减少不必要的田埂和沟渠,节约耕地。通过调查可以看出,加快土地流转,发展适度规模经营是提高种粮效益的重要手段,应从以下两个方面加大工作力度。一方面,要加大对适度规模经营的扶持力度。相关研究表明,经营的耕地面积越大,管理成本越高,容易导致粗放经营,导致粮食产量下降。土地经营规模的务农收入相当于当地二、三产业务工收入的,土地经营规模相当于当地户均承包土地面积10~15倍的,比较适合多数地区的生产需求。据统计,山东省城镇私营单位行业平均工资为35 000元左右,农民种植小麦、玉米两季亩均纯收益为387.9元。如按照土地经营规模相当于当地户均承包土地面积10~15倍的方式计算,山东省规模经营的种粮面积应在100~150亩,种粮合作社可以适当增加。应加大对种粮规模在100~200亩的新型粮食生产经营主体的政策、资金方面的扶持力度。首先要保障其流转土地后的合法权益,鼓励其放心在流转土地上加大投入。其次要支持其采用新设备、新技术发展粮食生产,节约生产成本,增加粮食产量,提高种粮收益。另一方面,要加快体制机制创新。加快推进基层土地流转服务平台建设,建立健全土地流转市场和服务体系,为土地流转提供保障。结合农业补贴"三补合一"改革,稳步推进土地经营权抵押、担保试点,推动组建以政府出资为主、重点开展农业信贷担保业务的融资性担保机构,加快构建覆盖全省的农业信贷担保服务网络。继续发挥农村金融机构定向费用补贴和县域金融机构涉农贷款增量奖励政策的引导作用,鼓励金融机构加大对适度规模经营的支持力度。采取贷款贴息、风险补偿、融资增信、创投基金等方式,帮助适度规模经营主体拓宽融资渠道,降低融资成本。进一步完善农业保险大灾风险分散机制,有效提高对适度规模经营的风险保障水平。

6. 大力推进粮食品牌化战略,努力提高产业化经营水平　党中央、国务院高度重视农产品品牌建设,习近平总书记指出"要加强品牌建设,积极争创名牌,用品牌保证人们对产品质量的信心""推动中国产品向中国品牌转变"。2014年和2015年,山东省连续两年的1号文件,都明确提出要"实施品牌引领战略"。山东省农业厅厅长多次在重要会议上对农产品品牌建设进行重点强调。山东省是粮食生产大省,在"大粮食、大流通、大市场、大产业"的多元化粮食市场主体竞争格局下,加快粮食产业发展,做大做强粮食企业，整合品牌资源，打造强势品牌，全面实施和推进粮食名牌战略，对推进粮食产业提质增效、转型升级具有重要意义。一是做大做强产业化龙头企业。山东省是全国 13 个粮食主产省之一，粮食生产在全国占有重要地位。但从中国粮油网公布的 2014 年全国粮油集团排行榜看，全国十大粮油集团山东省无一上榜，这与粮食生产大省的身份极不相符。应在全省范围内，选择 2～3 家规模大、生产经营基础好、市场竞争力强的粮食产业化龙头企业，在政策、资金等方面集全省之力给予重点扶持，引导企业通过内部加强整合、外部加强联合、推动产业重构、学习借鉴国外粮食企业先进技术和经营管理经验，打造像中粮集团、北大荒粮食集团那样的在国内国际具有强大竞争力的大型粮食企业航母，带动全省粮食产业的发展。二是做大做强产品品牌。加强对全省粮食品牌整体的统筹规划，发挥企业的市场主体作用和政府的监督引导作用，以优势产业为依托，以优势产品为核心，整合粮食品牌，形成品牌建设合力，打造具有山东特色的粮食品牌。同时，不断加大对本省粮食品牌的宣传推介力度，拓宽粮食产品的销售渠道，以先进的理念和模式提供批发交易、展示直销、物流配送、电子商务、信息发布等全方位服务，促进了粮食品牌的升值。三是引导和规范工商企业有序进入粮食产业。当前，山东省正在加快由传统农业向现代农业的跨越，这是引导工商资本进入农业，提高农业产业化经营水平的最佳时期。应抓紧制定工商企业投资农业指南，鼓励和引导工商企业从事农业产前投入品、产中服务、产后收储、加工和流通领域等，不断延伸农业链条。同时，限制工商企业大面积、长时间直接租种农户土地。

第二节 "十二五"期间全省主要农业气象灾害对粮食作物的影响分析及对策建议

"十二五"期间，山东省农业生产始终保持着健康稳定的发展态势，尤其是粮食生产，连续 4 年保持在 450 亿 kg 以上，为全省乃至全国经济社会持续健康发展作出了重要贡献。近年来，极端天气多发重发，干旱、洪涝、台风、冰雹和低温冻害等主要农业气象灾害的发生频率增加、强度增大、危害加重，极大地影响了农作物的产量和质量，对粮食安全和全省农业健康可持续发展构成了严重威胁。

一、基本情况

（一）农作物灾情总体情况

总体上看，农业生产仍然处于靠天吃饭的状态。虽然旱能浇、涝能排的高标准农田建设步伐不断迈进、各项防灾减灾技术措施不断得到应用，但面对较大的灾情，农业生产往往还是无法有效应对，农作物的产量和质量都会受到不同程度的影响。据农情统计，2011—2015 年，山东省农作物因主要气象灾害受灾面积 12 428.7 万亩，其中成灾 2 852.4 万亩，绝收 578.6 万亩（表 9-1）。按照具体灾害类型统计，因干旱导致农作物受灾面积 6 787.7 万亩，其中成灾 1 119.9 万亩，绝收 178.2 万亩；因洪涝导致农作物受灾面积 2 866 万亩，其中成灾 1 181.8 万亩，绝收 237.4 万亩；因台风导致农作物受灾面积 1 236.7 万亩，其中成灾 416.5 万亩，绝收 113.9 万亩；因风雹导致农作物受灾面积 972.5 万亩，其中成灾 108.7 万亩，绝收 38.9 万亩；因低温冻害导致农作物受灾面积 565.8 万亩，其中成灾 25.5 万亩，绝收 10.2 万亩（图 9-1）。可以看出，干旱和洪涝是影响山东省农作物生产的主要灾害类型。

表 9-1　2011—2015 年全省农作物因主要气象灾害受影响情况

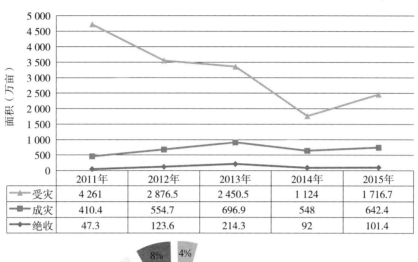

	2011年	2012年	2013年	2014年	2015年
受灾	4 261	2 876.5	2 450.5	1 124	1 716.7
成灾	410.4	554.7	696.9	548	642.4
绝收	47.3	123.6	214.3	92	101.4

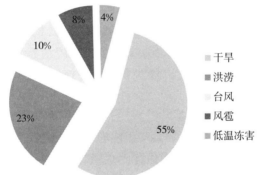

图 9-1　2011—2015 年全省主要农业气象灾害对农业影响程度

（二）粮食受主要气象灾害影响情况

山东省主要粮食作物是小麦和玉米，长年播种面积和产量均占全省粮食播种总面积和总产量的 90％以上。"十二五"期间，粮食作物因主要气象灾害的损失较重，农情调度所统计的粮食作物灾情数据，90％都来自小麦和玉米。据统计，2011—2015 年，全省粮食作物受灾面积 9 703.2 万亩（占农作物受灾面积的 78.1％），其中成灾 1 893.4 万亩（占农作物成灾面积的 66.4％），绝收 353.4 万亩（占农作物绝收面积的 61.1％）。按照具体灾害类型统计，粮食作物受影响情况如表 9-2 所示。

表 9-2　2011—2015 年粮食作物因主要气象灾害受影响情况（万亩）

项目	干旱	洪涝	台风	风雹	低温冻害	合计
受灾	5 723.8	1 997.1	757.2	725.1	500	9 703.2
成灾	836.1	750.3	233	74	0	1 893.4
绝收	136.1	148.3	45.8	23.2	0	353.4

（三）农作物因灾损失情况

气象灾害对农作物的产量、质量以及农业设施都会造成不同程度的影响。农作物减产以及设施的损毁，就意味着农民收益的减少，随着近年来农业生产成本的逐步增加，农民的种植积极性也在一定程度上受挫。据农情统计，5年间，粮食因灾损失约731万t，棉花因灾损失约46.4万t，油料作物（主要是花生）因灾损失约36.8万t，蔬菜因灾损失约241.4万t，直接农业经济损失约308.2亿元。其中，粮食因干旱损失371万t，占因灾总损失的50.8%；因洪涝损失223.7万t，占因灾总损失的30.6%；因台风、风雹和低温冻害损失136.3万t，占因灾总损失的18.6%。按照具体灾害类型统计，全省农作物因灾导致的直接经济损失情况如表9-3所示。

表9-3 2011—2015年全省农作物因灾导致直接经济损失情况（万元）

项目	干旱	洪涝	台风	风雹	低温冻害	合计
直接农经损失	1 069 495	1 042 999.4	672 500	138 083.7	158 528.6	3 081 606.7

二、山东省农业主要气象灾害特点

一是灾害种类多、分布地域广。干旱、洪涝、台风、风雹和低温冻害等所有的主要农业气象灾害都出现过，全省17市134个农业县（市、区）均不同程度地受到过气象灾害的影响，且每年都会造成一定损失。鲁中南部、鲁南和胶东等山区丘陵地区春、秋季干旱多发；平原地区汛期洪涝多发；鲁北、鲁西和鲁南局地风雹多发；沿海各市台风偶有发生，也有登陆情况出现。

二是部分灾害发生频率高、粮食损失大。干旱、洪涝和风雹是最主要的3种气象灾害，基本每年都会发生。其中，干旱和洪涝影响农作物面积较大、造成损失也较重。从农情统计的数据看（表9-4），"十二五"期间，干旱和洪涝共造成农作物受灾面积9 653.7万亩，占总受灾面积的77.7%；造成农业直接经济损失约211.2亿元，占损失总和的68.6%。其中，粮食作物因干旱和洪涝导致受灾面积7 720.9万亩，占粮食受灾总面积的79.6%；产量损失594.7万t，占粮食总损失的81.4%（表9-5）。

表9-4 2011—2015年山东省各主要气象灾害导致农作物受灾面积所占比重趋势

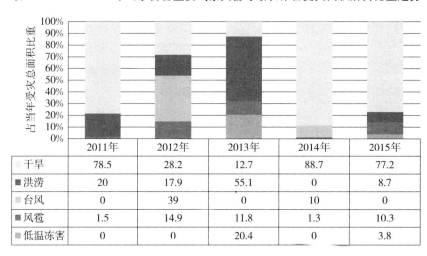

	2011年	2012年	2013年	2014年	2015年
干旱	78.5	28.2	12.7	88.7	77.2
洪涝	20	17.9	55.1	0	8.7
台风	0	39	0	10	0
风雹	1.5	14.9	11.8	1.3	10.3
低温冻害	0	0	20.4	0	3.8

表 9-5 2011—2015 年山东省主要农作物因灾损失产量情况（万 t）

项目	干旱	洪涝	台风	风雹	低温冻害	合计
粮食	371	223.7	77.7	38.5	20.1	731
棉花	2.6	35.7	6.9	1.2	0	46.4
油料	34.7	2.1	0	0	0	36.8
蔬菜	48.3	92.3	20	9.5	71.3	241.4
合计	456.6	353.8	104.6	49.2	91.4	1 055.6

三是农民灾后改、补种积极性不高，产量损失挽回难。近年来，随着农村社会结构的大幅调整，可用劳动力显著缩减，伴随农业生产成本的不断提高，农民面对灾害带来的农作物减产，往往听之任之，弥补损失的积极性不高。据农情统计，2011—2015 年，因灾完成改、补种面积约为 100 万亩，占绝收总面积的 17.3%。粮食因灾绝收后，往往因来不及补种而改种生长发育周期较短的豆类和蔬菜居多，对挽回粮食产量损失影响较大。另外据不完全统计，"十二五"期间，针对抗旱浇水、弱苗补助、应对台风、减轻旱涝以及抗击暴雪等大灾影响，各级共投入 7.16 亿元救灾资金，其中财政部和农业部拨付山东省 5.56 亿元，省、市、县三级配套约 1.6 亿元。主要用于对受灾群众购买种子、化肥、农药、柴油和农膜等生产资料以及修复受损农业设施给予补贴，但相对于超过 300 亿元的巨大损失来说，救灾资金对恢复生产和损失挽回的作用有限。

三、"十二五"期间山东省发生的较大气象灾害

1. 2010 年 9 月至 2011 年春季全省范围内严重的"秋冬春连旱" 2010 年 9 月下旬至 2011 年 2 月 17 日，全省平均降水量仅有 18.6mm，较常年偏少 78.6%，是 1951 年有气象记录以来同期最少值。受旱情影响的农作物主要是小麦，受旱面积一度达到 3 400 多万亩，其中重旱 1 400 多万亩，直到 2011 年 5~6 月，全省发生多次大范围强降水之后，旱情得以全面解除。本次旱情涉及范围之广、持续时间之长、影响农作物面积之大、各级抗旱督导频率之高、参与部门之多、人力物力投入之巨，历史罕有；当年全省 5 390 万亩麦田浇越冬和春灌面积达 5 130 万亩次，占 95.2%，也创历史之最。

2. 2012 年 8 月 4 个台风先后影响山东省 "十二五"期间，除 2013 年外，基本每年都有 1~2 个台风影响山东省，辐射区域局地会发生农田渍涝、高秆作物点片倒伏以及农业设施不同程度损毁等灾情。2012 年 8 月，先后有台风"达维""苏拉""海葵""布拉万"影响全省，为 1951 年以来最多，其中台风"达维"直接进入临沂市莒南县，且在山东境内维持时间之长历史少有。"达维"和"布拉万"造成灾情最重，强风、暴雨共造成全省 1 124.6 万亩各类农作物受灾（占当年农作物受灾总面积的 39.1%），其中成灾 393.5 万亩，绝收 112.9 万亩；玉米、棉花、花生等作物及蔬菜和果树受影响较大。

3. 2013 年 7~8 月连续强降水导致的洪涝灾情 据山东省气象台监测，7 月 1 日至 8 月 14 日，山东省平均降水量 397.5mm，较常年同期偏多 158.8mm（偏多 66%）。整个 7 月，山东省出现 11 次不同范围的暴雨过程，平均降水量达到 339.8mm，较常年偏多

99.5%，各地降水量在 120.0～632.5mm，是"十二五"期间同期降水最多的一年（图 9-2、图 9-3）；8 月，降水明显减少，灾情得到一定程度缓解，全省出现 7 次区域性暴雨过程，局地降雨同时伴有大风，高秆作物发生点片倒伏。灾情主要集中在鲁北、鲁西北、鲁中及半岛北部地区，据农情调度，洪涝共造成山东省各类农作物受灾面积 1 350.7 万亩（占当年农作物受灾总面积的 55.1%），其中成灾 688.3 万亩，绝收 212.6 万亩。从受灾农作物种类看，玉米、棉花和蔬菜受影响较重：玉米受灾面积 900.3 万亩（占 66.6%），成灾 425.7 万亩，绝收 130 万亩；棉花受灾面积 336.2 万亩（占 24.9%），成灾 215.4 万亩，绝收 70.2 万亩；蔬菜受灾面积 74.7 万亩（占 5.5%），成灾 34.8 万亩，绝收 10.4 万亩。

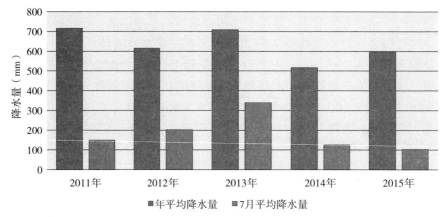

图 9-2　2011—2015 年各年 7 月降水量与当年年平均降水量对比

4. "厄尔尼诺"导致山东省干旱影响较重　据国家气候中心资料，2014 年 5 月，"厄尔尼诺"开始影响我国，目前仍在持续，据预测将至少影响到 2016 年冬季，有可能成为 1951 年以来持续时间最长的一次，强度将达到"强厄尔尼诺事件"标准。"厄尔尼诺"造成全国降水"南多北少"、华北干旱和"暖冬"等现象，本省也发生了罕见的"夏伏旱""汛期抗旱"等情况。据省气象中心统计，2014 年、2015 年两年的年平均气温较常年分别偏高 1℃、0.6℃；年平均降水量较常年分别偏少 19.4%、6.8%。气温高、降水少且不均导致局部地区地上水储蓄不足、地下水无法有效补充，难以满足生产需求。农情调度显示，2014 年 3 月至 2015 年 7 月，干旱导致山东省两年、四季各类农作物受旱面积合计达到 5 274.8 万亩，其中重旱 1 425 万亩，绝收 158.2 万亩。小麦、玉米受旱面积 3 690 万亩（占 70%），其中重旱 995 万亩（占 69.8%），绝收 117 万亩（占 74%）。旱情主要集中在鲁北、鲁中和鲁南山区以及半岛地区等，潍坊市甚至发生了自 2013 年 8 月至 2015 年秋季以来罕见的连年干旱。截至 2015 年 3 月底，潍坊市 26 座大中型水库蓄水 3.83 亿 m³（含死库容 1.31 亿 m³），较上年同期少蓄 4.48 亿 m²，较 2013 年同期少蓄 7.75 亿 m³，4 座大中型水库在死水位以下运行，小型水库几乎全部干涸。

5. 2015 年 11 月暴雪导致农业设施损毁严重　2015 年 11 月 23～26 日，山东省出现了强降雪天气过程，部分地区达暴雪量级，主要集中在鲁中南部、鲁南和半岛地区。鲁南大部地区积雪深度超过 20cm，菏泽、枣庄、济宁、临沂 4 市平均降水量均在 30mm 以上，最大的菏泽达到 39mm。由于降雪时间较长，降雪量大，积雪过厚，对本省设施蔬菜生产造成了较大影响，部分蔬菜生产大户损失惨重。据农情调度，全省共有 64.7 万亩蔬菜受灾，其中成灾 25.5 万亩、绝收 10.2 万亩；共有 121 051 个大棚不同程度受损（大拱棚 92 184 个、日光温室 28 867 个），其中 48 818 个大棚倒塌（大拱棚 41 820 个、日光温室 6 998 个），直接经济损失达到 15.2 亿元。受灾较重的菏泽市，受损大棚 40 287 个，其中倒塌 28 352 个；济宁市受损大棚 13 798 个，其中倒塌 10 489 个；泰安市受损大棚 11 786 个，其中倒塌 3 556 个；枣庄市受损大棚 9 525 个，其中倒塌 3 565 个；临沂市受损大棚 10 532 个，其中倒塌 2 415 个（表 9-6）。损失之巨，多年未见。

表 9-6　2015 年 11 月 23～26 日暴雪灾情较重 5 市情况

地区	各类大棚受损数量（个）			各类大棚倒塌数量（个）			大棚倒、损合计（个）	直接经济损失（万元）
	大拱棚	日光温室	合计	大拱棚	日光温室	合计		
菏泽	2 521	9 414	11 935	22 090	6 262	28 352	40 287	69 241.6
济宁	3 301	8	3 309	10 489	0	10 489	13 798	26 100
泰安	7 390	840	8 230	3 523	33	3 556	11 786	5 970
枣庄	5 518	442	5 960	3 276	289	3 565	9 525	12 758
临沂	7 077	1 040	8 117	2 167	248	2 415	10 532	8 169.3
合计	25 807	11 744	37 551	41 545	6 832	48 377	85 928	122 238.9

四、山东省农业防灾减灾工作开展情况

随着国家和地方各级各部门对粮食安全重要性的认识不断得到巩固和强化，农业防灾减灾、抗灾救灾工作进一步引起山东省各级党委、政府的高度重视，将"防在灾害前面、救在第一时间、抗在关键时点"作为农业防灾减灾的基本原则认真贯彻落实开来。通过各方不懈努力，"十二五"期间，全省农田基础设施不断配套完善、农作物稳产增产各项关键技术措施不断深入落实、农业保险保障范围和赔付比例不断扩大等，诸多利好条件促进了本省农业防灾减灾能力建设迈上了新的台阶。

1. 组织领导进一步加强，用政策和制度扶持农业防灾减灾工作　从中央到地方，各级党委、政府都把农业生产，尤其是粮食生产作为国家的根基常抓不懈。本着"减损就是增产"的原则，粮食要高产稳产，农民要增产增收，就要在农业防灾减灾上做文章。2014年开始，山东省将各市粮食产量和五市的高产创建示范方建设情况纳入省委组织部的科学发展综合考核体系，用制度强化了各级重农抓粮、减损增产的思想认识；2013 年起，山东省农业、财政和发改等部门都下发相关文件，整合相关涉农项目和资金，加强高标准农田、粮田建设，同时制定相关考核办法，强化督导，从而提高了田间基础设施建设质量和农业技术落实效率，抗灾减灾能力得以大范围有效提升；多年来，各级农业部门始终坚持遇灾应急值守，严重灾情日调度制度等。灾害发生前及时下发预警信息，灾后及时派员深入田间地头，强化救灾督导和分类技术指导，并积极争取中央财政救灾资金，最大限度地减少农民损失。

2. 生产基础设施日益完善，巩固了农业防灾减灾能力基础　近年来，通过大力实施

粮食高产创建、千亿斤粮食生产能力建设、农业综合开发、中低产田改造、小农水重点县建设、土地综合整治等工程项目，田间生产基础设施不断完善，旱涝保收农田面积不断增加。据统计，2014 年，全省共有水库 6 424 座，其中大型水库 37 座、中型水库 207 座、小型水库 6 180 座。全省耕地有效灌溉面积达 7 600 多万亩，农田灌溉水有效利用系数达到 0.626。

3. 农业科技投入显著增加，强化了农业防灾减灾能力 "十二五"期间，山东省依托较为完善的农业科技研发体系，培育出一大批高产优质的农作物新品种，集成了一大批高产栽培配套技术，为农作物的稳产增产提供了有力的技术支撑。2014 年，全省小麦、玉米双季秸秆还田面积达到 9 000 万亩以上，占播种面积的近 90%，比 2003 年翻了一番；小麦精量半精量播种面积 3 890 万亩，比 2003 年提高了近 20 个百分点；小麦宽幅精播面积 1 600 多万亩，近几年每年面积增加都在 200 万亩以上；小麦"一喷三防"基本实现了全省全覆盖；玉米"一增四改"技术推广面积 3 800 万亩，比 2003 年翻了两番，"一防双减"面积每年推广 200 多万亩。2014 年，山东省农业科技贡献率达到 60% 以上。

4. 农业保险保障力度不断加大，一定程度上减轻了农民损失 农业保险在山东省开展已经有 10 个年头，在保险范围、保险险种、保障水平、保险费率、保险责任、管理水平等方面都得到了拓展和提升，农业保险的灾害补偿作用不断增强。据统计，2006—2015 年，全省参保农民累计缴纳保费 8.4 亿元，因灾获得赔付 32.5 亿元；"十二五"期间，全省农作物承保面积 3.3 亿亩，保费收入 39 亿元，理赔金额 28.4 亿元，有效地分散了灾害风险，减少了农民损失，为农民灾后迅速恢复生产提供了资金支持。

五、防灾减灾工作存在的问题

农业生产是典型的多灾害产业。相对于强烈的灾害性天气过程而言，农业往往比较脆弱，应对灾害的能力也十分有限。山东省是农业大省，也是全国 13 个粮食主产省之一，强化防灾减灾意识，建立有效的防灾减灾体系，对农业主要灾害进行必要的预防和控制，尽量避免和减轻各种灾害对农业生产以及农民生活造成的危害，对于提高农民生活水平，稳定农村社会环境，促进全省现代农业健康可持续发展意义重大。虽然近年来，各级各部门对农业防灾减灾重要性的认识不断加强，政策、技术等各种投入力度不断加大，但仍然存在着诸多不可避免、客观存在的一些问题：一是部分气象灾害多发、重发。随着全球范围内气候状况的日趋严峻，世界各地的极端天气呈现多发、重发态势，对人们的生命财产安全造成了极大威胁，农业生产受其影响更为严重，农业防灾减灾任重道远。二是农田基础设施仍然比较薄弱，无法满足防大灾抗大险的要求。多年来，各级财政对农田水利基础设施建设的投入力度不断加大，全省粮食生产条件得到了较大改善，但与生产实际需求相比，山东省农业基础设施仍然比较薄弱。据不完全统计，全省小型农田水利老化失修的比重达到 40% 以上，特别是鲁西平原区，部分河道泄洪能力下降 50% 以上，部分河段甚至达到 70% 以上。部分新建农田水利设施，也存在建设标准不高、缺乏管护等问题。全省现有 1 亿亩耕地中，无水浇条件的旱地面积 2 500 多万亩，还有 1 500 万亩在正常年份下达不到充足灌溉条件，这部分地块基本上是靠天吃饭，遇旱则大幅度减产，甚至绝产。三是各类防灾减灾科技支撑能力不足。灾害性天气过程的预测难度较大，预警体系覆盖面窄，难以在灾情发生前做出最及时、最准确的反应；各类农作物田间稳产增产技术落实不到位，推进难度大；各类科研院校专门从事农业防灾减灾研究的较少，尤其是针对不同地区、不同时期、不同灾害类型和发生程度的分类研究不具体、不深入；缺少统一的农业应灾技术体系。四是灾后减损难。"防在灾害前面"是农业防灾减灾工作最大的特点，也是一个突出问题。灾前控制包括各级各部门高度的思想重视、准确的灾前预测、强有力的部门联动、完善的田间生产条件以及日新月异的各类防灾减灾技术的不断应用，这就需要各级各部门经年累月的经验、技术、人财物力的不断积累和投入，牵扯广、耗时长、见效慢、评估难。灾前防控得当，遇灾就能最大限度地减少损失；防控不足，势必造成小灾大损，再加上灾后农民生产自救积极性差，减产减收在所难免。五是农业防灾减灾体制机制不健全，涉及部门多，横向协作差。除农业部门外，气象、水利、民政等多部门也有农业灾情的相关调度日程、方案、手段以及应急救援措施等，存在多头管理，缺乏沟通、各自为战的情况。另外，各部门分管领导不同，处理灾情着力点不同，协调不畅，大多是分别垂直对上负责，横向沟通缺乏等，导致工作难以形成合力。"十二五"期间，各级各部门虽然加强了沟通会商力度，但由于缺少系统性的、统一的工作机制，仍然不能满足农业防灾减灾工作的要求。六是农业防灾减灾资金储备严重不足，应对灾害影响十分被动。自然灾害虽然在发生概率上具有一定的规律性，但是具体的发生时间和产生的破坏程度却是很难预测的，不确定性太强。各级政府为应对这种不确定性，在日常的防灾减灾物资储备中会存储足够的应急物资，如防治动物疫情的疫苗、灾后恢复生产用的种子、化肥和农药等，但却没有专门的抗灾救灾资金。往往在灾害发生后，按照财政当前资金状况挪凑予以紧急拨付。若救灾资金缺口较大，无法及时满足应急需求，致使救灾工作陷于被动。七是基层监测网络不健全，工作人员防灾减灾专业知识不足，核灾数据不及时、不准确。灾情发生后，农业部门往往由基层农技人员承担灾情的调查评估、救灾技术措施的制定和落实、农户恢复生产的指导和培训等工作，但他们也存在着身兼数职、业务基础差、调查手段落后、设备短缺、农业知识更新慢等问题，给灾情及时、有效、全面、准确上报造成一定影响。

六、对策建议

1. 继续强化防灾减灾意识，立足抗灾措施常态化　全面掌握当前全球气候发展趋势，始终坚持防患未然，时刻做好防大灾抗大险的各项准备。从山东省主要气象灾害"十二五"期间发生情况可以分析得出，部分气象灾害发生的时间段和地区是有规律可循的，农业灾害在一定程度上是可防可控的。各级各部门应做好当地常发性自然灾害的发生规律、特点和分布的预判，统筹考虑农作物生长时期，采取相应政策手段和技术措施，把应急救灾措施转化为常规措施，及早安排部署，减少损失。

2. 加强生产条件建设，提高防灾减灾基础能力　要不断完善田间基础设施。以国家在山东省开展涉农项目资金整合试点工作为契机，加大项目资金整合力度，针对当前农田基础设施建设项目投资分散、标准不一，设施建设不完善、不配套等突出问题，制定全省统一的基础设施建设规划，按计划、分阶段稳步推进，解决好投资分散、重复实施问题。制定全省统一的农田基础设施建设标准，确保水、电、路、林、桥（涵）等设施设计科学、配套合理。同时，建立完善的田间设施管护机制，明确设施管护责任主体，确保设施长期可用。

3. 进一步加强农业防灾减灾技术研究推广 应根据山东省的地域特点和实际情况，构建适合本省农业防灾减灾的技术体系：一方面，灾害性天气发生的不确定性决定了必须要强化气象方面的科技创新和推广力度；另一方面，农业技术日新月异，如：抗灾能力强且稳产高产的农作物良种不断被选育和推广、农机农艺结合的先进耕作技术不断被实践和应用、小麦"一喷三防"和玉米"一增四改"等对农作物抗击病虫害威胁极为有利的防治技术不断被深入落实等，对新技术研发予以鼓励的同时，也应设置相应的科技成果转化机制，加速农业防灾减灾技术的研究推广。

4. 强化部门间横向沟通联动，健全农业防灾减灾体制机制 整合农业、水利、气象、民政、媒体、通讯等部门和单位的力量，加强沟通协调，垂直对上的同时强化部门间横向沟通，并制定详尽统一的"农业气象灾害应急处置"机制，配套完善相关设施设备，拓宽信息发布渠道，逐步建立起具有较大覆盖面的"农业防灾减灾体系"。

5. 安排农业防灾减灾财政专项资金 为避免因资金短缺而错过灾后减损的最佳时机，建议财政部门每年列支农业防灾减灾专项，主要用于两方面：一是用于购买灾后恢复生产所用的种畜、种苗以及农药、化肥等生产物资，最大限度地减少农民损失；二是设立省级农业防灾减灾项目或课题，给予资金支持，同时对国家相关项目予以资金配套等。

6. 健全基层防灾减灾网络，加强专业人才队伍建设 制定具体可操作的，针对基层农技人员的防灾减灾专业知识定期培训计划，加快其知识更新频率，在全省上下建立起一支专业性强、应急反应迅速、灾情处置及时有效的基层防灾减灾人才队伍。同时，购置相关监测设备，畅通通信渠道，确保信息上下横纵通达。

7. 强化农业防灾减灾气象服务和体系建设 在努力提高灾害性天气过程预测能力的同时，应大力开展面向新型农业经营主体的直通式气象服务，指导种植大户、家庭农场、农业合作社等合理安排生产，减轻灾害影响和损失，提升生产经营效益；完善农村基层气象防灾减灾组织体系，在市、县制定完善农业防灾减灾应急预案的同时，在乡镇、村明确专人负责气象灾害信息的分发、传递和抗灾减灾组织工作，最大限度减少灾害损失。

注：1. 本章所有数据均来源于种植业管理处日常农情调度，因多方面原因，数据与统计部门、水利、气象以及民政等部门的农业灾情数据不一致；2. 受工作岗位所限，本章所涉农业数据以种植业数据为主，不涉及病虫害、畜牧业、林业、渔业等其他农业数据；3. 气象灾害种类众多，本章只讨论主要气象灾害，其他如泥石流、地震、风暴潮、雾霾、寡照等非主要气象灾害，本章不予统计。

第十章

2018 年山东省小麦品种推广应用

第一节　山东省小麦品种概况

据山东省种子管理总站统计，2018 年山东省小麦播种总面积 6 134.6 万亩，良种面积 6 125.6 万亩，良种覆盖率 99.9%。有统计面积的品种 118 个，种植面积在 10 万亩以上的品种有 41 个，品种数占 34.7%；面积占到 95.0%。鲁原 502、济麦 22 两个品种超过了 1 000 万亩，分别为 1 524.0 万亩、1 100.1 万亩；山农 28 号、山农 29 号两个品种超过了 500 万亩；烟农 999、山农 20、烟农 1212、济南 17 4 个品种超过了 100 万亩。

2017 年山东省小麦种植面积 6 168.9 万亩。有统计面积的品种 81 个。2016 年山东省小麦种植面积 6 302.8 万亩。有统计面积的品种 85 个。2016—2018 年山东省小麦品种（10 万亩以上种植面积情况见表 10-1 至表 10-3）。

表 10-1　2018 年山东省小麦品种（10 万亩以上）面积统计

位次	品种名称	面积（万亩）	位次	品种名称	面积（万亩）
1	鲁原 502	1 524.0	22	烟农 5 158	35.7
2	济麦 22	1 100.1	23	鲁麦 21 号	34.1
3	山农 28 号	849.3	24	师栾 02-1	29.5
4	山农 29 号	614.5	25	济麦 262	28.6
5	烟农 999	219.3	26	烟农 21 号	28.1
6	山农 20	159.9	27	峰川 9 号	27.6
7	烟农 1212	134.6	28	山农 22 号	26.6
8	济南 17 号	103.7	29	山农 30	25.5
9	泰科麦 33	84.1	30	济麦 229	23.7
10	青农 2 号	77.8	31	烟农 19 号	19.5
11	良星 77	77.6	32	山农 24 号	19.3
12	青丰 1 号	65.2	33	山农 23 号	15.4
13	良星 99	57.5	34	邯 6172	14.0
14	良星 66	56.5	35	山农 27 号	13.6
15	太麦 198	49.4	36	泰山 22 号	11.9

（续）

位次	品种名称	面积（万亩）	位次	品种名称	面积（万亩）
16	临麦 4 号	45.4	37	山农优麦 2	11.8
17	鑫麦 296	41.6	38	山农 111	11.7
18	泰农 18	41.5	39	青麦 7 号	11.0
19	山农 25	37.8	40	鲁麦 23 号	10.7
20	烟农 24 号	36.3	41	山农 15 号	10.0
21	济麦 23	36.0			

表 10-2　2017 年山东省小麦品种（10 万亩以上）面积统计

位次	品种名称	面积（万亩）	位次	品种名称	面积（万亩）
1	济麦 22	1 323.9	26	太麦 198	23.2
2	鲁原 502	1 296.5	27	垦星一号	22.3
3	山农 28 号	607.1	28	峰川 9 号	22
4	山农 20	529.2	29	临麦 2 号	21.5
5	山农 29 号	366.8	30	丰川 6 号	20.9
6	良星 77	134.6	31	山农 30	20.1
7	鑫麦 296	121.6	32	泰山 9818	20.1
8	泰农 18	121.1	33	邯 6172	18.76
9	济南 17 号	118.1	34	山农优麦 2	15.9
10	青农 2 号	103.3	35	青麦 7 号	15.5
11	青丰 1 号	82.8	36	山农 25	15.1
12	良星 66	79.9	37	山农 664	14.9
13	临麦 4 号	77.4	38	泰山 22 号	14.6
14	良星 99	61.2	39	鲁麦 23 号	14.4
15	烟农 24 号	49.4	40	济麦 229	14.3
16	山农 23 号	46.3	41	烟农 15 号	14
17	山农 22 号	45.7	42	山农 15 号	13.9
18	鲁麦 21 号	40.5	43	聊麦 18	13.1
19	烟农 999	37.4	44	山农 12 号	13
20	烟农 5158	36.4	45	郯麦 98	12.3
21	山农 27 号	32.8	46	济麦 23	12
22	烟农 19 号	32.8	47	儒麦 1 号	11.1
23	师栾 02-1	30.5	48	烟农 1212	10.5
24	山农 24 号	25.8	49	潍麦 8 号	10.4
25	烟农 21 号	25.3	50	烟农 2415	10.2

表 10-3 2016 年山东省小麦品种面积（前 30 位）统计

位次	品种	面积（万亩）	审定编号
1	济麦 22	1 403.4	鲁农审 2006050 号
2	鲁原 502	1 332.0	国审麦 2011016，鲁农审 2012048 号
3	山农 20	1 132.3	国审麦 2010006
4	山农 28 号	467.4	鲁农审 2014036 号
5	良星 77	126.5	鲁农审 2010069 号
6	泰农 18	126.0	鲁农审 2008056 号
7	山农 22 号	124.8	国审麦 2010006，鲁农审 2011030 号
8	济南 17 号	124.8	鲁种审字第 0262-2 号
9	良星 66	100.5	鲁农审 2008057 号
10	鑫麦 296	82.0	鲁农审 2013046 号
11	良星 99	78.3	鲁农审 2006049 号
12	临麦 4 号	74.7	鲁农审 2006046 号
13	青丰 1 号	67.0	鲁农审 2006054 号
14	烟农 24 号	61.7	鲁农审字［2004］024 号
15	青农 2 号	59.3	鲁农审 2010070 号
16	邯 6172	56.2	鲁农审字［2002］021 号
17	丰川 6 号	51.1	鲁农审字［2003］034 号
18	烟农 999	51.0	鲁农审 2011032 号
19	鲁麦 21 号	49.6	鲁种审字第 0199 号
20	山农 24 号	40.3	鲁农审 2013047 号
21	烟农 19 号	39.9	鲁农审字［2001］001 号
22	烟农 21 号	37.0	鲁农审字［2002］023 号
23	山农 15 号	33.1	鲁农审 2006057 号
24	山农 29 号	33.0	国审麦 2016024、鲁农审 2016002 号
25	山农 23 号	31.6	鲁农审 2011034 号
26	烟农 5158	30.8	鲁农审 2007042 号
27	烟农 2415	27.7	鲁农审 2006048 号
28	潍麦 8 号	22.4	鲁农审字［2003］028 号
29	垦星一号	22.4	鲁农审 2012051 号
30	师栾 02-1	21.8	国审麦 2007016

2015—2018 年，济麦 22、鲁原 502 两个品种超过了 1 000 万亩，稳居前两位，尚无品种更新换代迹象。

从 2018 年、2017 年的数据来看，山东省商业化育种的品种数量、面积占比都变化不大（表 10-4）。

表 10-4 2017—2018 年山东省商业化育种占比

年份	品种（%）				面积（%）			
	50 万亩以上	100 万亩以上	500 万亩以上	1 000 万亩以上	50 万亩以上	100 万亩以上	500 万亩以上	1 000 万亩以上
2017	50.0	28.6	0	0	14.0	10.2	0	0
2018	28.6	0	0	0	5	0	0	0

第二节　山东省小麦优质品种、绿色品种、特殊类型品种情况

随着种业供给侧结构性改革的深入，优质品种、绿色品种、特殊类型品种得以发展。山东省属于北方强筋、中筋冬麦区，气候资源和土壤资源适于优质强筋和中筋小麦生产。根据对我国 10 个小麦主产省份商品小麦的综合分析，山东省商品小麦的综合品质高于全国平均值。目前大面积应用的品种有济南 17 号、烟农 19、师栾 02-1 等。新审定强筋品种济麦 44 等将会有大的发展前景。

山东省优质小麦种植面积曾于 2006 年超过了全省小麦面积的 45%，近几年种植面积持续下滑，至 2017 年，对种植面积前 50 位（10 万亩以上）的品种进行统计，5 个强筋小麦品种面积仅占全省小麦面积的 3.6%。面积下滑的主要原因包括：优质强筋小麦品种少、产量低，强筋小麦种植缺乏科学的区域化布局，商品质量不稳，不能做到优质优价。需要进一步提高优质专用小麦品种的产量水平、适应性和品质稳定性，推进优质专用小麦的规模化、标准化订单生产。

旱地小麦品种选育越来越受到重视。2017 年，对种植面积前 50 位（10 万亩以上）的品种进行统计，山农 25 等旱地品种面积占全省小麦面积的 2.0%。选育丰水年份产量高、缺水年份产量优势突出的旱地小麦品种大有发展前景。高白度（不使用增白剂等食品添加剂）小麦品种、紫粒和蓝粒小麦品种也受到消费者的关注。

第三节　山东省小麦代表性品种

一、水地品种

1. 济麦 22 [原代号 984121]

审定编号：鲁农审 2006050 号。

选育单位：山东省农业科学院作物研究所。

品种来源：935024/935106，系统选育。

特征特性：半冬性，幼苗半直立，抗冻性一般。两年区域试验平均结果：生育期239d，比鲁麦14号晚熟2d；株高71.6cm，株型紧凑，抽穗后茎叶蜡质明显，较抗倒伏，熟相较好；亩最大分蘖数100.7万，亩有效穗数41.6万穗，分蘖成穗率41.3%，分蘖力强，成穗率高；穗粒数36.3粒，千粒重43.6g，容重785.2g/L；穗长方形，长芒、白壳、白粒、硬质、籽粒较饱满。2006年委托中国农业科学院植物保护研究所抗病性鉴定：中抗至中感条锈病，中抗白粉病，感叶锈病、赤霉病和纹枯病，中感至感秆锈病。2005—2006年生产试验统一取样经农业部谷物品质监督检验测试中心（泰安）测试：籽粒蛋白质（14%湿基）13.2%、湿面筋（14%湿基）35.2%、沉淀值（14%湿基）30.7mL、出粉率68%、面粉白度73.3、吸水率60.3%、形成时间4.0min、稳定时间3.3min。

产量表现：在2003—2005年山东省小麦品种中高肥组区域试验中，两年平均亩产537.04kg，比对照鲁麦14号增产10.85%；2005—2006年中高肥组生产试验，平均亩产517.24kg，比对照济麦19增产4.05%。

栽培技术要点：适宜播期9月28日至10月15日。适宜播量每亩基本苗12万株左右。开始分蘖后及时划锄，适时浇冬水，并追施尿素每亩5kg。春季第一水宜在拔节期，同时追施尿素15kg或碳酸氢铵30kg。浇好孕穗水和灌浆水。抽穗后及时防治蚜虫，适时收获，机械收获适期为完熟期。

适宜地区：在全省中高肥水地块种植利用。

2. 鲁原502

审定编号：鲁农审2012048号。

选育单位：山东省农业科学院原子能农业应用研究所、中国农业科学院作物科学研究所。

品种来源：常规品种。以9940168为母本、济麦19为父本杂交，系统选育而成。

特征特性：偏冬性，幼苗半直立。株型稍松散，较抗倒伏，熟相较好。两年区域试验平均结果：生育期243d，比济麦22早熟近1d；株高76.0cm，亩最大分蘖113.1万，亩有效穗数40.6万穗，分蘖成穗率35.9%；穗长方形，穗粒数38.6粒，千粒重43.8g，容重769.8g/L；长芒、白壳、白粒，籽粒饱满度中等、硬质。抗条锈病、中抗纹枯病、高感叶锈病、白粉病和赤霉病。2012年、2013年分别测定混合样：容重788g/L、837g/L，籽粒蛋白质含量12.6%、13.6%，湿面筋35.2%、37.1%，沉淀值27.9mL、28.0mL，吸水率每100g 62.4mL、69.5mL，稳定时间3.1min、2.1min，面粉白度75.3、73.9。

产量表现：在2009—2011年山东省小麦品种高肥组区域试验中，两年平均亩产575.34kg，比对照品种济麦22增产4.99%；2011—2012年高肥组生产试验，平均亩产554.85kg，比对照品种济麦22增产2.68%。

栽培技术要点：适宜播期10月1~10日，每亩基本苗13万~18万株。注意防治叶锈病、白粉病和赤霉病。其他管理措施同一般大田。

适宜地区：在全省高肥水地块种植利用。

二、优质强筋品种

1. 济南17号［原代号（名称）：924142］

审定编号：鲁种审字第 0262-2 号。

选育单位：山东省农业科学院作物研究所。

品种来源：以临汾 5064 为母本、鲁麦 13 号为父本，杂交选育而成。

特征特性：属冬性，幼苗半匍匐，分蘖力强，成穗率高，叶片上冲，株型紧凑，株高 77cm，穗纺锤形、顶芒、白壳、白粒、硬质，千粒重 36g，容重 748.9g/L，较抗倒伏，中感条，叶锈病和白粉病。品质优良，达到了国家面包小麦标准。落黄性一般。

产量表现：1996—1998 年在山东省高肥乙组区域试验中，两年平均亩产 502.9kg，比对照鲁麦 14 号增产 4.52%，居第一位；1998 年生产试验平均亩产 471.25kg，比对照增产 5.8%。

适宜地区：在全省中高肥水地块作优质面包小麦品种推广种植。

2. 师栾 02-1

审定编号：国审麦 2007016。

选育单位：河北师范大学、栾城县原种场。

品种来源：9411/9430。

特征特性：半冬性，中熟，成熟期比对照石 4185 晚 1d 左右。幼苗匍匐，分蘖力强，成穗率高。株高 72cm 左右，株型紧凑，叶色浅绿，叶小上举，穗层整齐。穗纺锤形，护颖有短茸毛，长芒，白壳，白粒，籽粒饱满，角质。平均亩穗数 45.0 万穗，穗粒数 33.0 粒，千粒重 35.2g。春季抗寒性一般，旗叶干尖重，后期早衰。茎秆有蜡质，弹性好，抗倒伏。抗寒性鉴定：抗寒性中等。抗病性鉴定：中抗纹枯病，中感赤霉病，高感条锈病、叶锈病、白粉病、秆锈病。2005 年、2006 年分别测定混合样：容重 803g/L、786g/L，蛋白质（干基）含量 16.30%、16.88%，湿面筋含量 32.3%、33.3%，沉降值 51.7mL、61.3mL，吸水率 59.2%、59.4%，稳定时间 14.8min、15.2min，最大抗延阻力 654E.U、700E.U，拉伸面积 163cm²、180cm²，面包体积 760cm³、828cm³，面包评分 85 分、92 分。

产量表现：2004—2005 年度参加黄淮冬麦区北片水地组品种区域试验，平均亩产 491.7kg，比对照石 4185 增产 0.14%；2005—2006 年度续试，平均亩产 491.5kg，比对照石 4185 减产 1.21%。2006—2007 年度生产试验，平均亩产 560.9kg，比对照石 4185 增产 1.74%。

栽培技术要点：适宜播期 10 月上中旬，每亩适宜基本苗 10 万～15 万株，后期注意防治条锈病、叶锈病、白粉病等。

适宜地区：在黄淮北片高肥水地块种植利用。

3. 烟农 19 [原代号（名称）：烟优 361]

审定编号：鲁农审字 [2001] 001 号。

选育单位：烟台市农业科学院。

品种来源：以烟 1933 为母本、陕 82-29 为父本杂交，系统选育而成。

特征特性：该品种冬性，幼苗半匍匐，株型较紧凑，分蘖力强，成穗率中等，株高 84.1cm，叶片深黄绿色，穗型纺锤，长芒、白壳、白粒、硬质，千粒重 36.4g，容重 766.0g/L，生育期 245d。经抗病性鉴定：中感条锈、叶锈病，高感白粉病。抗倒性一般。

1999—2000年生产试验取样测试，品质优良，粗蛋白质含量15.1％，湿面筋33.5％，沉降值40.2mL，吸水率57.24％，稳定时间13.5min，断裂时间14.2min，公差指数19B.U，弱化度24B.U，评价值61；面包烘烤品质：重量160g，百克面包体积825cm³，烘烤评分88.8。品质达到强筋品种标准。

产量表现：在1997—1999年全省小麦高肥乙组区域试验中，两年平均亩产483.6kg，比对照鲁麦14号减产0.3％；1999—2000年生产试验平均亩产497.4kg，比对照鲁麦14号增产1.3％。

栽培技术要点：适宜播种的高肥水地块，一般每亩基本苗7万～8万株；中等肥力地块，一般每亩基本苗12万～14万株。对群体过大地块，春季肥水管理适当推迟，以防倒伏。

适宜地区：可在全省亩产400～500kg地块作为强筋专用小麦品种推广种植。

三、旱地品种

1. 山农25

审定编号：国审麦20180060、鲁农审2014040号。

选育单位：山东农业大学。

品种来源：常规品种。以J1697为母本、烟农19为父本杂交，系统选育而成。

特征特性：半冬性，全生育期238d，比对照品种洛旱7号熟期略早。幼苗半匍匐，叶色深，分蘖力较强。株高78.4cm，株型半松散，抗倒性较好。旗叶上举，穗层整齐度一般，熟相一般。穗长方形，长芒、白壳、白粒，籽粒角质，饱满度较好。亩穗数40.6万穗，穗粒数34.1粒，千粒重41.2g。抗病性鉴定：高感叶锈病、条锈病、白粉病和黄矮病。2014年、2015年品质分析结果：籽粒容重812g/L、814g/L，蛋白质含量12.40％、13.43％，湿面筋含量25.1％、29.1％，稳定时间8.6min、6.4min。

产量表现：2014—2015年度参加黄淮冬麦区旱肥组品种区域试验，平均亩产433.9kg，比对照洛旱7号增产5.2％；2015—2016年度续试，平均亩产451.7kg，比洛旱7号增产7.8％。2016—2017年度生产试验，平均亩产411.9kg，比对照增产5.6％。

栽培技术要点：适宜播种期为10月上中旬。每亩适宜基本苗15万～18万株。注意防治蚜虫、条锈病、叶锈病、白粉病、黄矮病等病虫害。

适宜地区：适宜山西省晋南、陕西省咸阳和渭南、河南省旱肥地及河北省中南部、山东省旱地种植。

2. 山农27

审定编号：国审麦20180054、鲁农审2014039号。

选育单位：山东农业大学、淄博禾丰种子有限公司。

品种来源：常规品种。以6125为母本、济麦22为父本杂交，系统选育而成。

特征特性：半冬性，全生育期241d，比对照良星99熟期略早。幼苗半匍匐，分蘖力强，亩成穗多。株高84.4cm，株型紧凑，茎秆弹性一般。旗叶较小、上举，茎叶蜡质重，穗层不整齐，结实性一般，熟相好。穗纺锤形，长芒、白壳、白粒，籽粒角质，较饱满。亩穗数45.9万穗，穗粒数32.4粒，千粒重46.4g。抗病性鉴定：高感条锈病、叶锈病、赤霉病和纹枯病，中感白粉病。2014 年、2015 年品质检测结果：籽粒容重 825g/L、816g/L，蛋白质含量 14.59%、14.55%，湿面筋含量 32.0%、34.7%，稳定时间 3.3min、3.0min。

产量表现：2014—2015 年度参加黄淮冬麦区北片水地组品种区域试验，平均亩产 578.3kg，比对照良星 99 增产 3.2%；2015—2016 年度续试，平均亩产 617.6kg，比良星 99 增产 6.2%。2016—2017 年度生产试验，平均亩产 627.9kg，比对照增产 2.3%。

栽培技术要点：适宜播种期 10 月上旬，每亩适宜基本苗 18 万株左右。注意防治蚜虫、条锈病、叶锈病、赤霉病、白粉病、纹枯病等病虫害。

适宜地区：适宜黄淮冬麦区北片的山东省全部、河北省保定市和沧州市的南部及其以南地区、山西省运城和临汾市的盆地灌区种植。

3. 鲁麦 21 号（旱地试验对照品种）［原代号（名称）：烟 886059］

审定编号：鲁种审字第 0199 号。

选育单位：烟台市农业科学院。

选育过程：以烟中 144 为母本、宝丰 7228 为父本杂交，于 1991 年育成。

特征特性：属半冬性多穗型品种，分蘖成穗率较高，株型较紧凑，株高 83cm，叶片较窄短、上举，穗纺锤形、长芒、白壳、白粒，穗粒数 34 粒左右，千粒重 39.1g。抗寒性较强，产量稳定，适应性广，熟相和品质好于对照，熟期稍晚于对照。经抗性接种鉴定，对条锈病、叶锈病、白粉病的抗性接近对照。

产量表现：参加了全省小麦新品种（系）1993—1995 年高肥乙组区域试验和 1994—1995 年生产试验。两年区试平均亩产 486.87kg，比对照鲁麦 14 号增产 3.65%，居第一位。生产试验平均亩产 453.34kg，比对照鲁麦 14 号增产 2.15%。

适宜地区：可在全省亩产 450kg 左右地块推广种植。

4. 烟农 21 号［原代号（名称）：烟 96266］

审定编号：鲁农审字［2002］023 号。

选育单位：烟台市农业科学院。

特征特性：旱地品种，冬性，幼苗半匍匐，叶灰绿色，分蘖成穗率中等。两年区域试验平均结果：亩最大分蘖 92.7 万，亩有效穗数 40.4 万穗，成穗率 41%；生育期 239d，与对照相当，株高 72cm，穗粒数 31 粒，千粒重 40.1g，容重 780.4g/L。株型较紧凑，抗倒伏性中等，熟相较好；穗长方形、长芒、白壳、白粒、硬质，籽粒饱满度好。中抗条锈病、叶锈病，轻感白粉病。粗蛋白质含量 13.51%，湿面筋 31.7%，干面筋 10.5%，沉降值 37.9mL。吸水率 63.28%，形成时间 2.5min，稳定时间 4.4min。

产量表现：1999—2001 年参加了山东省小麦旱地组区域试验，两年平均亩产 380.64kg，比对照鲁麦 21 号增产 3.14%。2001—2002 年山东省小麦旱地生产试验平均亩产 442.3kg，比对照鲁麦 21 号增产 6.8%。

栽培技术要点：施足基肥，适宜播期为 9 月 25 日至 10 月 5 日，亩基本苗 15 万株左右；春季抓好划锄保墒，管理上充分利用下雨时追肥，增施磷、钾肥，增强抗倒力；及时防治病虫害。

适宜地区：在全省旱肥地条件下推广种植。

5. 青麦 7 号

审定编号：鲁农审 2009061 号。

选育单位：青岛农业大学。

品种来源：常规品种。以烟 1604 为母本、8764 为父本杂交，系统选育而成。

特征特性：半冬性，幼苗匍匐。两年区域试验平均结果：生育期 236d，比对照品种鲁麦 21 号早熟 1d；株高 76.4cm，株型紧凑，较抗倒伏，熟相较好；亩最大分蘖 87.9 万，有效穗数 42.0 万穗，分蘖成穗率 47.7%；穗纺锤形，穗粒数 33.5 粒，千粒重 38.9g，容重 774.3g/L；长芒、白壳、白粒，籽粒较饱满、硬质。2009 年中国农业科学院植物保护研究所抗病性鉴定结果：中感条锈病，高感叶锈病、白粉病、赤霉病和纹枯病。2008—2009 年生产试验统一取样经农业部谷物品质监督检验测试中心（泰安）测试：籽粒蛋白质含量 12.0%、湿面筋 34.0%、沉淀值 30.5mL、吸水率每 100g66.5mL、稳定时间 3.1min，面粉白度 74.7。

产量表现：在 2006—2008 年山东省小麦品种旱地组区域试验中，两年平均亩产 410.24kg，比鲁麦 21 号增产 6.70%；2008—2009 年旱地组生产试验，平均亩产 446.31kg，比鲁麦 21 号增产 6.56%。

栽培技术要点：适宜播期 10 月上旬，每亩基本苗 15 万株。注意防治病虫害。

适宜地区：在全省旱肥地块种植利用。

6. 垦星一号

审定编号：鲁农审 2012051 号。

选育单位：苍山农垦实业总公司。

品种来源：常规品种。以 CN01-3 为母本、烟农 19 为父本杂交，系统选育而成。

特征特性：半冬性，幼苗半直立。株型半紧凑，较抗倒伏，熟相好。两年区域试验平均结果：生育期 237d，比鲁麦 21 号早熟近 1d；株高 67.2cm，亩最大分蘖 82.2 万，有效穗数 34.0 万穗，分蘖成穗率 41.9%；穗长方形，穗粒数 37.4 粒，千粒重 39.1g，容重 786.9g/L；长芒、白壳、白粒，籽粒较饱满、硬质。2011 年中国农业科学院植物保护研究所接种抗病鉴定结果：抗条锈病，中抗纹枯病，高感叶锈病、白粉病和赤霉病。2010 年、2011 年区域试验统一取样经农业部谷物品质监督检验测试中心（泰安）测试：容重 759g/L、787g/L，籽粒蛋白质含量 12.4%、14.0%，湿面筋 35.4%、35.2%，沉淀值 28.9mL、28.3mL，吸水率每 100g57.5mL、63.6mL，稳定时间 2.6min、2.5min，面粉白度 75.7、74.9。青岛农业大学抗旱性鉴定结果：2010—2011 年抗旱性表现为强；2011—2012 年苗期和全生育期表现抗旱性弱，萌芽期抗旱性强。

产量表现：在 2009—2011 年山东省小麦品种旱地组区域试验中，两年平均亩产 420.99kg，比对照品种鲁麦 21 号增产 5.51%；2010—2011 年旱地组生产试验，平均亩产 487.73kg，比对照品种鲁麦 21 号增产 6.53%。

栽培技术要点：适宜播期 10 月 1～10 日，每亩基本苗 15 万～18 万株。注意防治叶锈病、白粉病和赤霉病。其他管理措施同一般旱田。

适宜地区：在全省旱肥地块种植利用。

第四节 济麦系列品种简介

一、抗旱节水小麦新品种济麦262

山东省农业科学院作物研究所育成的旱地小麦新品种,其杂交组合为临麦2号×烟农19。2015年通过山东省审定,审定编号:鲁农审2016010号。

特征特性:冬性,幼苗半直立。株型半紧凑,旗叶宽大、下批,抗倒伏,熟相中等。两年区域试验平均结果:生育期比鲁麦21号晚熟1d;株高67.2cm,亩有效穗数32.7万,分蘖成穗率43.8%;穗长方形,穗粒数37.5粒,千粒重44.7g,容重750.9g/L;长芒、白壳、白粒,籽粒饱满、硬质。2015年中国农业科学院植物保护研究所接种抗病鉴定结果:中抗条锈病,中感白粉病和纹枯病。

产量表现:在2012—2013年度山东省旱地区域试验中,平均亩产462.62kg,较对照鲁麦21增产9.74%,是近10年来增产幅度最大的旱地小麦;两年区试平均亩产453.83kg,较对照鲁麦21增产6.29%;2014—2015年度旱地组生产试验,平均亩产492.97kg,比对照品种鲁麦21号增产4.92%。在2015—2016年度黄淮冬麦区旱肥地区试中,平均亩产438.5kg,较对照洛麦7号增产4.6%。

品质状况:农业部谷物品质监督检验测试中心(泰安)测试结果:籽粒蛋白质含量15.0%,湿面筋35.2%,沉淀值28.9mL,吸水率每100g54.9mL,稳定时间2.3min,面粉白度80.2。

栽培技术要点:播期10月1~10日,每亩基本苗18万~20万株。注意防治蚜虫、叶锈病和赤霉病。其他管理措施同一般旱地大田。

适宜区域:适宜全省旱肥地种植利用(图10-1)。

图10-1 济麦262田间表现

二、抗旱节水小麦新品种济麦60

山东省农业科学院作物研究所育成的旱地小麦新品种,其杂交组合为037042×济麦20。2018年通过山东省审定,审定编号:鲁农审20180023号。

特征特性：半冬性，幼苗半直立，株型半紧凑，叶色深，叶片上冲，抗倒伏，熟相好。两年区域试验平均结果：生育期229d，与对照鲁麦21早熟1d；株高74.8cm，亩最大分蘖88.4万，亩有效穗数38.5万穗，分蘖成穗率43.3％；穗纺锤形，穗粒数35.4粒，千粒重41.5g，容重789.1g/L；长芒、白壳、白粒，籽粒硬质。2017年中国农业科学院植物保护研究所接种抗病鉴定结果：条锈病免疫、高抗叶锈病、中感白粉病、中感赤霉病。越冬抗寒性较好。

产量表现：在2015—2016年度山东省旱地区域试验中，平均亩产438.1kg，较对照鲁麦21增产3.4％；在2016—2017年度山东省旱地区域试验中，平均亩产483.5kg，较对照鲁麦21增产5.35％；两年区试平均亩产460.8kg，较对照鲁麦21增产4.38％；2017—2018年旱地组生产试验，平均亩产440.5kg，比对照品种鲁麦21号增产7.3％，位居所有参试品种第一位。2018年，在招远实打验收达到亩产749.13kg。

栽培技术要点：适宜在全省旱地或雨养地块种植，建议播期为10月1～12日，亩基本苗20万～25万株，播深4～6cm。及时防治病虫害，适时收获（图10-2）。

图10-2　济麦60田间表现

三、绿色强筋小麦新品种济麦44

山东省农业科学院作物研究所育成的绿色强筋小麦新品种，杂交组合为954072×济南17号。2018年9月通过山东省审定，审定编号：鲁审麦20180018。植物新品种权申请号：20160682.3。在2017年、2018年连续两年的全国小麦质量报告中，均达到郑州商品交易所期货用标准的一等强筋小麦标准；在首届黄淮麦区优质强筋小麦品种质量鉴评会中，济麦44被评为面包、面条优质强筋小麦品种。

特征特性：该品种冬性，幼苗半匍匐，株型半紧凑，叶色浅绿，旗叶上冲，抗倒伏性较好，熟相好。两年区域试验平均结果：生育期233d，比对照济麦22早熟2d；株高78.6cm，亩最大分蘖102.0万，亩有效穗43.8万，分蘖成穗率44.3％；穗长方形，穗粒数35.9粒，千粒重43.4g，容重788.9g/L；长芒、白壳、白粒，籽粒硬质。2017年中国农业科学院植物保护研究所接种抗病鉴定结果：中抗条锈病，中感白粉病，高感叶锈病、赤霉病和纹枯病。越冬抗寒性较好。

品质情况：2016年、2017年区域试验统一取样，经农业部谷物品质监督检验测试中心（泰安）测试，平均结果：籽粒蛋白质含量15.4％，湿面筋35.1％，沉淀值51.5mL，每 100g 吸水率 63.8mL，稳定时间 25.4min，面粉白度 77.1，属强筋品种。

产量表现：在 2015—2017 年山东省小麦品种高肥组区域试验中，两年平均亩产 603.7kg，比对照品种济麦 22 增产 2.3%；2017—2018 年高产组生产试验，平均亩产 540.0kg，比对照品种济麦 22 增产 1.2%。

栽培技术要点：适宜播期 10 月 5～15 日，每亩基本苗 15 万～18 万株。注意防治叶锈病、赤霉病和纹枯病。其他管理措施同一般大田。

适宜区域：全省高产地块种植利用（图 10-3）。

图 10-3 济麦 44 田间表现

四、优质强筋小麦新品种济麦 229

山东省农业科学院作物研究所育成的优质强筋小麦新品种，其杂交组合为藁城 9411× 济 200040919。2015 年通过山东省审定，审定编号：鲁农审 2016007 号。在 2017 年度全国小麦质量报告中，同时达到 GB/T17892 和郑州商品交易所期货用标准的一级（一等）优质强筋小麦；在首届黄淮麦区优质强筋小麦品种质量鉴评会中，济麦 229 被评为面包、面条、馒头优质强筋小麦品种。

特征特性：该品种属半冬性，幼苗半匍匐，植株繁茂性较好，株型半紧凑，平均株高 82cm 左右，穗纺锤形，小穗排列紧密，长芒、白粒、角质。成熟期较济麦 22 早 2～3d。两年山东省高肥组区试中，平均亩穗数 44.5 万穗，穗粒数 38.6 粒，千粒重 36.7g。在自然条件下，感白粉病和锈病，应注意防治。

产量表现：2012—2014 年度在山东省区试中，两年平均亩产 563.21kg，较对照减产 0.89%。2014—2015 年度山东省水地组生产试验中，平均亩产 560.43kg，较对照增产 0.94%。

品质状况：2013 年、2014 年区域试验统一取样，经农业部谷物品质监督检验测试中心（泰安）测试，平均结果：籽粒蛋白质含量 15.1%，湿面筋 31.9%，沉淀值 42.4mL，吸水率每 100g57.2mL，稳定时间 19.5min，面粉白度 72.7，主要品质指标达到强筋专用粉标准。

栽培技术要点：日均气温 14～16℃，亩基本苗 10 万～15 万株，播深 3～5cm。浇足冬水，麦苗过旺地块返青至起身期镇压或适当喷施壮丰安。拔节期中后期追肥，浇足水。注意防治白粉病和锈病（图 10-4）。

图 10-4 济麦 229 田间表现

五、高产稳产抗病广适型小麦新品种济麦 22

山东省农业科学院作物研究所历时 17 年育成的超高产小麦品种，原代号 984121。其杂交组合为 935024×935106，先后通过国家审定和鲁、苏、皖、津、豫 5 省市审（认）定。2009 年农业部组织实打亩产达 789.9kg，创我国一年两熟制下冬小麦高产纪录；在我国两大主产麦区黄淮冬麦区和北部冬麦区大面积推广应用，年种植面积连续 9 年居全国第一，是近 30 年来我国小麦年种植面积最大的品种。

特征特性：属半冬性，中晚熟品种。幼苗半匍匐，起身拔节较晚，分蘖力较强，成穗率高。旗叶深绿、上举，长相清秀，抽穗后茎叶有蜡质。株高 72cm 左右，株型紧凑，茎秆韧性好弹性强，抗倒伏。穗长方形，长芒、白壳、白粒，角质，籽粒饱满，商品性好。两年黄淮北片水地组区试中，平均亩穗数 40 万穗，穗粒数 36 粒，千粒重 40g。综合抗病性好，2005 年中国农业科学院植物保护研究所抗病性鉴定结果：白粉病免疫，抗条锈病，中抗至中感秆锈病，中感纹枯病。

产量表现：2003—2005 年山东省中高肥区试中，两年平均亩产 537.04kg，较对照鲁麦 14 平均增产 10.85%，居第一位。2004—2006 年度黄淮冬麦区北片水地组品种区试中，两年平均亩产 518.08kg，比对照石 4185 平均增产 4.67%，增产显著。2005—2006 年度生产试验，平均亩产 496.9kg，比对照石 4185 增产 2.05%。

国家区试产量分析表明，其适应性、动态稳定性和静态稳定性均较好，生产实践也充分证明这一点。2006 年在山东省滕州市级索镇示范种植的 1 000 亩济麦 22 进行测产验收，结果 1 000 亩济麦 22 小麦示范田亩产为 590.2kg。

品质状况：2005 年国家黄淮北片水地组区试抽样分析结果：容重 809g/L，蛋白质含量 13.68%，湿面筋含量 31.7%，沉降值 30.8mL，吸水率 63.2%，形成时间 3.2min，稳定时间 2.7min，属优质中筋小麦。

栽培技术要点：适宜播期为 10 月中上旬，日均气温 16～18℃，亩基本苗 8 万～12 万株，播深 3～4cm。浇足冬水，返青划锄、镇压。拔节期浇足水，同时亩追施尿素 15～

20kg。挑旗至灌浆中期浇足水，酌情追肥。及时防治病虫害，适时收获（图 10-5）。

图 10-5　济麦 22 田间表现

六、高产优质小麦新品种济麦 23

山东省农业科学院作物研究所和中国农业科学院作物科学研究所合作选育的小麦品种。2006 年以豫麦 34 为母本，系豫麦 34 与济麦 22 杂交后再与济麦 22 回交 2 次，利用分子标记辅助选择育成。2016 年通过山东省审定，审定编号：鲁审麦 20160060。是我国黄淮麦区第一个利用分子标记辅助选择技术育成的小麦品种。

特征特性：半冬性，幼苗半匍匐。株型半紧凑，叶耳白色，旗叶微卷上举，抗倒伏性一般，熟相好。两年区域试验平均结果：生育期 233d，与对照济麦 22 相当；株高83.4cm，亩最大分蘖 104.5 万，亩有效穗数 46.1 万穗，分蘖成穗率 44.2%；穗长方形，穗粒数 33.0 粒，千粒重 48.0g，容重 813.4g/L；长芒、白壳、白粒、硬质。2016 年中国农业科学院植物保护研究所接种抗病鉴定结果：高抗叶锈病、抗条锈病、中感白粉病和纹枯病。越冬抗寒性好。

产量表现：在 2012—2013 年度中国农业科学院黄淮北片品比试验中，平均亩穗数51.2 万，穗粒数 28.7 粒，千粒重 44.6g，平均亩产 552.9kg，较对照良星 99 增产 5.4%，居参试品种第一位。在 2013—2015 年山东省小麦品种高肥组区域试验中，两年平均亩产608.7kg，比对照品种济麦 22 增产 4.8%。2016 年，在招远市实打验收 3.1 亩，平均亩产达 795.83kg。在 2016 年德州市小麦粮王大赛中，平均亩产 653.71kg，为种植该品种农户赢得了"小麦粮王"的美誉。2019 年在招远市实打验收 3.85 亩，平均亩产 821.49kg，创造了中强筋小麦高产典型。

品质状况：2014 年、2015 年区域试验统一取样，经农业部谷物品质监督检验测试中心（泰安）测试，平均结果：籽粒蛋白质含量 14.4%，湿面筋 34.7%，沉淀值 36.6mL，吸水率每 100g66.3mL，稳定时间 6.7min，面粉白度 72.7。

栽培技术要点：适宜播期为 10 月中旬，日均气温 14～16℃，亩基本苗 12 万～16 万株，播深 3～5cm。浇足冬水，返青划锄、镇压。拔节期亩追施尿素 15～20kg，同时浇足水。挑旗至灌浆酌情追肥浇水。及时防治病虫害，适时收获（图 10-6）。

图 10-6　济麦 23 田间表现

七、高产优质面包小麦品种济南 17 号

山东省农业科学院作物研究所以临汾 5064 为母本、鲁麦 13 为父本有性杂交，经系谱育种法选育而成的高产优质面包小麦品种，原代号 924142。1999 年 4 月山东省农作物品种审定委员会正式审定并定名（审定编号：鲁种审字 0262-2 号）。济南 17 号被誉为"我国调整种植结构、发展优质专用小麦的开路先锋"，是我国第一个年种植面积超过 1 000 万亩的优质强筋小麦品种（图 10-7）。

特征特性：冬性，幼苗半匍匐，抗寒性好，分蘖力强，成穗率高（47％），亩穗数可达 60 万，属多穗型品种；株型紧凑，叶片上冲，长势和长相好；株高 75cm 左右，中早熟（较对照鲁麦 14 早熟 2d），熟相好；穗纺锤形，穗粒数 30～35 粒，顶芒、白壳、白粒、角质，千粒重 38～42g。

产量表现：1996 年在山东省高肥区试预试中平均亩产 512.6kg（高产试点每亩超过 600kg），较对照（鲁麦 14）平均增产 6.9％，为参试的 38 个品系中唯一较对照增产的品系。1997 年在山东省高肥区试中平均亩产 539.6kg，较对照增产 4.6％，居第三位。1998 年在山东省高肥区试中平均亩产 468kg，增产 4.42％，居第二位。两年区试平均亩产 502.9kg，增产 4.52％，居第一位。1997—1998 年度参加了山东省小麦生产试验（平度、阳信、滕州、陵县、东营、寿光、郯城和桓台共 8 处），产量幅度为

图 10-7　济南 17 号田间表现

每亩435~570kg，较对照（鲁麦14）平均增产5.8%，居第一位。

品质状况：据1993年以来多年测定，平均结果：籽粒蛋白质含量15%左右（1998年测定17.8%），湿面筋33.5%~39.7%，沉降值39.8~54.7mL，面团稳定时间9~28min，面包体积800~950mL。据1998年农业部谷物品质监督检测中心分析，粗蛋白质含量15.51%，湿面筋36.6%，沉降值55.4mL，吸水率62.3%，面团稳定时间15.7min，百克面粉面包体积800cm³，面包评分81.6分。

栽培技术要点：最佳播期10月1~15日。为确保高产，要求土壤肥沃，水浇条件好，适时适量播种，提高整地和播种质量，建立合理的群体结构，加强田间管理，及时防治病虫害和草害。

适宜区域：适宜在亩产400~600kg的高肥水条件下种植。

第十一章

小麦病虫草害综合防治技术

第一节　小麦病虫草害综合防治策略

小麦是我国主要粮食作物之一，病虫草害的发生对小麦安全生产构成了严重威胁。为有效控制病虫草危害、确保小麦持续稳产高产，必须认真贯彻"预防为主、综合防治"的植保方针，在农业防治的基础上，协调运用其他措施，才能将病虫草害的危害程度降到最低。

一、播种期

主要防治小麦纹枯病、全蚀病、丛矮病和黄矮病等及地下害虫蛴螬、蝼蛄和金针虫等。

1. 加强植物检疫，选用无病种子　植物检疫是控制危险性病、虫、草害的最重要的一项措施。因此，各部门要高度重视，共同做好植物检疫工作。

2. 选用抗病良种　小麦品种间抗病性差异较大，通过选用抗、耐病品种，可有效地控制小麦锈病等病害的发生。在品种布局上，要合理搭配，避免品种单一化。

3. 深翻平整土地，清除田间地头杂草，清理作物残茬秸秆　另外，做到干旱能浇灌，涝灾能排水。

4. 合理轮作、间套　对小麦全蚀病、纹枯病等土传病害，可与甘薯、棉花、蔬菜等实行轮作，以减少田间菌源积累，减轻其危害。

5. 土壤药剂处理　土壤药剂处理，主要是针对地下害虫及一些土传病害。近年来地下害虫危害呈逐年加重的趋势，主要有蛴螬、金针虫、蝼蛄等，可结合土壤耕作，撒施辛硫磷、毒死蜱、丁硫克百威、甲基异柳磷等制成的毒土、颗粒剂等防治。

6. 种子处理　药剂拌种采用杀虫剂和杀菌剂混合拌种，应先拌杀虫剂后拌杀菌剂。常用的杀虫剂有：50％辛硫磷乳油、75％甲拌磷乳油按种子重量的0.2％拌种，可有效防治地下害虫、苗蚜和灰飞虱。常用的杀菌剂有70％甲基硫菌灵可湿性粉剂或20％三唑酮乳油150mL拌种100kg，用50％多菌灵可湿性粉剂按种子量0.2％加水喷湿堆闷6h即可播种。可有效预防小麦根腐病、纹枯病、白粉病、锈病。全蚀病发生严重的地块用12.5％硅噻菌胺拌种，20mL硅噻菌胺拌麦种10kg，防效可达85％以上。

二、秋苗期

主要防治地下害虫、蚜虫、灰飞虱等虫害，以及雀麦、节节麦、播娘蒿、荠菜、麦瓶草、猪殃殃、麦家公等杂草。

1. 地下害虫 可用50％辛硫磷100～200mL加适量水喷拌细沙50kg，加2.5kg炒香的麦麸，顺垄撒入麦苗的基部。

2. 灰飞虱、蚜虫、叶蝉 小麦出苗后及时调查，有灰飞虱、蚜虫、叶蝉等发生的地块，立即用50％乙酰甲胺磷1 000倍液，或4.5％高效氯氰菊酯1 000倍液，或3％啶虫脒2 000～3 000倍液，或10％吡虫啉1 000～1 500倍液，或40％氧乐果乳油1 000倍液，喷地头地边5～7m宽或全田喷施。

3. 化学除草 秋苗期，杂草小、用药少、成本低、效果好且不影响其他作物，是用药的最佳时期。对以禾本科杂草雀麦、节节麦等为主的麦田，可用3％甲基二磺隆乳油每亩25～30mL，茎叶喷雾防治；对以阔叶杂草播娘蒿、荠菜、麦瓶草、猪殃殃、麦家公等为主的麦田，可采用5.8％双氟·唑嘧胺乳油每亩10mL，或20％氯氟吡氧乙酸乳油每亩50～60mL等防治；阔叶杂草和禾本科杂草混合发生的可用以上药剂混合使用。

三、返青拔节期

此期主要防治小麦纹枯病、全蚀病、根腐病、白粉病、锈病、丛矮病、黄矮病等病害，以及灰飞虱、红蜘蛛、麦叶蜂、地下害虫等虫害和阔叶杂草等。

1. 纹枯病 在小麦拔节前，纹枯病病株率达15％时，每亩选用12.5％烯唑醇可湿性粉剂20～30g，或15％三唑酮可湿性粉剂100g加20％井冈霉素25～50g，对水75kg对小麦茎基部进行喷洒，隔7～10d再喷洒一次，连喷2～3次，兼治条锈病、白粉病、根腐病、全蚀病等。

2. 灰飞虱 小麦返青后是灰飞虱传毒危害的第二个高峰，此期应及时查治，以减轻丛矮病的发生，防治方法是亩用10％吡虫啉10mL加4.5％高效氯氰菊酯30mL对水30kg喷雾。

3. 红蜘蛛 小麦单行33cm有红蜘蛛200头以上时，用1.8％阿维菌素3 000倍液或20％哒螨灵1 000～1 500倍液或40％乐果乳油1 000～1 500倍液均匀喷雾。

4. 麦叶蜂 每平方米麦田麦叶蜂30头以上时，用4.5％氯氰菊酯1 000倍液喷雾防治，一般不需要单独防治，防治麦蚜同时兼治即可。

5. 地下害虫 小麦被害率达3％以上时，亩用50％辛硫磷乳油1 000倍液，或48％毒死蜱乳油1 500倍液或90％晶体敌百虫800倍液灌根防治。

6. 化学除草 冬前未进行化学除草，或化学除草效果不好的麦田，小麦起身至拔节期，当杂草密度达到30株/m²、杂草2～3叶期时，选用苯磺隆系列除草剂进行化学除草。禾本科杂草采取人工拔除，小麦进入拔节期以后，一般不再进行化学除草。对于以上病虫草混合发生的情况，也可采用一次混合喷雾施药防治，达到病虫草兼治的目的。

四、孕穗至抽穗扬花期

该期是小麦白粉病、锈病、赤霉病、散黑穗病、颖枯病等多种病害，以及小麦吸浆虫、早代蚜虫等虫害集中发生期和危害盛期，也是防治的关键时期。多种病、虫混合发生时，要注意分清防治重点，在重点防治的同时，兼治其他病虫害。也可以几种药剂混合使用，达到一次用药兼治多种病虫的目的。

1. 白粉病、锈病 当白粉病病叶率达 20%，条锈病病叶率达 2%～4%，叶锈病病叶率达 5%～10% 时，立即进行防治，可用 12.5% 烯唑醇可湿性粉剂 1 500 倍液，或 20% 三唑酮乳油每亩 50～75mL，对水 45kg 喷雾防治。

2. 散黑穗病 发生轻重与上一年种子带菌量和扬花期的相对湿度有密切关系，小麦抽穗扬花期相对湿度为 58%～85%，菌源充足，可导致病害大流行，反之则轻。防治方法除选用无病优种、药剂拌种外，于抽穗扬花期用 50% 多菌灵可湿性粉剂 500 倍液或 70% 甲基硫菌灵可湿性粉剂 1 000 倍液喷雾。

3. 赤霉病、叶枯病和颖枯病 要以预防为主，穗期如遇连阴天气，在小麦扬花后要喷药预防。可用 50% 多菌灵可湿性粉剂每亩 75～100g 喷雾防治。

4. 吸浆虫 防治策略是以蛹期防治为主、成虫防治为辅。小麦吸浆虫虽是穗期危害的害虫，但防治适期是在 4 月中下旬，小麦抽穗前，大量吸浆虫越冬幼虫上升、化蛹阶段。可亩用 40% 甲基异柳磷乳油 150～200mL 加细沙或细沙土 30～40kg 撒施地面并划锄，施后浇水防治效果更佳。若蛹期未能防治，可在田间小麦 70% 左右抽穗时用 50% 辛硫磷乳油 50～75mL 或 2.5% 敌杀死乳油每亩 10～15mL 喷雾防治。

5. 麦蚜 当百株蚜量达到 800 头时，用 10% 吡虫啉可湿性粉剂（每亩 25～30g），或 50% 抗蚜威每亩 20g 对水 30kg 喷雾，或 40% 乐果乳油 600～800 倍液，或 3% 啶虫脒 2 000 倍液喷雾，为提高防治效果，可将上述任意两种药剂混用，但用量要减半。

6. 禾本科和阔叶杂草 及时人工拔除药治后的残余杂草，防止草籽成熟后落入田间继续危害。

五、灌浆至成熟期

主要防治后期白粉病、锈病、叶枯病、小麦蚜虫等。

1. 叶枯病、白粉病、锈病 针对叶枯病、白粉病、锈病，当病株率 15% 时，用 50% 多菌灵可湿性粉剂 500 倍液，或 70% 甲基硫菌灵可湿性粉剂 1 000 倍液，或 25% 三唑酮可湿性粉剂 1 000 倍液，或 12.5% 烯唑醇可湿性粉剂喷雾。

2. 蚜虫 当百株有麦蚜 800 头，益害比 1∶200 以上时，可以选用 3% 啶虫脒乳油 1 500 倍液（每亩 20g），或 10% 吡虫啉乳油（每亩 10g），或 50% 抗蚜威可湿性粉剂（每亩 10g）等对天敌安全的药剂进行喷施，一般防治 2 次，才能有效控制危害。

3. 病、虫混合 病虫混合发生时，几种药剂可以混合使用，与此同时加入 1% 的尿素和 0.2% 磷酸二氢钾等，可以达到防治病虫、增加粒重等多重效果。

第二节 小麦主要病害及其防治

一、小麦锈病

小麦锈病又称黄疸病，可分为条锈、叶锈、秆锈 3 种类型。小麦条锈病主要发生于西北、西南、黄淮等冬麦区和西北春麦区，在流行年份可减产 $20\%\sim30\%$，严重地块甚至绝收；小麦叶锈病以西南和长江流域发生较重，华北和东北部分麦区也较重；小麦秆锈病在华东沿海、长江流域和福建、广东、广西的冬麦区及东北、内蒙古等春麦区发生流行。

1. 症状 小麦 3 种锈病之间的区别可概括为：条锈成行，叶锈乱，秆锈是个大红斑。

（1）条锈病。主要发生在叶片上，也危害叶鞘、茎秆和穗。初期夏孢子堆呈小长条状，鲜黄色，与叶脉平行，排列成行，像缝纫机轧过的针脚一样。后期表皮破裂，呈现铁锈粉状物。当小麦近成熟时，叶鞘上出现圆形或卵圆形黑褐色粉状物，即夏孢子堆。

（2）叶锈病。一般只发生在叶片上。夏孢子堆只在叶片正面，较小，呈圆形，红铁锈色，排列不规则，表皮破裂不显著。后期叶片背面呈现椭圆形深褐色冬孢子堆。

（3）秆锈病。主要发生在叶鞘和茎秆上，也危害叶片和穗。夏孢子堆大，长椭圆形，深褐色，排列不规则，常连接成大斑，表皮很早破裂。小麦近成熟时，在夏孢子堆及其附近出现黑色、椭圆形冬孢子堆，后期表皮破裂。

2. 发病规律 小麦条锈病菌主要以夏孢子在小麦上完成周年侵染循环，是典型的远程气传病害。其侵染循环可分为越夏、侵染秋苗、越冬及春季流行 4 个环节。秋季越夏的菌源随气流传播到冬麦区后，遇有适宜的温湿度条件即可侵染冬麦秋苗，秋苗的发病开始多在冬小麦播后 1 个月左右。秋苗发病迟早及多少，与菌源距离和播期早晚有关，距越夏菌源近、播种早则发病重。翌年小麦返青后，越冬病叶中的菌丝体复苏扩展，当旬均温上升至 $5℃$ 时显症产孢，如遇春雨或结露，病害扩展蔓延迅速，引致春季流行，成为该病主要为害时期。在具有大面积感病品种前提下，越冬菌量和春季降雨成为流行的两大重要条件。品种抗病性差异明显，但大面积种植具同一抗原的品种，由于病菌小种的改变，往往造成抗病性丧失。

叶锈病菌是一种多孢型转主寄生的病菌。在小麦上形成夏孢子和冬孢子，冬孢子萌发产生担孢子，在唐松草和小乌头上形成锈孢子和性孢子。以夏孢子世代完成其生活史。夏孢子萌发后产生芽管从叶片气孔侵入，在叶面上产生夏孢子堆和夏孢子，进行多次重复侵染。秋苗发病后，病菌以菌丝体潜伏在叶片内或少量以夏孢子越冬，冬季温暖地区，病菌不断传播蔓延。北方春麦区，由于病菌不能在当地越冬，病菌则从外地传来，引起发病。冬小麦播种早，出苗早发病重。一般 9 月上中旬播种的易发病，冬季气温高，雪层厚，覆雪时间长，土壤湿度大，发病重。

秆锈病菌只以夏孢子世代在小麦上完成侵染循环。研究表明，我国小麦秆锈菌病是以夏孢子世代在南方危害秋苗并越冬，在北方春麦区引起春夏流行，通过菌源的远距离传播，构成周年侵染循环。翌年春、夏季，越冬区菌源自南向北、向西逐步传播，造成全国大范围的春、夏季流行。由于大多数地区无或极少有本地菌源，春、夏季广大麦区秆锈病的流行几乎都是外来菌源所致，所以田间发病都是以大面积同时发病为特征，无真正的发病中心。但在外来菌源数量较少、时期较短的情况下，在本地繁殖 $1\sim2$ 代后，田间可能会出现一些"次生发病中心"。小麦品种间抗病性差异明显，该菌小种变异不快，品种抗病性较稳定，近 20 年来没有大的流行。一般来说，小麦抽穗期的气温可满足秆锈菌夏孢子萌发和侵染的要求，决定病害是否流行的主要因素是湿度。对东北和内蒙古春麦区来说，如华北地区发病重，夏孢子数量大，而本地 $5\sim6$ 月气温偏低，小麦发育迟缓，同时

6～7月降雨日数较多，就有可能大流行。北部麦区播种过晚，秆锈病发生重；麦田管理不善，追施氮肥过多过晚，则加重秆锈病发生。

3. 防治方法

（1）农业防治。

①选择抗性品种。要注意抗性品种的轮换种植，防止品种抗性的丧失。

②小麦收获后及时翻耕灭茬，消灭自生麦苗，减少越夏菌源。

③锈病发生后，适当增加灌水次数，可以减轻损失；在土壤中缺乏磷、钾的地区，增施磷、钾肥，也能减轻锈病危害；锈病常发区，氮肥应避免使用过多，以防止小麦贪青晚熟，加重锈病为害。

（2）药剂防治。

①药剂拌种。对秋苗常年发病的地块，用15％三唑酮可湿性粉剂60～100g或12.5％烯唑醇可湿性粉剂每50kg种子用药60g拌种。务必干拌，充分搅拌混匀，严格控制药量，浓度稍大影响出苗。

②大田防治。在秋季和早春，田间发病时，及时进行喷药防治。如果病叶率达到5％、严重度在10％以下，每亩用15％三唑酮可湿性粉剂50g或20％三唑酮乳油40mL，或25％三唑酮可湿性粉剂30g，或12.5％烯唑醇可湿性粉剂15～30g，对水50～70kg喷雾，或对水10～15kg进行低容量喷雾。在病害流行年如果病叶率在25％以上，严重度超过10％，就要加大用药量，视病情严重程度，用以上药量的2～4倍浓度喷雾。

二、小麦纹枯病

小麦纹枯病发生普遍而严重。在长江中下游和黄淮平原麦区逐年加重，对产量影响极大。一般使小麦减产10％～20％，严重地块减产50％左右，个别地块甚至绝收。

1. 症状 小麦受纹枯病菌侵染后，在各生育阶段出现烂芽、病苗枯死、花秆烂茎、枯株白穗等症状。

（1）烂芽。芽鞘褐变，后芽枯死腐烂，不能出土。

（2）病苗枯死。发生在3～4叶期，初仅第一叶鞘上出现中间灰色、四周褐色的病斑，后因抽不出新叶而致病苗枯死。

（3）花秆烂茎。拔节后在基部叶鞘上形成中间灰色、边缘浅褐色的云纹状病斑，病斑融合后，茎基部呈云纹花秆状。

（4）枯株白穗。病斑侵入茎壁后，形成中间灰褐色、四周褐色的近圆形或椭圆形眼斑，造成茎壁失水坏死，最后病株因养分、水分供不应求而枯死，形成枯株白穗。

2. 发病规律 病菌以菌丝或菌核在土壤和病残体上越冬或越夏。播种后开始侵染危害。在田间发病过程可分5个阶段，即冬前发病期、越冬期、横向扩展期、严重度增长期及枯白穗发生期。

（1）冬前发病期。小麦发芽后，接触土壤的叶鞘被纹枯病菌侵染，症状发生在土表处或略高于土面处，严重时病株率可达50％左右。

（2）越冬期。外层病叶枯死后，病株率和病情指数降低，部分病株带菌越冬，并成为翌春早期发病重要侵染源。

（3）横向扩展期。指春季 2 月中下旬至 4 月上旬，气温升高，病菌在麦株间传播扩展，病株率迅速增加，此时病情指数多为 1 或 2。

（4）严重度增长期。4 月上旬至 5 月上中旬，随植株基部节间伸长与病原菌扩展，侵染茎秆，病情指数猛增，这时茎秆和节腔里病斑迅速扩大，分蘖枯死，病情指数升级。

（5）枯白穗发生期。5 月上中旬以后，发病高度、病叶鞘位置及受害茎数都趋于稳定，但发病重的因输导组织受害迅速失水枯死，田间出现枯孕穗和白穗。

发病适温 20℃左右。凡冬季偏暖、早春气温回升快、阴雨多、光照不足的年份发病重，反之，则发病轻。冬小麦播种过早、秋苗期病菌侵染机会多、病害越冬基数高、返青后病势扩展快，发病重；适当晚播则发病轻。重化肥轻有机肥、重氮肥轻磷钾肥发病重。高沙土地纹枯病重于黏土地、黏土地重于盐碱地。

3. 防治方法

（1）农业防治。选用抗病、耐病良种；适期播种，春性强的品种不要过早播种；合理密植，播种量不要过大；北方麦田防止大水漫灌，田间水位高的河滩或涝灌区要开沟排水；合理施肥，氮肥不能过量，防止徒长；粪肥要经高温堆沤后再使用。

（2）化学防治。

①播种前药剂拌种。用种子重量 0.2％的 33％纹霉净（三唑酮加多菌灵）可湿性粉剂或用种子重量 0.03％～0.04％的 15％三唑醇粉剂、或 0.03％的 15％三唑酮可湿性粉剂或 0.012 5％的 12.5％烯唑醇可湿性粉剂拌种。播种时土壤相对含水量较低则易发生药害，如每千克种子加 1.5kg 种子加 1.5mL 赤霉素，就可克服上述杀菌剂的药害。

②喷雾。翌年春季冬、春小麦拔节期，每亩用 5％井冈霉素水剂 7.5g，对水 100kg；或 15％三唑醇粉剂 8g，对水 60kg；或 20％三唑酮乳油 8～10g，对水 60kg；或 12.5％烯唑醇可湿性粉剂 12.5g，对水 100kg；或 50％甲基立枯灵 200g，对水 100kg 喷雾，防效比单独拌种的提高 10％～30％，增产 2％～10％。此外还可选用 33％纹霉净可湿性粉剂或 50％甲基立枯灵可湿性粉剂 400 倍液。

三、小麦白粉病

小麦白粉病是一种世界性病害，在各主要产麦国均有分布，我国山东沿海、四川、贵州、云南发生普遍，危害也重。近年来该病在东北、华北、西北麦区日趋严重。被害麦田一般减产 10％左右，严重地块损失高达 20％～30％，个别地块甚至达到 50％以上。

1. 症状　自幼苗到抽穗均可发病。该病可侵害小麦植株地上部各器官，但以叶片和叶鞘为主，发病重时颖壳和芒也可受害，初发病时，叶面出现 1～2mm 的白色霉点，后霉点逐渐扩大为近圆形或椭圆形白色霉斑，霉斑表面有一层白粉，后期病部霉层变为白色至浅褐色，上面散生黑色颗粒。病叶早期变黄，后卷曲枯死，重病株常矮缩不能抽穗。

2. 发病规律　小麦白粉病菌的越夏方式有两种：一是以分生孢子在夏季气温较低地区的自生麦苗或夏播小麦上继续侵染繁殖或以潜伏态度过夏季；另一种是以病残体上的闭囊壳在低温、干燥的条件下越夏。在以分生孢子越夏的地区，秋苗发病较早、较重，在无越夏菌源的地区则发病较晚、较轻或不发病，秋苗发病以后一般均能越冬。

病菌越冬的方式有两种：一是以分生孢子的形态越冬；另一种是以菌丝状潜伏在病叶

组织内越冬。影响病菌越冬率高低的主要因素是冬季的气温，其次是湿度。越冬的病菌先在植株底部叶片上呈水平方向扩展，以后依次向中部和上部叶片发展。

发病适温 15~20℃，相对湿度大于 70％时，有可能造成病害流行。冬季温暖、雨雪较多，或土壤湿度较大，有利于病原菌越冬。降水日数、降水量过多，可冲刷掉表面分生孢子，从而减缓病害发生。偏施氮肥，造成植株贪青，发病重。植株生长衰弱、抗病力低易发病。

3. 防治方法

（1）农业防治。

①选用抗病品种。

②提倡施用酵素菌沤制的堆肥或腐熟有机肥，采用配方施肥技术，适当增施磷、钾肥，根据品种特性和地力合理密植。南方麦区雨后及时排水，防止湿气滞留。北方麦区适时浇水，使寄主增强抗病力。

③自生麦苗越夏地区，冬小麦秋播前要及时清除掉自生麦，可大大减少秋苗菌源。

（2）药剂防治。

①种子处理。用种子重量 0.03％（有效成分）的 25％三唑酮可湿性粉剂拌种，也可用 15％三唑酮可湿性粉剂 20~25g 拌麦种防治白粉病，兼治黑穗病、条锈病等。

②喷雾。在小麦抗病品种少或病菌小种变异大、抗性丧失快的地区，当小麦白粉病病情指数达到 1 或病叶率达 10％以上时，开始喷洒 20％三唑酮乳油 1 000 倍液或 40％福星乳油 8 000 倍液，也可根据田间情况采用杀虫杀菌剂混配做到关键期一次用药，兼治小麦白粉病、锈病等主要病虫害。

四、小麦赤霉病

小麦赤霉病别名麦穗枯、烂麦头、红麦头，是小麦的主要病害之一。小麦赤霉病在全世界普遍发生，主要分布于潮湿和半潮湿区域，尤其气候湿润多雨的温带地区发生严重。该病一般可造成减产 10％~20％。染病麦粒中含有对人畜有害的毒素，误食后会引起中毒。

1. 症状 主要引起苗枯、穗枯、茎基腐、秆腐等，从幼苗到抽穗都可受害。

（1）苗枯。由种子带菌或土壤中病残体侵染所致。先是芽变褐，然后根冠随之腐烂，轻者病苗黄瘦，重者死亡，枯死苗湿度大时产生粉红色霉状物（病菌分生孢子和子座）。

（2）穗枯。小麦扬花时，初在小穗和颖片上产生水渍状浅褐色斑，渐扩大至整个小穗，小穗枯黄。湿度大时，病斑处产生粉红色胶状霉层。后期其上产生密集的蓝黑色小颗粒（病菌子囊壳）。用手触摸，有突起感，不能抹去，籽粒干瘪并伴有白色至粉红色霉层。小穗发病后扩展至穗轴，病部枯褐，使被害部以上小穗形成枯白穗。

（3）茎基腐。自幼苗出土至成熟均可发生，麦株基部组织受害后变褐腐烂，致全株枯死。

（4）秆腐。多发生在穗下第一、二节，初在叶鞘上出现水渍状褪绿斑，后扩展为淡褐色至红褐色不规则形斑或向茎内扩展。病情严重时，造成病部以上枯黄，有时不能抽穗或抽出枯黄穗。气候潮湿时病部表面可见粉红色霉层。

2. 发病规律 我国中、南部稻麦两作区，病菌除在病残体上越夏外，还在水稻、玉米、棉花等多种作物病残体中营腐生生活越冬。翌年在这些病残体上形成的子囊壳是主要侵染源。子囊孢子成熟正值小麦扬花期。借气流、风雨传播，溅落在花器凋萎的花药上萌发，先营腐生生活，然后侵染小穗，几天后产生大量粉红色霉层（病菌分生孢子）。在开花至盛花期侵染率最高。穗腐形成的分生孢子对本田再侵染作用不大，但对邻近晚麦侵染作用较大。该菌还能以菌丝体在病种子内越夏越冬。

在中国北部、东北部麦区，病菌能在麦株残体、带病种子和其他植物如稗草、玉米、大豆、红蓼等残体上以菌丝体或子囊壳越冬。在北方冬麦区则以菌丝体在小麦、玉米穗轴上越夏越冬，来年条件适宜时产生子囊壳放射出子囊孢子进行侵染。赤霉病主要通过风雨传播，雨水作用较大。

小麦赤霉病虽然是一种多循环病害，但因病菌侵染寄主的方式和侵染时期比较严格，穗期靠产生分生孢子再侵染次数有限，作用也不大。穗枯的发生程度主要取决于花期的初侵染量和子囊孢子的连续侵染。对于成熟参差不齐的麦区，早熟品种的病穗有可能为中晚熟品种和迟播小麦的花期侵染提供一定数量的菌源。迟熟、颖壳较厚、不耐肥品种发病较重；田间病残体菌量大发病重；地势低洼、排水不良、黏重土壤、偏施氮肥、密度大、田间郁闭发病重。

3. 防治方法

（1）农业防治。

①选用抗病品种；②深耕灭茬，清洁田园，消灭菌源；③开沟排水，降低田间湿度。

（2）药剂防治。

①种子处理。是防治芽腐和苗枯的有效措施，可用50％多菌灵每千克种子用药100～200g湿拌。

②喷雾。小麦抽穗至盛花期，每亩用40％多菌灵胶悬剂100g，对水60kg；或70％甲基硫菌灵可湿粉剂75～100g，对水10～15kg；或36％粉霉灵胶悬剂100g，以及33％纹霉净可湿性粉剂50g，任选一种，对水33kg稀释喷雾。如扬花期连续下雨，第一次用药7d后趁下雨间断时再用药1次。

五、小麦全蚀病

小麦全蚀病又称为小麦立枯病、黑脚病。是一种典型的毁灭性根部病害，广泛分布于世界各地。目前我国云南、四川、江苏、浙江、河北、山东、内蒙古等省（自治区）已有发生，尤以山东省发生重，危害大。一旦传入，蔓延迅速，不宜根除。发病田轻者减产10％～20％，重者减产50％以上，甚至绝收。除危害小麦外，还侵染大麦、玉米、黍子、旱稻、燕麦等作物，以及鹅冠草、毒麦、早熟禾、看麦娘、蟋蟀草等禾本科杂草。

1. 症状 只侵染根部和茎基部。幼苗感病，初生根部根茎变为黑褐色，严重时病斑连在一起，使整个根系变黑死亡。分蘖期地上部分无明显症状，重病植株表现稍矮，基部黄叶多。拔出麦苗，用水冲洗麦根，可见种子根与地下茎都变成了黑褐色。在潮湿情况下，根茎变色，部分形成基腐性的"黑脚"症状。最后造成植株枯死，形成"白穗"。近收获时，在潮湿条件下，根茎处可看到黑色点状突起的子囊壳。但在干旱条件下，病株基部"黑脚"症状不明显，也不产生子囊壳。严重时全田植株枯死。

2. 发病规律　小麦全蚀病菌是土壤寄居菌，以潜伏菌丝在土壤中的病残体上腐生或休眠，是主要的初侵染菌源。除土壤中的病菌外，混有病菌的病残体和种子亦能传病，小麦整个生育期均可感染，但以苗期侵染为主。病菌可由幼苗的种子根、胚芽以及根颈下的节间侵入根组织内，也可通过胚芽鞘和外胚叶进入寄主组织内。12～18℃的土温有利于侵染。因受温度影响，冬麦区有年前、年后两个侵染高峰，冬小麦播种越早，侵染期越早，发病越重。全蚀病以初侵染为主，再侵染不重要。小麦、大麦等寄主作物连作，发病严重，一年两熟地区小麦和玉米复种，有利于病菌的传递和积累，土质疏松，碱性，有机质少，氮、磷缺乏的土壤发病均重。不利于小麦生长和成熟的气候条件，如冬春低温和成熟期的干热风，都可使小麦受害加重。小麦全蚀病有明显的自然衰退现象，一般表现为上升期、高峰期、下降期和控制期4个阶段，达到病害高峰期后，继续种植小麦和玉米，全蚀病衰退，一般经1～2年即可控制危害。

3. 防治方法

（1）加强植物检疫，严禁从病区调种，防止病害传入，保护无病区。

（2）农业防治。

①新病区采取扑灭措施，深翻改土，改种非寄主作物。②老病区坚持1～2年换种1次非寄主作物。③增施有机肥，保持氮、磷平衡。④加强田间管理，深耕细耙，适时中耕、灌溉、施肥，促进根系发育和植株抗病力，不用病残物沤肥。

（3）药剂防治。

①种子处理。用三唑酮按种子量的0.1%～0.15%进行拌种。

②喷雾。在小麦拔节期，每亩用15%三唑酮可湿性粉剂65～100g，或20%三唑酮乳油50～70mL对水60kg喷施。

六、小麦黑穗病

小麦黑穗病包括散黑穗病、腥黑穗病、小麦秆黑粉病等，是小麦生产上的重要病害。在世界各国麦区均有发生，我国主要分布在华北、西北、东北、华中和西南各省，并以北方麦区发生较重。

1. 症状

（1）散黑穗病。俗称黑疸、枪杆、乌麦等。在冬、春麦区地均有发生，个别地块发病较重。目前少数品种发生普遍。主要在穗部发病，病穗比健穗较早抽出。最初病小穗外面包一层灰色薄膜，成熟后破裂，散出黑粉（病菌的厚垣孢子），黑粉吹散后，只残留裸露的穗轴。病穗上的小穗全部被毁或部分被毁，仅上部残留少数健穗。一般主茎、分蘖都出现病穗，但在抗病品种上有的分蘖不发病。

（2）腥黑穗病。又称腥乌麦、黑麦、黑疸。发生于穗部，抽穗前症状不明显，抽穗后至成熟期症状明显。病株全部籽粒变成菌瘿，菌瘿较健粒短胖。初为暗绿色，后变为灰白色，内部充满黑色粉末，最后菌瘿破裂，散出黑粉，并有鱼腥味。

（3）秆黑粉病。俗称乌麦、黑枪、黑疸、锁口疸。小麦产区均有分布，危害较重。近年来，局部地区有回升趋势。主要发生在叶片、叶鞘、茎秆上，发病部位纵向产生银灰色、灰白色条纹。条纹是一层薄膜，常隆起，内有黑粉，黑粉成熟时，膜纵裂，散出黑色粉末，即病原菌的冬孢子。病株常扭曲、矮化，重者不抽穗，抽穗小，籽粒秕瘦。

2. 发病规律

（1）散黑穗病。属于花器侵染病害，一年只侵染一次。带菌种子是病害传播的唯一途径。病菌以菌丝潜伏在种子胚内，外表不显症。当带菌种子萌发时，潜伏的菌丝也开始萌发，随小麦生长发育经生长点向上发展，侵入穗原基。孕穗时，菌丝体迅速发展，使麦穗变为黑粉。厚垣孢子随风落在扬花期的健穗上，落在湿润的柱头上萌发产生先菌丝，先菌丝产生4个细胞分别生出丝状结合管，异性结合后形成双核侵染丝侵入子房，在珠被未硬化前进入胚珠，潜伏其中，种子成熟时，菌丝胞膜略加厚，在其中休眠，当年不表现症状，来年发病，并侵入第二年的种子潜伏，完成侵染循环。刚产生的厚垣孢子24h后即能萌发，温度范围5~35℃，最适20~25℃。厚垣孢子在田间仅能存活几周，没有越冬（或越夏）的可能性。小麦扬花期空气湿度大或常阴雨天利于孢子萌发侵入，病种子多，来年发病重。

（2）腥黑穗病。病菌以厚垣孢子附在种子外表或混入粪肥、土壤中越冬或越夏。当种子发芽时，厚垣孢子也随即萌发，厚垣孢子产生先菌丝，其顶端生6~8个线状担孢子，不同性别担孢子在先菌丝上呈H状结合，然后萌发为较细的双核侵染线。从芽鞘侵入麦苗并到达生长点，后以菌丝体形态随小麦而发育，到孕穗期，侵入子房，破坏花器，抽穗时在麦粒内形成菌瘿，即病原菌的厚垣孢子。小麦腥黑穗病菌的厚垣孢子能在水中萌发，有机肥浸出液对其萌发有刺激作用。萌发适温16~20℃。病菌侵入麦苗温度5~20℃，最适温度9~12℃。湿润土壤（土壤持水量40%以下）有利于孢子萌发和侵染。一般播种较深，不利于麦苗出土，增加病菌侵染机会，病害加重发生。

（3）秆黑粉病。病菌以冬孢子团散落在土壤中或以冬孢子黏附在种子表面及肥料中越冬或越夏，成为该病初侵染源。冬孢子萌发后从芽鞘侵入而至生长点，是幼苗系统性侵染病害，没有再侵染。小麦秆黑粉病发生与小麦发芽期土温有关，土温9~26℃均可侵染，但以土温20℃左右最为适宜。此外发病与否、发病率高低均与土壤含水量有关。一般干燥地块较潮湿地块发病重。西北地区10月播种的发病率高。品种间抗病性差异明显。

3. 防治方法　小麦黑穗（粉）病的防治措施，主要根据病原菌的侵染方式及传播途径来确定。由于小麦黑穗病主要由种子内外带菌和土壤粪肥带菌传播，而且在一个生长季节内只有一次侵染而没有再侵染，因此只要采用杜绝种子传播及种子处理、土壤处理的措施，保护幼苗不受干扰即可获得良好的防治效果。

（1）加强检疫，设立无病留种地。腥黑穗病菌属国内、省内检疫对象，无病区应严格检疫，杜绝人为传播。应在300m以外隔离种植，责任田一旦出现黑穗，应在膜未破裂前拔掉深埋或烧掉。

（2）栽培防病措施。

①抗病品种。尽可能在现有品种中寻找抗病品种。

②适期播种。不同地区应因地制宜掌握播期。

（3）种子处理。

①药剂拌种。种子表面带菌（腥黑穗病、秆黑粉病），关键抓药剂拌种。

药剂：35％菲醌、50％福美双、50％甲基硫菌灵、50％多菌灵、50％苯菌灵、70％敌磺钠、25％萎锈灵、40％拌种双。以上为粉剂，用量为干种子量的 0.2％～0.4％。为使药剂均匀，在药中加少量细干土拌匀后再拌种。有的用种子：尿素＝1：1，浸种 2～3h，可刺激发芽，缩短芽鞘期。

②浸种。种子内部带菌（散黑穗病）。

1％石灰水浸种。0.5kg 石灰加水 50kg，浸种 35～35kg，水面高出种子 6.7～10cm。浸种时间：水温 20℃，3～4d；水温 25℃，2～3d；水温 30℃以上，1～1.5d；水温 35℃，1d。

（4）防止土壤、粪肥传病（秆黑粉病、腥黑穗病）。

①土壤处理。100％六氯代苯或 75％五氯硝基苯，每亩 1kg 加细干土 5～10kg，与已拌过药剂的种子一块播下，能防止土壤中病菌的感染。

②高温腐熟肥料并采用粪种隔离。

③增施有机肥，促土壤中抗生菌繁殖。

七、小麦根腐病

小麦根腐病是由禾旋孢腔菌引起，危害小麦幼苗、成株的根、茎、叶、穗和种子的一种真菌病害。根腐病分布极广，小麦种植国家均有发生。中国主要发生在东北、西北、华北、内蒙古等地区，且东北、西北春麦区发生重。近年来不断扩大，广东、福建麦区也有发现。

1. 症状　全生育期均可引起发病。苗期引起根腐，成株期引起叶斑、穗腐或黑胚。种子带菌严重的不能发芽，轻者能发芽，但幼芽脱离种皮后即死在土中，有的虽能发芽出苗，但生长细弱。幼苗染病后在芽鞘上产生黄褐色至褐黑色梭形斑，边缘清晰，中间稍褪色，扩展后引起种根基部、根间、分蘖节和茎基部褐变，病组织逐渐坏死，上生黑色霉状物，最后根系腐烂，麦苗平铺在地上，下部叶片变黄，逐渐黄枯而亡。成株期染病叶片上出现梭形小褐斑，后扩展为长椭圆形或不规则形浅褐色斑，病斑两面均生灰黑色霉，病斑融合成大斑后枯死，严重的整叶枯死。叶鞘染病产生边缘不明显的云状斑块，与其连接叶片黄枯而死。小穗发病出现褐斑和白穗。

2. 发病规律　病菌以菌丝体和厚垣孢子在病残体和土壤中越冬，成为翌年的初侵染源。该菌在土壤中存活 2 年。生产上播种带菌种子可引致苗期发病。幼苗受害程度随种子带菌量增加而加重，如侵染源多则发病重；在种子带菌为主的条件下，种子被害程度较其带菌率对发病影响更大；生产上土壤温度低或土壤湿度过低或过高均易发病，土质瘠薄或肥水不足抗病力下降及播种过早或过深，发病重。

3. 防治方法

（1）农业防治。因地制宜地选用适合当地栽培的抗根腐病的品种。选用无病种子和进行种子处理。施用腐熟的有机肥，麦收后及时耕翻灭茬，使病残组织当年腐烂，以减少翌年初侵染源。进行轮作换茬，适时早播、浅播。土壤过湿的要散墒后播种，土壤过干则应采取镇压保墒等农业措施减轻受害。

（2）药剂防治。

①种子处理。用25％三唑酮，或50％福美双，或50％异菌脲可湿性粉剂拌种，用量为种子重量的0.2％。

②喷雾。在发病初期及时喷药进行防治，效果较好的药剂有：50％异菌脲可湿性粉剂每亩60～100g；15％三唑酮乳油每亩40～60mL＋50％多菌灵可湿性粉剂每亩50～60g；25％丙环唑乳油每亩25～40mL，对水75kg喷雾。成株开花期，喷洒25％丙环唑乳油4 000倍液＋50％福美双可湿性粉剂每亩100g，对水均匀喷洒。成株抽穗期，可用25％丙环唑乳油每亩40mL、25％三唑酮可湿性粉剂每亩100g，对水75kg喷洒1～2次。

八、小麦叶枯病

小麦叶枯病是引起小麦叶斑和叶枯类病害的总称。世界上报道的叶枯病的病原菌达20多种。我国目前以雪霉叶枯病、链格孢叶枯病、壳针孢类叶枯病、黄斑叶枯病等在各产麦区危害较大，已成为我国小麦生产上的一类重要病害，多雨年份和潮湿地区发生尤其严重。

1. 症状 小麦叶枯病多在小麦抽穗期开始发生，主要危害叶片和叶鞘，初发病叶片上生长出卵圆形淡黄色至淡绿色小斑，以后迅速扩大，形成不规则形黄白色至黄褐色大斑块，一般先从下部叶片开始发病枯死逐渐向上发展。

2. 发病规律 小麦叶枯病的发病程度与气象因素、栽培条件、菌源数量、品种抗病性等因素有关。

（1）气候因素。潮湿多雨和比较冷凉的气候条件有利于小麦雪霉叶枯病的发生。14～18℃适宜菌丝生长、分生孢子和子囊孢子的产生，18～22℃则有利于病菌侵染和发病。4月下旬至5月上旬降水量对病害发展影响很大，如此期降水量超过70mm发病严重，如在40mm以下则发病较轻。苗期受冻，幼苗抗逆力弱，叶枯病往往发生较重。小麦开花期到乳熟期潮湿（相对湿度＞80％）并配合有较高的温度（18～25℃）有利于各种叶枯病的发展和流行。

（2）栽培条件。氮肥施用过多，冬麦播种偏早或播量偏大，造成植株群体过大，田间郁闭，发病重。东北地区报道，春小麦过迟播种，幼苗根腐叶枯病也重。麦田灌水过多，或生长后期大水漫灌，或地势低洼排水不良，有利于病害发生。

（3）菌源数量。种子感病程度重，带菌率高，播种后幼苗感病率和病情指数也高。东北地区研究报道，种子感病程度与根腐叶枯病病苗率和病情指数之间呈高度正相关。

3. 防治方法

（1）农业防治。使用健康无病种子，适期适量播种；施足基肥，氮、磷、钾配合使用，以控制田间群体密度，改善通风透光条件；控制灌水，雨后还要及时排水。

（2）药剂防治。

①种子处理。用种子重量0.2％～0.3％的50％福美双可湿性粉剂拌种，或33％纹霉净（三唑酮＋多菌灵）可湿性粉剂按种子重量的0.2％拌种。

②喷雾。扬花期至灌浆期是防治叶枯病的关键时期，田间开始发病时，可选用下列杀菌剂进行预防和防治：75％百菌清可湿性粉剂每亩75～95g＋12.5％烯唑醇可湿性粉剂每亩22.5～30g；或20％三唑酮乳油每亩100mL；或50％福美双可湿性粉剂每亩100g＋

50%多菌灵可湿性粉剂 1 000 倍液；或 50%甲基硫菌灵可湿性粉剂 1 000 倍液；或 40%氟硅唑乳油 6 000～8 000 倍液；或 50%异菌脲可湿性粉剂 1 500 倍液，每亩用对好的药液 40～50kg，均匀喷施。

九、小麦病毒病

病毒病是小麦生产上的一类重要病害，近年来有逐年加重趋势。目前世界上报道的小麦病毒病约有 30 种，而我国发现的也已超过 16 种。其中发生普遍、危害严重的主要是小麦丛矮病、黄矮病、土传花叶病等。

1. 症状

（1）丛矮病。此病的典型症状是上部叶片有黄绿相间的条纹，分蘖显著增多，植株矮缩，形成明显的丛矮状。秋苗期感病，在新生叶上有黄白色断续的虚线条，以后发展成为不均匀的黄绿条纹，分蘖明显增多。冬前感病的植株大部分不能越冬而死亡，轻病株返青后分蘖继续增多，表现细弱，叶部仍有明显黄绿相间的条纹，病株严重矮化，一般不能拔节抽穗或早期枯死。拔节以后感病的植株只上部叶片显条纹，能抽穗，但穗很小，籽粒秕，千粒重下降。

（2）黄矮病。秋苗期和春季返青后均可发病。典型症状是新叶从叶尖开始发黄，植株变矮。叶片颜色为金黄色到鲜黄色，黄化部分占全叶的 1/3～1/2。秋苗期感病的植株矮化明显，分蘖减少，一般不能安全越冬。即使能越冬存活，一般也不能抽穗。穗期感病的植株一般只旗叶发黄，呈鲜黄色，植株矮化不明显，能抽穗，千粒重减低。

（3）土传花叶病。小麦土传花叶病一般在秋苗上不表现症状或症状不明显，春季植株返青后逐渐显症。受害植株心叶上产生褪绿斑块或不规则的黄色短条斑，返青后叶片上形成黄色斑块，拔节后下部叶片多变黄枯死，中部叶片上产生大量黄色斑驳或条纹。病田植株发黄，似缺肥状。病株常矮化，分蘖枯死，成穗少，穗小粒秕，千粒重明显下降。

2. 发病规律

（1）丛矮病。小麦丛矮病毒不经汁液、种子和土壤传播，主要由灰飞虱传毒。灰飞虱吸食后，需经一段循回期才能传毒。日均温 26.7℃，平均 10～15d，20℃时平均 15.5d。1～2 龄若虫易得毒，而成虫传毒能力最强。最短获毒期 12h，最短传毒时间 20min。获毒率及传毒率随吸食时间延长而提高。一旦获毒可终生带毒，但不经卵传递。病毒随带毒若虫在其体内越冬。冬麦区灰飞虱秋季从带病毒的越夏寄主上大量迁飞至麦田危害，造成早播秋苗发病。越冬带毒若虫在杂草根际或土缝中越冬，是来年毒源，来年迁回麦苗危害。小麦成熟后，灰飞虱迁飞至自生麦苗、水稻等禾本科植物上越夏。

（2）黄矮病。病毒不能经种子、汁液和土壤传播，只能由蚜虫传播。传毒蚜虫有麦二叉蚜、麦无网长管蚜、麦长管蚜、禾缢管蚜和玉米蚜等。山东省小麦黄矮病的传毒昆虫主要是麦二叉蚜。蚜虫的传毒能力很强，在病叶上吸食 30min 即可获毒，再在健株上吸食 5～10min 即可传完毒。蚜虫的传毒能力维持 20d 左右，不能通过卵传毒，也不能传给下一代。病毒进入小麦植株后，随营养物质的运输，迅速被输送到小麦生长点，导致新叶首先发病。当气温 16～20℃时，病毒潜育期为 15～20d，温度低，潜育期长，气温在 25℃以上时显症，超过 30℃症状不显现。秋季，小麦出苗后，蚜虫从夏秋禾谷类作物或禾本科杂草上迁入麦田取食、繁殖与传毒，在麦田形成再取食再传毒的过程，引起不同生育期的小麦发病，5月下旬至6月上旬，带毒蚜虫再将病毒传给越夏寄主植物，并在这些植物上危害传毒，至小麦秋苗期，蚜虫又迁回麦田危害与传毒。小麦黄矮病的发生程度与蚜虫数量、气候条件有密切关系。传毒蚜虫的数量越大，病害发生越重，特别是麦二叉蚜的发生量直接影响病害的发生轻重。冬前气温偏高，年后2～3月平均气温高，回升快，有利于蚜虫的繁殖和传毒，加上大面积种植感病品种，黄矮病容易发生流行。

（3）土传花叶病。小麦土传花叶病不能通过昆虫、种子传播，而是经禾谷多黏菌传毒侵染。多黏菌是一种土壤真菌，以带毒的休眠孢子在土壤中越冬，因此，这一病害如同土壤传播。病土、病根茬是小麦土传花叶病的初侵染来源，流水及农事操作可使病害扩散蔓延。该病的发生与品种、土壤肥力、土质有关。品种不同，发病程度不同；肥水条件差的地块，发病重；一般基肥足，追肥及时，植株生长健壮的麦田发病轻；黏土、黄土较沙壤土发病轻。

3. 防治方法

（1）农业防治。

①使用抗、耐病品种。有的病毒病很容易找到抗病品种，而且抗性持久，如土传花叶病毒病，而有的只能找到比较耐病的品种，如黄矮病。

②合理安排种植制度。尽量避免棉麦、烟麦等间套作，所有大秋作物收获后及时耕翻灭茬，解决杂草虫害问题；防止过早播种，避开田间害虫越冬前的迁飞活动高峰。

（2）药剂防治。

①药剂拌种。用种子量0.3%的50%辛硫磷乳油对水拌种，并闷种24h后拌种。

②喷雾。用40%乐果乳油1 000～2 000倍液，均匀喷雾，防治传毒害虫，可减轻病毒病发生和蔓延。

第三节　小麦主要虫害及其防治

一、小麦蚜虫

小麦蚜虫分布极广，几乎遍及世界各产麦国，我国危害小麦的蚜虫有多种，通常较普遍而重要的有：麦长管蚜、麦二叉蚜、禾缢管蚜、无网长管蚜。在国内除无网长管蚜分布范围狭外，其余在各麦区均普遍发生，但常以麦长管蚜和麦二叉蚜发生数量最多，危害最重。一般麦长管蚜无论南北方密度均相当大，但偏北方发生更重；麦二叉蚜主要发生于长江以北各省份，尤以比较少雨的西北冬春麦区频率最高。就麦长管蚜和麦二叉蚜来说，除小麦、大麦、燕麦、糜子、高粱和玉米等寄主外，麦长管蚜还能危害水稻、甘蔗和茭白等禾本科作物及早熟禾、看麦娘、马唐、棒头草、狗牙根和野燕麦等杂草，麦二叉蚜能取食赖草、冰草、雀麦、星星草和马唐等禾本科杂草。

1. 形态特征

（1）麦长管蚜。无翅孤雌蚜体长3.1mm，宽1.4mm，长卵形，草绿色至橙红色，头部略显灰色，腹侧具灰绿色斑。触角、喙端节、腹管黑色。尾片色浅。腹部第6～8节及腹面具横网纹，无缘瘤。中胸腹岔具短柄。额瘤显著外倾。触角细长，全长不及体长，第

3节基部具1~4个次生感觉圈。喙粗大，超过中足基节。端节圆锥形，是基宽的1.8倍。腹管长圆筒形，长为体长1/4，在端部有网纹十几行。尾片长圆锥形，长为腹管的1/2，有6~8根曲毛。有翅孤雌蚜体长3.0mm，椭圆形，绿色，触角黑色，第3节有8~12个感觉圈排成一行。喙不达中足基节。腹管长圆筒形，黑色，端部具15~16行横行网纹，尾片长圆锥状，有8~9根毛。

（2）麦二叉蚜。无翅孤雌蚜体长2.0mm，卵圆形，淡绿色，背中线深绿色，腹管浅绿色，顶端黑色。中胸腹岔具短柄。额瘤较中额瘤高。触角6节，全长超过体之半，喙超过中足基节，端节粗短，长为基宽的1.6倍。腹管长圆筒形，尾片长圆锥形，长为基宽的1.5倍，有长毛5~6根。有翅孤雌蚜体长1.8mm，长卵形。活时绿色，背中线深绿色。头、胸黑色，腹部色浅。触角黑色，共6节，全长超过体之半。触角第3节具4~10个小圆形次生感觉圈，排成一列。前翅中脉二叉状。

（3）禾缢管蚜。成虫无翅孤雌蚜体宽卵形，长1.9mm，宽1.1mm，体表绿色至墨绿色，杂以黄绿色纹，常被薄粉；头部光滑，胸腹背面有清楚网纹；腹管基部周围常有淡褐色或锈色斑，腹部末端稍带暗红色；触角6节，黑色，为体长的2/3；第3~6节有覆瓦状纹，第6节鞭部的长度是基部4倍；腹管黑色，长圆筒形，端部略凹缢，有瓦纹。有翅孤雌蚜体礎卵形，长2.1mm，宽1.1mm；头、胸黑色；腹部绿色至深绿色，腹部背面两侧及后方有黑色斑纹；触角6节，黑色，短于体长。卵初产时黄绿色，较光亮，稍后转为墨绿色。无翅若蚜末龄体墨绿色，腹部后方暗红色；头部复眼暗褐色；体长2.1mm，宽1.0mm。

（4）无网长管蚜。无翅成蚜体形呈长椭圆形，体长2.5mm。腹部蜡白色至淡赤色。腹管长圆筒形，淡色至绿色，端部无网状纹。尾片有毛7~9根，有翅蚜翅中脉分支2次。触角第3节长0.52mm，有感觉圈10~20个以上。

2. 危害特点 小麦拔节抽穗后，麦蚜危害多集中在茎叶和穗部，病部呈浅黄色斑点，严重时叶片发黄，甚至整株枯死。麦蚜在直接危害的同时，还间接传播小麦病毒病，其中以传播小麦黄矮病危害最大。

3. 发生规律 麦蚜的越冬虫态及场所均依各地气候条件而不同，南方无越冬期，北方麦区、黄河流域麦区以无翅胎生雌蚜在麦株基部叶丛或土缝内越冬，北部较寒冷的麦区，多以卵在麦苗枯叶上、杂草上、土缝内越冬，而且越向北，以卵越冬率越高。从发生时间上看，麦二叉蚜早于麦长管蚜，麦长管蚜一般到小麦拔节后才逐渐加重。

麦蚜为间歇性猖獗发生，这与气候条件密切相关。麦长管蚜喜中温不耐高温，要求湿度为40%~80%，而麦二叉蚜则耐30℃的高温，喜干怕湿，湿度以35%~67%为宜。一般早播麦田，蚜虫迁入早，繁殖快，危害重。夏秋作物的种类和面积直接关系麦蚜的越夏和繁殖。前期多雨气温低，后期一旦气温升高，常会造成麦蚜的大暴发。

4. 防治方法

（1）农业防治。合理布局作物，冬、春麦混种区尽量使其单一化，秋季作物尽可能为玉米和谷子等。选择一些抗虫耐病的小麦品种，造成不良的食物条件。冬麦适当晚播，实行冬灌，早春耙磨镇压。

（2）药剂防治。药剂防治应注意抓住防治适期和保护天敌的控制作用。

①防治适期。麦二叉蚜要抓好秋苗期、返青和拔节期的防治；麦长管蚜以扬花末期防治最佳。

②选择药剂。用40%乐果乳油2 000～3 000倍液或50%辛硫磷乳油2 000倍液，对水喷雾；每亩用50%辟蚜雾可湿性粉剂10g，对水50～60kg喷雾；用50%抗蚜威4 000～5 000倍液，喷雾防治。

二、小麦吸浆虫

小麦吸浆虫为世界性害虫，广泛分布于亚洲、欧洲和美洲主要小麦栽培国家。国内的小麦吸浆虫亦广泛分布于全国主要产麦区，我国的小麦吸浆虫主要有两种，即红吸浆虫和黄吸浆虫。小麦红吸浆虫主要发生于平原地区的渡河两岸，而小麦黄吸浆虫主要发生在高原地区和高山地带。

1. 形态特征

(1) 麦红吸浆虫。雌成虫体长2～2.5mm，翅展5mm左右，体橘红色。复眼大，黑色。前翅透明，有4条发达翅脉，后翅退化为平衡棍。触角细长，雌虫触角14节，念珠状，各节呈长圆形膨大，上面环生2圈刚毛。胸部发达，腹部略呈纺锤形，产卵管全部伸出。雄虫体长2mm左右，触角14节，其柄节、梗节中部不缢缩，鞭节12节，每节具2个球形膨大部分，环生刚毛。卵长0.09mm，长圆形，浅红色。幼虫体长2～3mm，椭圆形，橙黄色，头小，无足，蛆形；前胸腹面有1个Y形剑骨片，前端分叉，凹陷深。蛹长2mm，裸蛹，橙褐色，头前方具白色短毛2根和长呼吸管1对。

(2) 麦黄吸浆虫。雌体长2mm左右，体鲜黄色，产卵器伸出时与体等长。雄虫体长1.5mm，腹部末端的抱握器基节内缘无齿。卵长0.29mm，香蕉形。幼虫体长2～2.5mm，黄绿色，体表光滑，前胸腹面有剑骨片，剑骨片前端呈弧形浅裂，腹末端生突起2个。蛹鲜黄色，头端有1对较长毛。

2. 危害特点 以幼虫潜伏在颖壳内吸食正在灌浆的麦粒汁液，造成秕粒、空壳。小麦吸浆虫以幼虫危害花器、籽实和麦粒，是一种毁灭性害虫。

3. 发生规律 两种吸浆虫均一年发生1代，遇不良环境幼虫有多年休眠习性，故也有多年1代的。以老熟幼虫在土中结圆茧越冬、越夏。黄淮流域3月上中旬越冬幼虫破茧上升到土表，此时小麦多处于拔节期，4月中下旬大量化蛹，蛹羽化盛期在4月下至5月上旬，成虫出现后，正值小麦抽穗扬花期，随之大量产卵。在同一地区麦黄吸浆虫发育历期略早于麦红吸浆虫。成虫羽化后当天或第二天即行交配产卵，麦红吸浆虫多将卵产在已抽穗尚未扬花的麦穗颖间和小穗间，一处产3～5粒，卵期3～5d。麦黄吸浆虫多产在刚露脸初抽穗麦株的内外颖里面及其侧片上，一处产5～6粒，卵期7～9d。幼虫孵化后，随即转入颖壳，附在子房或刚灌浆的麦粒上唑取汁液危害。幼虫共3龄，历期1.5～20d，老熟幼虫危害后，爬至颖壳及麦芒上，随雨珠、露水或自动弹落在土表，钻入土中10～20cm处作圆茧越冬。

小麦吸浆虫的发生受气候、品种等多因素影响。当10cm土温7℃时，幼虫破茧活动，12～15℃化蛹，20～23℃羽化成虫，温度上升30℃以上时，幼虫即恢复休眠。天气干旱，土壤含水率低不利化蛹、羽化及成虫产卵。如雨水充沛、气温适宜常会引起吸浆虫的大发生。小麦芒少，小穗间空隙大，颖壳扣合不紧密和扬花期长的品种，利其产卵，危害重。成虫盛发期与小麦抽穗扬花期吻合发生重，两期错位则发生轻。土壤团粒构造好，土质疏松，保水力强也利其发生。在保证虫源的前提下，小麦吸浆虫是否成灾的主导因素是上年7、8月和当年1、2月的降水量和气温。

4. 防治方法

（1）农业防治。

①选用抗虫品种。吸浆虫耐低温而不耐高温，因此越冬死亡率低于越夏死亡率。土壤湿度条件是越冬幼虫开始活动的重要因素，是吸浆虫化蛹和羽化的必要条件。不同小麦品种，小麦吸浆虫的危害程度不同，一般芒长多刺、小穗密集、扬花期短而整齐、果皮厚的品种，对吸浆虫成虫的产卵、幼虫入侵和危害均不利。因此要选用穗型紧密、内外颖毛长而密、麦粒皮厚、浆液不易外流的小麦品种。

②轮作倒茬。麦田连年深翻，小麦与油菜、豆类、棉花和水稻等作物轮作，对压低虫口数量有明显的作用。在小麦吸浆虫严重田区及其周围，可实行棉麦间作或改种油菜、大蒜等作物。

（2）化学防治。

①土壤处理。时间：小麦播种前，最后一次浅耕时；小麦拔节期；小麦孕穗期。药剂：2%甲基异柳磷粉剂，4%敌马粉，亩用2～3kg，或80%敌敌畏乳油50～100mL加水1～2kg，或用50%辛硫磷乳油200mL，加水5kg喷在20～25kg的细土上，拌匀制成毒土施用，边撒边耕，翻入土中。

②成虫期药剂防治。在小麦抽穗至开花前，每亩用80%敌敌畏150mL，加水4kg稀释，喷洒在25kg麦糠上拌匀，隔行每亩撒一堆，此法持效期长、防治效果好。或用40%乐果乳剂1 000倍液、2.5%溴氰菊酯3 000倍液、40%杀螟松可湿性粉剂1 500倍液等喷雾。

三、小麦红蜘蛛

小麦红蜘蛛也称为麦蜘蛛、火龙、红旱、麦虱子等，主要有麦长腿蜘蛛和麦圆蜘蛛两种。麦圆蜘蛛多发生在北纬37°以南各省份，如山东、山西、江苏、安徽、河南、四川、陕西等地。麦长腿蜘蛛主要发生于黄河以北至长城以南地区，如河北、山东、山西、内蒙古等地。

1. 形态特征

（1）麦圆蜘蛛。雌成虫体卵圆形，体长0.6～0.98mm，体宽0.43～0.65mm，体黑褐色，体背有横刻纹8条，在体背后部有隆起的肛门。足4对，第1对足最长。卵麦粒状，长约0.2mm，宽0.1～0.14mm，初产暗红色，以后渐变淡红色，上有五角形网纹。初孵幼螨足3对，等长，身体、口器及足均为红褐色，取食后渐变暗绿色。幼虫蜕皮后即进入若虫期，足4对，体形与成虫大体相似。

（2）麦长腿蜘蛛。雌成虫形似葫芦状，黑褐色，体长0.6mm，宽约0.45mm。体背有不太明显的指纹状斑。背刚毛短，共13对，纺锤形，足4对，红或橙黄色，均细长。第1对足特别发达，中垫爪状，具2列黏毛。越夏卵呈圆柱形，橙红色，直径0.18mm，卵壳表面被有白色蜡质，卵的顶部覆盖白色蜡质物，形似草帽状。卵顶有放射形条纹。非越夏卵呈球形，红色，直径约 0.15mm。初孵时为鲜红色，取食后变为黑褐色。若虫期足 4 对，体较长。

2. 危害特点　以成、若虫吸食麦叶汁液，受害叶上出现细小白点，后麦叶变黄，麦株生育不良，植株矮小，严重的全株干枯。

3. 发生规律　麦长腿蜘蛛一年发生 3～4 代，以成虫和卵越冬，第二年 3 月越冬成虫开始活动，卵也陆续孵化，4～5 月进入繁殖及危害盛期。5 月中下旬成虫大量产卵越夏。10 月上中旬越夏卵陆续孵化危害麦苗，完成 1 个世代需 24～26d。麦圆蜘蛛一年发生 2～3 代，以成、若虫和卵在麦株及杂草上越冬。3 月中下旬至 4 月上旬虫量大，危害重，4 月下旬虫口消退，越夏卵 10 月开始孵化危害秋苗。每雌平均产卵 20 余粒，完成 1 代需 46～80d，两种麦蜘蛛均以孤雌生殖为主。

麦长腿蜘蛛喜干旱，生存适温为 15～20℃，最适相对湿度在 50% 以下。麦圆蜘蛛多在早 8、9 时以前和下午 4、5 时以后活动。不耐干旱，生活适温 8～15℃，适宜湿度在 80% 以上。遇大风多隐藏在麦丛下部。两种蜘蛛均有遇惊坠落现象。

4. 防治方法

（1）农业防治。有条件的地方可实行轮作倒茬，及时清除田边地头杂草；麦收后深耕灭茬，消灭越夏卵，压低秋苗虫口基数；适时灌溉，恶化麦蜘蛛发生条件；在灌水之前人工拌落麦蜘蛛，使其坠落沾泥而死亡。

（2）药剂防治。

①拌种，用 75% 甲拌磷乳油 100～200mL，对水 5kg，喷拌 50kg 麦种。

②田间施药，用 40% 乐果乳剂 2 000 倍液，或 50% 马拉硫磷乳油 2 000 倍液喷雾。

四、小麦黏虫

黏虫又名东方黏虫，俗称剃枝虫、行军虫、五色虫。全国各均有分布。我国的黏虫类害虫有 60 余种，较常见的还有劳氏黏虫、白脉黏虫等，在南方与黏虫混合发生，但数量、危害一般不及黏虫，在北方各地虽有分布，但较少见。

1. 形态特征　成虫体长 17～20mm，淡黄褐色或灰褐色，前翅中央前缘各有 2 个淡黄色圆斑，外侧圆斑后方有 1 小白点，白点两侧各有 1 小黑点，顶角具 1 条伸向后缘的黑色斜纹。卵馒头形，单层成行排成卵块。幼虫 6 龄，体色变异大，腹足 4 对。高龄幼虫头部沿蜕裂线有棕黑色八字纹，体背具各色纵条纹，背中线白色较细，两边为黑细线，亚背线红褐色，上下镶灰白色细条，气门线黄色，上下具白色带纹。蛹长 19～23mm，红褐色。

2. 危害特点　低龄时咬食叶肉，使叶片形成透明条纹状斑纹，3 龄后沿叶缘啃食小麦叶片成缺刻，严重时将小麦吃成光秆，穗期可咬断穗子或咬食小枝梗，引起大量落粒。大发生时可在 1～2d 内吃光成片作物，造成严重损失。

3. 发生规律　黏虫是典型的迁飞性害虫，每年 3 月至 8 月中旬顺气流由南往偏北方向迁飞，8 月下旬至 9 月又随偏北气流南迁。国内由北到南每年依次发生 2～8 代。在我国东半部，北纬 27°以南一年发生 6～8 代，以秋季危害晚稻世代和冬季危害小麦世代发生较多；北纬 27°～33°地区一年发生 5～6 代，以秋季危害晚稻世代发生较多；北纬 33°～36°地区一年发生 4～5 代，以春季危害小麦世代发生较多；北纬 36°～39°地区一年发生 3～4 代，以秋季世代发生较多，危害麦、玉米、粟、稻等；北纬 39°以北一年发生 2～3 代，以夏季世代发生较多，危害麦、粟、玉米、高粱及牧草等。在 1 月等温线 0℃（北纬 33°以北地区）不能越冬，每年由南方迁入；1 月等温线 0～8℃（北纬 33°～27°北半部）多以幼虫或蛹在稻茬、稻田埂、稻草堆、菰丛、莲台、杂草等处越冬，南半部多以幼虫在麦田杂草地越冬，但数量较少；1 月等温线 8℃（约北纬 27°以南）可终年繁殖，主要在小麦田越冬危害。

4. 防治方法

（1）诱杀成虫。利用成虫多在禾谷类作物叶上产卵习性，在麦田插谷草把或稻草把，每亩 60～100 个，每隔 5d 更换新草把，把换下的草把集中烧毁。此外也可用糖醋盆、黑光灯等诱杀成虫，压低虫口。

（2）根据预测预报防治。在幼虫 3 龄前及时喷撒 2.5%敌百虫粉或 5%杀虫畏粉，每亩喷 1.5～2.5kg。有条件的喷洒 90%晶体敌百虫 1 000 倍液或 50%马拉硫磷乳油 1 000～1 500 倍液、90%晶体敌百虫 1 500 倍液加 40%乐果乳油 1 500 倍液，每亩喷对好的药液 75kg。提倡施用激素农药，亩用 20%除虫脲胶悬剂 10mL，对水 12.5kg，用东方红 18 型弥雾机喷洒。有条件的可用运-5 型飞机进行超低量喷雾，每亩用 20%除虫脲 1 号胶悬剂 10mL，对水 0.5kg，适用于大面积联防。

（3）药剂。丁硫克百威、辛硫磷、双甲脒。单独防治黏虫时，防效从高到低顺序为辛硫磷大于丁硫克百威大于双甲脒。丁硫克百威与辛硫磷以 1：4 混配，增效作用显著。双甲脒与丁硫克百威及双甲脒与辛硫磷 1：1 混配有增效作用。

五、麦秆蝇

麦秆蝇俗称小麦钻心虫、麦蛆。在内蒙古及华北、西北春麦区分布尤为广泛，在冬麦区分布也较普遍，新疆、内蒙古、宁夏以及河北、山西、陕西、甘肃部分地区危害较重。麦秆蝇主要危害小麦，也危害大麦和黑麦以及一些禾本科和莎草科的杂草。

1. 形态特征　雄成虫体长 3～3.5mm，雌成虫体长 3.7～4.5mm，体为浅黄绿色，复眼黑色，胸部背面具 3 条黑色或深褐色纵纹，中间一条纵纹前宽后窄，直连后缘棱状部的末端，两侧的纵纹仅为中纵纹的一半或一多半，末端具分叉。触角黄色，小腮须黑色，基部黄色。足黄绿色。后足腿节膨大。卵长 1mm，纺锤形，白色，表面具纵纹 10 条。末龄幼虫体长 6～6.5mm，黄绿色或淡黄绿色，头端有一黑色口钩，呈蛆形。蛹属围蛹，黄绿色，雄体长 4.3～4.7mm，雌 5～5.3mm，蛹壳透明，可见复眼、胸、腹部等。

2. 危害特点　以幼虫危害，从叶鞘与茎间潜入，在幼嫩的心叶或穗节基部 1/5 或 1/4 处或近基部呈螺旋状向下蛀食幼嫩组织。因被害茎的生育期不同，可分以下几种情况：①分蘖拔节期，幼虫取食心叶基部与生长点，使心叶外露部分干枯变黄，成为"枯心苗"；②孕穗期，被害嫩穗及嫩穗节不能正常发育抽穗，到被害后期，嫩穗因组织破坏而腐烂，叶鞘外部有时呈黄褐色长形块状斑，形成烂穗；③孕穗末期，幼虫入茎后潜入小穗危害小花，穗抽出后，被害小穗脱水失绿变为黄白色，形成"坏穗"；

④抽穗初期，幼虫取食穗基部尚未角质化的幼嫩组织，使外露的穗部脱水失绿干枯，变为黄白色，形成白穗。

3. 发生规律　麦秆蝇一年发生世代因地而异，春麦区一年发生 2 代，以幼虫在杂草寄主及土缝中越冬。东北南部越冬代成虫 6 月初出现，随之产卵至 6 月中下旬，幼虫蛀入麦茎危害 20d 左右，7 月上中旬化蛹。第 2 代幼虫转移至杂草寄主危害后越冬。冬麦区一年 3～4 代，以幼虫越冬。1、2 代幼虫危害小麦，3 代转移到自生麦苗上危害，第 4 代又转移至秋苗危害，以 4、5 月间危害最重。秋季危害后老熟幼虫在危害处或野生寄主上越冬。成虫有趋光性，糖蜜对其诱引力也很强。成虫羽化后当日即可交尾，白天活动，晴朗天气活跃在麦株间，卵多产在第 4、5 叶片的麦茎上，卵散产，一头雌虫平均可产卵 20 余粒，多者 70～80 粒。该虫产卵和幼虫孵化需较高湿度，小麦茎秆柔软、叶片较宽或毛少的品种，产卵率高，危害重。

4. 防治方法

（1）农业防治。

①选用抗虫品种。选用一些穗紧密、芒长而带刺的小麦品种种植可以减轻麦秆蝇的危害。

②适时播种。尽可能早播种，加强水肥管理，促使小麦生长发育，早拔节。

③做好冬耕冬灌工作，提高越冬死亡率。

（2）药剂防治。

①防治关键时期。应是小麦的拔节末期及幼虫大量孵化入茎的时期。

②选用的药剂。A. 粉剂：2.5％敌百虫粉剂，5％甲萘威粉剂，1.5％乐果粉剂，每亩用 1.5～2kg；B. 乳油：50％敌敌畏乳油与 40％乐果乳油 1∶1 混合后，对水 1 000kg 喷雾，每亩用 50～75kg。

六、麦叶蜂

麦叶蜂有小麦叶蜂、黄麦叶蜂和大麦叶蜂等 3 种，其中发生普遍、危害较重的是小麦叶蜂，主要发生在华北、东北、华东等地区。近年来，在局部地区危害加重，已上升为主要害虫。麦叶蜂寄主植物除麦类外，尚可取食看麦娘等禾本科杂草。

1. 形态特征

（1）小麦叶蜂。成虫：雌体长 8～9.8mm，黑色而微有蓝光，前胸背板、中胸前盾板和翅基片锈红色，后胸背面两侧各有一白斑。雄体长 8～8.8mm，体色与雌体相同。卵：近肾形，长约 1.8mm，淡黄色。幼虫：体圆筒形，共 5 龄。上唇不对称，左边比右边稍大，胸、腹部各节均有绢纹，末龄幼虫体色灰绿，背面暗蓝，腹部第 2～8 节各有腹足 1 对，第 10 节有臀足 1 对，最末一节背面有一对暗色斑。蛹：体色从淡黄到棕黑。

（2）黄麦叶蜂。成虫：黄色。幼虫：浅绿色。

（3）大麦叶蜂。与小麦叶蜂成虫很相似，仅中胸前盾板为黑色，后缘赤褐色，盾板两叶全是赤褐色。

2. 危害特点　以幼虫危害麦叶，从叶边缘向内咬食成缺刻，重者可将麦叶全部吃光。严重发生年份，麦株可被吃成光秆，仅剩麦穗，使麦粒灌浆不足，影响产量。

3. 发生规律　麦叶蜂一年发生1代，以蛹在土中20～24cm深处越冬，3月中下旬羽化，成虫在麦叶主脉两侧锯成裂缝的组织中产卵。4月上旬至5月上旬卵孵化，幼虫危害麦叶，1～2龄幼虫夜间在麦叶上危害，3龄后，白天躲在麦丛下土缝中，夜间出来蚕食麦叶。5月中旬老熟幼虫入土做茧休眠，8月中旬化蛹越冬。成虫和幼虫都有假死性。幼虫喜潮湿，冬季温暖，土壤湿度适宜，越冬蛹成活率高，发病就严重。

4. 防治方法

（1）农业防治。播种前深耕，可把土中休眠的幼虫翻出，使其不能正常化蛹，以致死亡，有条件的地区实行水旱轮作，进行稻麦倒茬，可控制危害。

（2）药剂防治。防治适期掌握在3龄前，药剂种类可用50%辛硫磷乳油1 500倍液也可用2.5%敌百虫粉每亩1.5～2.5kg喷粉，或加细干土20～25kg沿麦垄撒施。药剂防治时间宜选择在傍晚或上午10时前，有利于提高防治效果。

（3）人工捕杀。利用麦叶蜂幼虫的假死习性，傍晚时用捕虫网等进行捕杀。

七、小麦叶蝉

小麦叶蝉别名齐头虫、小黏虫等。分布在华东、华北、东北等地。以小麦、大麦及看麦娘等禾本科杂草作为寄主。

1. 形态特征　雌成虫体长8.6～9.8mm，雄成虫体长8～8.8mm，体大部黑色略带蓝光，前胸背板、中胸前盾片、翅基片锈红色，翅膜质透明略带黄色，头壳具网状刻纹。唇基有点刻，中央具1大缺口。触角线状9节。卵长1.8mm，肾脏形，表面光滑，浅黄色。末龄幼虫体长18～19mm，圆筒状，胸部稍粗，腹末稍细，各节具横皱纹。头黄褐色，上唇不对称，左边较右边大。胸腹部灰绿色，背面暗蓝色，末节背面具暗色斑1对，腹足基部有1暗色斑纹。蛹长9.3mm，初黄白色，近羽化时棕黑色。

2. 危害特点　幼虫食叶成缺刻，危害严重的仅留叶脉。

3. 发生规律　一年发生1代，以蛹在土中越冬。翌年3～4月成虫羽化，交尾后用产卵器沿叶背主脉处锯1裂缝，边锯边产卵，卵粒成串，卵期10d左右，4月中旬至6月中旬进入幼虫危害期，幼虫老熟后入土做土茧越夏，10月间化蛹越冬。成虫喜在9～15时活动，飞翔力不强，夜晚或阴天隐蔽在小麦、大麦根际处，成虫寿命2～7d。幼虫共5龄，3龄后白天隐蔽在麦株下部或土块下，夜晚出来危害，进入4龄后，食量剧增，幼虫有假死性，喜湿冷，忌干热。冬季气温高，土壤水分充足，翌春湿度大温度低，3月降水少，有利于该虫发生。

4. 防治方法

（1）农业防治。老熟幼虫在土中时间长，麦收后及时深耕，能把土茧破坏，杀死幼虫。

（2）药剂防治。

①幼虫发生期，于3龄前喷洒90%晶体敌百虫900倍液、80%敌敌畏乳油1 000～1 500倍液

②田间发生数量大的可喷撒2.5%敌百虫粉或1.5%乐果粉，每亩喷1.5～2.5kg，也可用上述杀虫剂加细土25kg，沿麦垄撒施。

（3）人工捕杀。利用幼虫的假死性，在傍晚时分进行人工捕杀。

八、地下害虫

小麦地下害虫在土中危害播下的种子、植株的根和地下茎等，常造成不同程度的缺苗断垄，严重影响产量。麦田中主要有蛴螬、蝼蛄和金针虫等。

1. 形态特征

（1）蛴螬。是金龟甲的幼虫，别名白土蚕、核桃虫。成虫通称为金龟甲或金龟子。蛴螬体肥大，体形弯曲呈 C 形，多为白色，少数为黄白色。头部褐色，上颚显著，腹部肿胀。体壁较柔软多皱，体表疏生细毛。头大而圆，多为黄褐色，生有左右对称的刚毛，刚毛数量的多少常为分种的特征，如华北大黑鳃金龟的幼虫为 3 对，黄褐丽金龟幼虫为 5 对。蛴螬具胸足 3 对，一般后足较长。腹部 10 节，第 10 节称为臀节，臀节上生有刺毛，其数目的多少和排列方式也是分种的重要依据。

（2）蝼蛄。俗名拉拉蛄、土狗。体狭长。头小，圆锥形。复眼小而突出，单眼 2 个。前胸背板椭圆形，背面隆起如盾，两侧向下伸展，几乎把前足基节包起。前足特化为粗短结构，基节特短宽，腿节略弯，片状，胫节很短，三角形，具强端刺，便于开掘。内侧有 1 裂缝为听器。前翅短，雄虫能鸣，发音镜不完善，仅以对角线脉和斜脉为界，形成长三角形室；端网区小，雌虫产卵器退化。

（3）金针虫。叩头虫的幼虫，成虫叩头虫一般颜色较暗，体形细长或扁平，具有梳状或锯齿状触角。胸部下侧有一个爪，受压时可伸入胸腔。当叩头虫仰卧，若突然敲击爪，叩头虫即会弹起，向后跳跃。幼虫圆筒形，体表坚硬，蜡黄色或褐色，末端有两对附肢，体长 13～20mm。根据种类不同，幼虫期 1～3 年，蛹在土中的土室内，蛹期大约 3 周。成虫体长 8～9mm 或 14～18mm，依种类而异。体黑或黑褐色，头部生有 1 对触角，胸部着生 3 对细长的足，前胸腹板具 1 个突起，可纳入中胸腹板的沟穴中。头部能上下活动似叩头状，故俗称"叩头虫"。幼虫体细长，25～30mm，金黄或茶褐色，并有光泽，故名"金针虫"。身体生有同色细毛，3 对胸足大小相同。

2. 危害特点

（1）蛴螬。幼虫危害麦苗地下分蘖节处，咬断根茎使苗枯死，成虫取食树木及农作物的叶片。

（2）蝼蛄。从播种开始直到来年小麦乳熟期都能发生危害。秋季危害小麦幼苗，以成虫或若虫咬食发芽种子和咬断幼根嫩茎，或咬成乱麻状使苗枯死，并在土表穿行活动成隧道，使根土分离而缺苗断垄。危害重者造成毁种。

（3）金针虫。以幼虫咬食发芽种子和根茎，可钻入种子或根茎相交处，被害处不整齐，呈乱麻状，形成枯心苗以致全株枯死。其成虫主要取食作物的嫩叶，危害不重。

3. 发生规律

（1）蛴螬。蛴螬冬季在较深土壤中过冬，来年春季气温回升，幼虫开始向地表活动，到 13～18℃时，即为活动盛期，这时主要危害返青小麦和春播作物。老熟幼虫在土中化蛹。成虫白天潜伏于土壤中，傍晚飞出活动，取食树木及农作物的叶片。雌虫把卵产在约 10cm 深的土层中，孵化后幼虫危害大豆、花生及麦苗。一年发生 1 代。以成虫或幼虫过冬。如越冬幼虫多，翌年危害就重。

（2）蝼蛄。东方蝼蛄以成虫和若虫在土中越冬，华中地区一年发生1代。初孵若虫具有群集性，孵化后3～6d群集一起，后分散危害；昼伏夜出，具有强烈的趋光性，且雌性多于雄性；对香甜物质有强烈的趋化性。趋湿性，喜栖息在河岸、渠旁等潮湿地。杂草丛生、耕作粗放地区发生重。

（3）金针虫。一般2～3年完成1代，以成虫和幼虫在土中越冬，春季10cm土温10℃以上时开始出土活动；幼虫生活历期长，田间幼虫发育不整齐，世代重叠现象和多态现象普遍；成虫昼伏夜出，有假死性，无趋光性。土壤温度是影响其在土中上下移动和危害时期的重要因子。

4. 防治方法

（1）农业防治。水旱轮作，可直接消灭蛴螬、金针虫等，减少虫源基数；精耕细作，中耕除草，适时灌水等破坏地下害虫生存条件。

（2）物理防治。黑光灯或频振式杀虫灯诱杀蛴螬成虫和蝼蛄，每50亩左右安装一盏灯，诱杀成虫，减少田间虫口密度。

（3）化学防治。防治小麦地下害虫应立足播种前药剂拌种和土壤处理，部分发生严重的田块可以在春季毒饵法补治。防治指标，蝼蛄为100头/亩（0.3～0.5头/m²）；蛴螬为1 500头/亩（或3头/m²）；金针虫为3～5头/m²或麦株被害株率2%～3%。

①药剂拌种。可用50%辛硫磷乳油20mL，对水2kg，拌麦种15kg，拌后堆闷3～5h播种；或用48%毒死蜱乳油10mL，对水1kg，拌麦种10kg。

②毒饵或毒土法。用炒香麦麸、豆饼、米糠等饵料2kg，50%辛硫磷乳油25mL，加适量水稀释农药制作毒饵，傍晚撒于田间幼苗根际附近，每隔一定距离一小堆，每亩15～20kg；或用50%辛硫磷200mL拌细土30～40kg，耕翻时撒施。

③喷雾法。用50%辛硫磷乳油250mL 1 500倍液，沿麦垄喷施；或用48%毒死蜱乳油100mL 1 500倍液，沿麦垄喷施，每亩喷药液40kg。对于秋播地下害虫发生较重的旱茬麦，宜坚持药剂拌种与毒土法、毒饵法相结合，提高整体控制效果。

第四节　主要麦田杂草及其防治

一、杂草的种类及发生特点

1. 种类　据调查，我国麦田杂草有200余种，以一年生杂草为主，有一部分二年生杂草和少数多年生杂草。其中在全国分布普遍、对麦类作物危害严重的杂草有野燕麦、看麦娘、马唐、牛筋草、绿狗尾草、香附子、藜、酸模叶蓼、反枝苋、牛繁缕和白茅；在全国分布较为普遍，对麦类作物危害较重的杂草有播娘蒿、猪殃殃、大巢菜、小藜、凹头苋、马齿苋、繁缕、棒头草、狗牙根、双穗雀稗、金狗尾草、小蓟、鸭跖草、萹蓄、田旋花、苣荬菜、小旋花、败酱草、千金子、细叶千金子和芦苇；在局部地区对麦类作物危害较重的杂草有24种，其中温寒带地区有荞麦蔓、苍耳、问荆和毒麦等，热带、亚热带地区有硬草、春蓼、碎米荠等。

2. 分布

（1）北方旱作冬麦草害区。包括长城以南，秦岭、淮河以北地区。该区是我国小麦主产区，麦田主要杂草有播娘蒿、猪殃殃、野燕麦、小藜、荠菜、萹蓄、米瓦罐、败酱草、小蓟（刺儿菜）、打碗花（小旋花）等，麦田有草面积占 74％，中等以上发生面积占 50％。该区西部从河南至陕西关中平原，野燕麦和猪殃殃发生严重，出现频率分别达 98％和 64％，危害率分别达 58％和 26％。

（2）南方稻茬冬麦草害区。包括秦岭、淮河以南，大雪山以东地区。麦田杂草在秋、冬、春季均能萌发生长，但萌发高峰期在秋末冬初。麦田主要杂草有看麦娘、牛繁缕、繁缕、茵草、大巢菜、猪殃殃、春蓼、雀舌草、碎米荠、长芒棒头草、酸模叶蓼等。看麦娘危害面积 5 000 万亩，严重危害面积 1 000 万亩，牛繁缕危害面积 1 000 万亩以上。

（3）春麦草害区。包括长城以北、岷山和大雪山以西地区。麦田主要杂草有野燕麦、藜、萹蓄、猪殃殃、田旋花、苣荬菜、大蓟（大刺儿菜）、卷茎蓼、香薷、离蕊芥、芦苇、反枝苋、稗、滨藜等。田间杂草 4～5 月出苗，7～9 月开花结实，多数种子在土壤中越冬。该区耕作粗放、麦田草害严重。

3. 发生特点　冬小麦田杂草在 10 月下旬至 11 月中旬有一个出苗高峰期，出苗数占总数的 95％～98％，翌年 3 月下旬至 4 月中旬，还有少量杂草出苗。严重的草害通常来自冬前发生的杂草，密度大，单株生长量大，竞争力强，危害重，是防治的重点。冬前杂草处于幼苗期，植株小，组织幼嫩，对药剂敏感，是防治的有利时机。到来年春季，耐药性相对增强，则用药效果相对较差。因此，麦田化学除草，应抓住冬前杂草的敏感期施药，可取得最佳除草效果，还能减少某些田间持效期过长的除草剂产生的药害。

春小麦田杂草的发生与早春气温和降水量密切相关，早春气温高，降雨多，化雪解冻早，杂草发生早而重，反之则晚而轻，杂草盛发期在 4 月中下旬，5 月上中旬为春小麦杂草化学防治适期。

4. 发生规律　杂草的共同特点是种子成熟后有 90％左右能自然落地，随着耕地播入土壤，在冬麦区有 4～5 个月的越夏休眠期，其间即便给以适当的温湿度也不萌发，到秋季播种小麦时，随着麦苗逐渐萌发出苗。河南省农业科学院植物保护研究所对华北麦区的主要杂草野燕麦、猪殃殃、播娘蒿、大巢菜和荠菜进行了发生规律研究，结果如下：

（1）种子萌发与温度的关系。猪殃殃和播娘蒿的发育起点温度为 3℃，最适温度 8～15℃，20℃发芽明显减少，25℃则不能发芽。野燕麦的发育起点温度为 8℃，15～20℃为最适温度，25℃发芽明显减少，40℃则不能发芽。

（2）种子萌发与湿度的关系。土壤含水量 15％～30％为发芽适宜湿度，低于 10％则不利于发芽。小麦播种期的墒情或播种前后的降雨量是决定杂草发生量的主要因素。

（3）种子出苗与土壤覆盖深度的关系。杂草种子大小各异，顶土能力和出苗深度不同。猪殃殃在 1～5cm 深处出苗最多，大巢菜在 3～7cm 处出苗最多，8cm 处出苗明显减少，野燕麦在 3～7cm 处出苗最多，3～10cm 能顺利出苗，超过 11cm 出苗受抑制。播娘蒿种子较小，在 1～3cm 内出苗最多，超过 5cm 一般就不能出苗。

（4）小麦播种期与杂草出苗的关系。杂草种子是随农田耕翻犁耙，在土壤疏松通气良好的条件下才能萌发出苗的。麦田杂草一般比小麦晚出苗 10～18d。其中猪殃殃比小麦晚出苗 15d，出苗高峰期在小麦播种后 20d 左右；播娘蒿比小麦晚出苗 9d，出苗高峰期不明显，但与土壤表层墒情有关；大巢菜出苗期在麦播后 12d 左右，15～20d 为出苗盛期；荠菜在麦播后 11d 进入出苗盛期；野燕麦比小麦晚出苗 5～15d。麦田杂草的发生量与小麦的播种期密切相关，一般情况下，小麦播种早，杂草发生量大，反之则少。

（5）杂草出苗规律。猪殃殃和大巢菜在年前（10月中旬至11月下旬）有一出苗高峰期，年前出苗数占总数的 95%～98%，年后 3 月下旬至 4 月上旬还有少量出苗；野燕麦、播娘蒿和宝盖草等几乎全在年前出苗，呈现"一炮轰"现象，年后一般不再萌发出土。一般年前杂草处于幼苗期，植株小，组织幼嫩，对药剂敏感，而年后随着生长发育植株壮大，组织加强，表皮蜡质层加厚，耐药性相对增强。又由于绝大多数麦田杂草都在年前出苗，所以要改变以往麦田除草多是在春季杂草较大时施药的不良做法，抓住年前杂草小苗的敏感期施药，以取得最佳除草效果，并能减少某些残效期过长的除草剂在年后施药会对小麦或后茬作物产生药害的危险性。

二、麦田杂草的综合防治

1. 轮作倒茬　不同的作物有着不同的伴生杂草或寄生杂草，这些杂草与作物的生存环境相同或相近，采取科学的轮作倒茬，改变种植作物则改变杂草生活的外部生态环境条件，可明显减轻杂草的危害。

2. 深翻整地　通过深翻将前年散落于土表的杂草种子翻埋于土壤深层，使其不能萌发出苗，同时又可防除刺儿菜、田旋花、芦苇、扁秆藨草等多年生杂草，切断其地下根茎或将根茎翻于表面暴晒使其死亡。

3. 土壤处理

①播种前施药。在野燕麦发生严重的地块，可在整地播种前用 40% 燕麦畏乳油每亩 175～200mL，加水均匀喷施于地面，施药后须及时用圆片耙纵横浅耙地面，将药剂混入 10cm 的土层内，之后播种。对看麦娘和早熟禾也有较好的控制作用。

②播后苗前施药。采用化学除草剂进行土壤封闭，对播后苗前的麦田可起到较明显的效果。使用的药剂有：25% 绿麦隆可湿性粉剂每亩 200～400g，加水 50kg，在小麦播后 2d 喷雾，进行地表处理，或每亩用 50% 扑草净可湿性粉剂 75～100g，或每亩用 50% 杀草丹乳油和 48% 拉索乳油各 100mL，混合后加水喷雾地面，可有效防除禾本科杂草和一些阔叶杂草。

4. 清除杂草　麦田四周的杂草是田间杂草的主要来源之一，通过风力、流水、人畜活动带入田间，或通过地下根茎向田间扩散，所以必须清除，防止扩散。

5. 茎叶处理　麦田杂草化学防除，主要是在小麦生长期施药。在禾本科杂草为主的田块，应在小麦苗期，杂草 2～4 叶期施药效果为好，每亩用 6.9% 精噁唑禾草灵悬浮剂 50mL，或 36% 乐草灵乳油 130～200mL，或 64% 燕麦枯可湿性粉剂 100～125g，对水 30～40kg，稀释均匀喷雾。

春季麦田以阔叶杂草为主时，可选用苯磺隆、嘧唑磺草胺、氯氟吡氧乙酸、溴苯腈等进行茎叶处理。一般 75% 苯磺隆干燥悬浮剂每亩用量为 0.9～1.4g，20%2 甲 4 氯水剂每亩用 250mL，5.8% 嘧唑磺草胺悬浮剂每亩用 10mL，48% 麦草畏水剂每亩用 20～30mL，48% 苯达松水剂每亩用130～180mL，加水作茎叶处理。

对于野燕麦及其他单子叶杂草与阔叶杂草混生的麦田，可混用除草剂。例如，75% 苯磺隆与 6.9％精噁唑禾草灵、2 甲 4 氯和苯达松、麦草畏、扑草净或溴苯腈等混合使用，可扩大杀草谱，有效提高除草效果。施药时间一般在小麦返青后至拔节初期。施药时要避开大风、低温、干旱、寒潮等恶劣天气。

6. 生物防治　利用尖翅小卷蛾防治扁秆藨草等已在实践中取得应用效果，今后应加强此种防治措施的发掘利用，尤其是对某些恶性杂草的防治将是一种经济而长效的措施。

三、麦田除草的注意事项

1. 正确选择除草剂　任何一种除草剂都有一定的杀草谱，有防阔叶的，有防禾本科的，也有部分禾本科、阔叶兼防。但一种除草剂不可能有效地防治田间所有杂草，若除草剂选用不当，防治效果就不会很好，要弄清楚防除田块中有什么杂草，根据主要杂草种类选择除草剂。禾本科杂草使用异丙隆，对硬草、看麦娘、蜡烛草、早熟禾均有较好防效。同是麦田禾本科杂草苗后除草剂，精噁唑禾草灵不能防除雀麦、早熟禾、节节麦、黑麦草等，而甲基二磺隆防除以上几种杂草效果很好。嘧唑磺草胺、麦草畏、苯磺隆、噻磺隆、氯氟吡氧乙酸、快灭灵、苄嘧磺隆等防治阔叶杂草有效，而对禾本科杂草无效。

2. 选择最佳施药时期　土壤处理的除草剂，如乙草胺及其复配剂应在小麦播完后尽早施药，等杂草出苗后用药效果差；绿麦隆、异丙隆作土壤处理时也应播种后立即施药，墒情好，效果好。

苗期茎叶处理以田间杂草基本出齐苗时为最佳，因此提倡改春季施药为冬前防除。冬前杂草苗小，处于敏感阶段，耐药性差，用药成本低，效果好；一般冬前天高气爽，除草适期长，易操作；冬前可选用除草剂种类多，安全间隔期长，对下茬作物安全。春季化除可作为补治手段。但麦草畏、2 甲 4 氯应在小麦分蘖期施用，4 叶期之前拔节时禁用。

另外，要注意有些除草剂的药效受光照、气温、土壤墒情的影响。如 2 甲 4 氯在阳光强时药效高，故应选择晴天施药为好；含乙羧氟草醚的除草剂应在天气温暖、10℃以上用药，绿麦隆、麦草畏等在气温 5℃以下除草效果差；快灭灵在寒潮来临及低温天气应避免使用；异丙隆在遇到第一次"寒流"来临时，应暂停使用，否则易受"冻药害"；阔世玛施药后 4d 内有霜冻（最低气温小于 3℃）禁止使用。又如异丙隆、乙草胺、绿麦隆等土壤湿度大时除草效果好，若土壤过干，可在抗旱渗水后立即使用；若田中积水，应先开沟排除田中积水再用药，防止"湿药害"。

喷药后遇到下雨也是常有的事，不同的除草剂由于其理化性质与加工剂型不同，喷药后至降雨所需间隔期存在差异，喷药前应密切注意天气预报。土壤处理的除草剂施药后遇15～20mm 降雨，雨水会将除草剂带入 0～5cm 深土层，即杂草萌发层，这样除草效果会更好。苗后茎叶处理除草剂应尽量避免喷后遇雨，一般情况下，精噁唑禾草灵药后 1h 遇雨不影响药效，苯磺隆药后 4h 遇雨不影响药效，喷施双氟·唑嘧胺后 6h 遇雨不影响药效。阔世玛喷后 8h 遇雨不影响药效。

3. 除草剂的用量及混用问题　每种除草剂都有一个适宜的用药量，在此用药量范围内，可做到少用药、节省投资，既杀死杂草，又不伤害作物，还能减少环境污染。用药量要看田间草龄和杂草种类，一般草龄小时用量少，草龄大时加大药量，敏感性杂草用量少些，抗（耐）药性强的杂草用量多些。如 50％异丙隆秋冬用(主要除草期)1.875kg/hm²，杂草超过 4 叶期可相应增加用药量，春用（补救除草期）3.75kg/hm^2；75％苯磺隆在麦田重点防除繁缕时，用 10.5g/hm^2 防效可达 90％以上，防除其他阔叶杂草如猪殃殃则需 19.5g/hm^2 效果较好。

每种除草剂都有较固定的杀草谱，同种除草剂连续使用多年，易导致敏感性杂草逐渐减少，抗（耐）药性杂草上升，而除草剂混用可扩大杀草谱，有的能减缓抗性产生。除草剂的混用应注意的主要问题是混用后的几种除草剂不应有颉颃作用，如果有颉颃作用而降低药效或产生药害，最好不要混用。如精噁唑禾草灵不可以和 2 甲 4 氯、麦草畏等混用，若在施药田块需防除阔叶杂草，应与这些除草剂间隔 7d 应用。如果除草剂混用有显著增效作用的应适当降低用药量，如苯磺隆和快灭灵、2 甲 4 氯和氯氟吡氧乙酸混用防除阔叶杂草。如果混用既无颉颃作用也无增效作用，杀草谱不同的药剂按正常用药量用药，如精噁唑禾草灵可与苯磺隆、氯氟吡氧乙酸等多种阔叶杂草除草剂按常量混用。

4. 注意长残留除草剂对后茬作物的伤害　甲磺隆、绿磺隆及其复配药剂仅限于长江流域及其以南地区酸性土壤的稻麦轮作区小麦田使用。沙质土有机质含量低，pH 高，轮作花生的小麦田，苯磺隆和噻磺隆应冬前施药，若后茬为其他阔叶作物最好保证安全间隔期 90d。麦田用双氟·唑嘧胺 40d 内，要避免间作十字花科蔬菜、西瓜和棉花。使用阔世玛的麦田套种下茬作物时，应在小麦起身拔节 55d 以后进行。

5. 除草剂的配制和施药技术质量　正确的配制方法是两次稀释法：先将药剂加少量水配成母液，再倒入盛有一定量水的喷雾器内，再加入需加的水量，并边加边搅拌，调匀稀释至需要浓度。切忌先倒入药剂后加水，这样药剂容易在喷雾器的吸水管处沉积，使先喷出的药液浓度高，容易产生药害，后喷出的药液浓度低，除草效果差。也不可将药剂一次性倒入盛有大量水的喷雾器内，避免可湿性粉剂漂浮在水表或结成小块，分布不均匀，不但不能保证效果而且喷雾时易阻塞喷孔。另外，药液要用清洁水配制。

据调查，很多农民用水量不足，对水仅 225～330kg/hm^2，因用水量少，喷药时走得快，造成漏喷，影响整体除草效果。一般情况下，土壤处理的除草剂喷水量要适当高些，对水 750～900kg/hm^2，茎叶处理的除草剂常规喷雾对水量可适当少些，用水量一般以 450～675kg/hm^2 为宜，这样才能保证好的防治效果。

使用手压喷雾器施药时要退着走或是侧身喷药，切忌边向前走边喷药；手压喷雾器的快慢，人行走的速度，喷头高度应基本保持一致；每次喷幅宽度要一样，避免重喷、漏喷；喷药时还要注意不要飘移到邻近的其他作物上；土壤处理类除草剂施药后在土壤表层形成药膜，施药 1～2 周内切勿中耕，以免破坏药层降低除草效果。

第十二章

小麦、玉米生产技术规程

第一节　小麦、玉米周年"双少耕"高产栽培技术规程

一、玉米季

1. 选地及前茬作物播前整地　选择地势平坦、土层深厚、通透性好、灌排条件好并适宜机械化耕作的田块。前茬冬小麦播种前进行苗带少耕播种，2～3 年深松一次。

2. 前茬冬小麦收获后秸秆还田处理　冬小麦实行机械收获，机收后保留麦茬低茬（≤20cm）覆盖，秸秆切成 3～5cm 后均匀抛撒于地面覆盖，切断长度合格率≥95%，抛洒不均匀率≤20%，漏切率≤1.5%。

3. 选种及种子处理　根据当地的生态条件、生产条件和生产目的，选用经过国家或省级审定或认定的品种。种子纯度≥98%，发芽率≥95%，发芽势≥90%，净度≥99%，含水量≤13%。种子经精选分级，饱满、大小和形状均匀一致，以提高出苗率和群体整齐度。宜选用包衣种子，未包衣的种子在播种前应选用安全高效的杀虫剂、杀菌剂进行拌种。

4. 播种

（1）播种时间。冬小麦收获后抢时免耕播种，夏玉米适宜播种时间一般在 6 月上中旬。

（2）土壤墒情要求。宜足墒播种，播种时田间相对持水量应在 70%～75%。墒情不足（耕层田间持水量<70%）时，宜先播种后浇水（若播种后 24h 内有 20mm 级别的降雨，无需浇水）。

（3）种、肥异位同播。种肥量为玉米生育期所需的全部磷、钾肥和总量 30%～40%的氮肥，以专用复合肥为宜，或者施用玉米缓控释肥。种子与肥料的距离不少于 5cm，且位于种子侧下方。秸秆还田应增施氮肥，可按每 100kg 秸秆施 3.5kg 尿素的比例补施氮肥。

（4）播种密度。根据当地生态条件和生产条件，按照所选品种的适宜密度进行播种。

（5）播种方式及播种质量。协调小麦和玉米行距，使玉米行距等于小麦行距的整倍数，实现玉米与小麦错行错茬播种。推荐玉米行距 60cm，配套小麦 30cm 行距宽幅精播技术。播种深度 3～5cm。采用玉米精密播种机播种，推荐使用带清茬功能的播种机，避免麦秸堵塞、漏播及重播现象。严格控制播种速度，按播种机操作规范进行播种作业，做

到播种深浅一致、覆土一致、镇压一致，保证播种质量。作业过程中应随时检查播量、播深、行距，衔接行是否符合要求。

5. 田间管理

（1）化学除草。在玉米播种后，宜根据杂草种类选用高效低毒、低残留的化学除草剂。墒情好时（土壤田间持水量≥70%），可在出苗前进行田间封闭喷雾。土壤墒情差，可于玉米幼苗3～5叶、杂草2～5叶期进行苗后化学除草。施药应均匀，避免重喷、漏喷。注意使用灭生性除草剂时不能喷洒到玉米茎叶上。

（2）查苗、间苗、定苗。夏玉米出苗后及时查苗，发现缺苗严重的地块及时补种。于3叶期间苗，5叶期定苗。及时拔除小弱株，提高群体整齐度，保证植株健壮。

（3）追肥。在玉米9～12片叶展开期，非施用缓控释肥玉米田，开沟条施总氮量的60%～70%，或是大喇叭口期追施氮肥总量的40%～60%；抽雄吐丝期追施剩余的10%～30%。

（4）灌溉与排涝。苗期（6叶展叶前）应适当控水，土壤田间持水量≥60%，不浇水。遇强降雨或连续降雨时，及时排水防涝。

（5）病虫害防治。秸秆还田后严防土壤中的菌源和虫卵，苗期应进行粗缩病、地老虎、金针虫、黏虫、玉米螟、蓟马、灰飞虱等病虫害的防治。

二、小麦季

1. 选地及前作玉米播前整地　地块同玉米生产季。前作玉米为少耕秸秆覆盖播种。

2. 前茬玉米收获后秸秆处理　玉米实行机械收获，用玉米秸秆还田机粉碎2～3次，田间秸秆全部粉碎。秸秆切碎长度≤5cm，秸秆切碎合格率≥90%，残茬高度≤8cm，抛撒不均匀率≤20%，不得漏切。秸秆粉碎后应达到软、散、无圆柱段和硬节段，抛撒均匀，无堆积。粉碎后秸秆耕翻入土还田。

3. 选种及种子处理　根据生产目的、当地的自然生态和生产条件，选用经过国家或省级审定或认定的品种。种子纯度≥99%，净度≥99%，发芽率≥85%，含水量≤13%。选用高效低毒的专用种衣剂包衣，或用高效低毒杀虫剂和杀菌剂拌种。

4. 基肥　根据土壤肥力及产量目标确定适宜施肥量，提倡增施有机肥，协调氮、磷、钾比例，合理施用中量和微量元素肥料。水浇地麦田全部有机肥、磷肥、钾肥、微肥及50%的氮肥作底肥。旱地无水浇条件麦田可将肥料全部做底肥。

5. 精细整地　土壤墒情较好又多年未深耕的地块，有明显的犁底层，应播种时同时进行深松，打破犁底层。深松在25～20cm，清理前茬秸秆，深施底肥。要求玉米粉碎的秸秆与土壤尽量混合，地面秸秆无明显堆积，以保证种子出苗。建议2～3年深松一次。

深松后要及时耙地或镇压，耙除玉米根茬，破除土块，达到地表平整，高低差≤3cm，表土无大土块，耕层无暗坷垃，无架空暗垡，上虚下实，避免形成深播弱苗。

6. 播种

（1）播种时间。山东省适宜播种期为10月1～15日。胶东和鲁北地区早播，鲁南地区晚播。适宜范围内，冬性品种早播，半冬性品种晚播。

（2）土壤墒情要求。应做到足墒播种，确保一播全苗。耕层土壤适宜含水量为田间持水量的 70%～80% 为最佳。墒情不足时应灌水造墒。

（3）播种密度。在适宜播种期内，每亩基本苗 13 万～18 万株。分蘖成穗率低的大穗型品种，每亩基本苗 15 万～18 万株；分蘖成穗率高的中穗型品种，每亩基本苗 13 万～15 万株。晚于适宜播种期播种，每晚播 1d，每亩增加基本苗 0.5 万～1.0 万株。

（4）播种方式及播种质量。协调小麦和玉米行距，使小麦行距为玉米行距的约数，推荐小麦 30cm 行距宽幅精播技术，配套玉米行距 60cm。播种深度一般为 3～5cm。

采用小麦少耕精播机。控制播种机速度，保证下种均匀、深浅一致、行距一致，不漏播、不重播。作业过程中应随时检查播量、播深、行距，衔接行是否符合要求。

播种时进行镇压，利于小麦出苗及根系生长，苗齐、苗壮，增强抗旱能力。

7. 田间管理

（1）出苗后及时查苗。对有缺苗断垄的地块，在 2 叶期前浸种催芽，及时开沟补种，墒情差的开沟浇水补种。

（2）冬前划锄。出苗后遇雨或土壤板结，及时划锄，破除板结，有利于保墒。

（3）冬前防除杂草。于 11 月上中旬，小麦 3～4 叶期，日平均气温在 10℃ 时防除麦田杂草。

（4）浇冬水。11 月下旬，日平均气温 3～5℃ 至夜冻昼消，0～40cm 土层土壤相对含水量＜70% 时浇冬水。墒情适宜时要及时划锄，以破除板结，防止地表龟裂，疏松土壤，除草保墒，促进根系发育，促壮苗。

（5）春季镇压划锄。早春土壤化冻后进行镇压，起到提墒、保墒、增温、抗旱的作用。有旺长趋势的麦田，可以在返青期到起身期之前进行镇压。小麦返青期及早进行划锄，增温保墒。

（6）春季防除病虫杂草。冬前没防除杂草或春季杂草较多的麦田，应于小麦返青期，日平均气温在 10℃ 以上时防除麦田杂草。纹枯病、丛矮病、麦蜘蛛、地下害虫等是春季麦田常发生的病虫害，达到防治指标时，及时防治。

第二节　小麦精播亩产 700kg 栽培技术规程

一、播前准备

1. 品种选择　选用高产、稳产、抗倒、抗病、抗逆性好的中穗型或大穗型小麦品种。种子纯度要达到 98% 以上，发芽率在 95% 以上。

2. 种子处理　小麦播种前要用专门的种衣剂包衣。没有种衣剂的要采用药剂拌种：根病发生较重的地块，选用 4.8% 苯醚·咯菌腈按种子量的 0.2%～0.3% 拌种，或 2% 戊唑醇按种子量的 0.1%～0.15% 拌种；地下害虫发生较重的地块，选用 40% 辛硫磷乳油按种子量的 0.2% 拌种；病、虫混发地块用杀菌剂＋杀虫剂混合拌种。

3. 地力选择　小麦亩产 700kg 及以上需要较高的土壤肥力基础，0～20cm 土层土壤有机质含量 1.3% 以上，全氮 0.1%，碱解氮 90mg/kg，速效磷 30mg/kg，速效钾 100mg/kg 及以上。

4. 合理施肥　每亩施有机肥 3 000～4 000kg、纯氮 16～18kg、磷（P_2O_5）7.5～

9kg、钾（K_2O）7.5～10kg、硫酸锌 1～2kg、硼 1kg。上述总施肥量中，全部有机肥、磷肥、硫酸锌、硼肥、50％的氮肥、50％的钾肥作底肥，第二年春季小麦拔节期追施50％的氮肥和50％的钾肥。

5. 深翻整地　前茬是玉米的地块，玉米收获后用专门的秸秆还田机粉碎 2 遍，秸秆长度 5cm 左右。采用大犁深耕，耕深 25cm 左右，破除犁底层、掩埋有机肥和秸秆。耕翻后及时耙地、破碎土块，达到地面平整、上松下实。

二、播种技术

1. 按规格作畦　整地时打埂筑畦，畦的大小应因地制宜，一般畦宽 1.5～3.4m。水浇条件好的可采用大畦，水浇条件差的可采用小畦。为了提高土地利用率，增加单位面积产量，应适当扩大畦宽，以 2.5～3.4m 为宜，畦埂宽不超过 40cm。为节约用水，提倡短畦，畦长以 50～60m 为宜。采用等行距种植的地块，可根据不同品种的株型特点，平均行距一般定在 23～26cm 为宜。

2. 适期播种　适宜的播期应掌握在日平均气温 17～14℃，冬前≥0℃积温 550～600℃，越冬时能形成 6 叶 1 心的壮苗为宜。全省小麦的适宜播期参考值为：鲁东地区应为 10 月 1～10 日；鲁中地区应为 10 月 3～13 日；鲁南、鲁西南地区应为 10 月 5～15 日；鲁北、鲁西北地区应为 10 月 2～12 日。

3. 适量播种　在适宜播种期内，分蘖成穗率低的大穗型品种，每亩基本苗 15 万～18万株；分蘖成穗率高的中穗型品种，每亩基本苗 12 万～16 万株。

4. 宽幅播种　采用小麦耧腿式宽幅精播机或圆盘式宽幅精播机播种，苗带宽度 7～11cm，播种深度 3～4cm。小麦播种后用镇压器镇压 1～2 次，保证小麦出苗后根系正常生长，提高抗旱能力。

三、冬前管理

1. 查苗补种　小麦出苗后及时查苗补种，对有缺苗断垄的地块，选择与该地块相同品种的种子，开沟撒种，墒情差的开沟浇水补种。

2. 适时防治病虫草害　秋季小麦 3 叶期后大部分杂草出土，是化学除草的有利时机。对以双子叶杂草为主的麦田可每亩用 15％噻磺隆可湿性粉剂 10g 加水喷雾防治，对抗性双子叶杂草为主的麦田，可每亩用 20％氯氟吡氧乙酸乳油 50～60mL 或 5.8％双氟·唑嘧胺乳油10mL 防治。对单子叶禾本科杂草重的可每亩用 3％甲基二磺隆乳油 25～30mL 或 70％氟唑磺隆水分散剂 3～5g，茎叶喷雾防治。双子叶和单子叶杂草混合发生的麦田可用以上药剂混合使用。防治蛴螬、金针虫等地下害虫时，每亩用 50％辛硫磷或 48％毒死蜱乳油 0.25～0.3L，加水 10 倍，喷拌 40～50kg 细土制成毒土，在根旁开浅沟撒入药土，随即覆土，或结合锄地把药土施入。也可用 50％辛硫磷或 48％毒死蜱乳油 1 000 倍液顺垄浇灌毒杀。

3. 浇好冬水　于立冬至小雪期间当日平均气温稳定在 5～6℃时浇冬水，确保小麦安全越冬。浇过冬水，墒情适宜时要及时划锄，以破除板结，防止地表龟裂，疏松土壤，除草保墒，促进根系发育，促苗壮。但对造墒播种，麦田冬前墒情较好，土壤基础肥力较高且群体适宜或偏大的麦田，一般不要浇冬水。

四、春季管理

1. 镇压划锄　小麦返青期及早进行镇压划锄 1～2 遍，提墒增温保墒。

2. 综合防治病虫害　小麦返青至拔节期是小麦纹枯病、全蚀病、根腐病等根病和丛矮病、黄矮病等病毒病的又一次侵染扩展高峰期，也是危害盛期。此期是麦蜘蛛、地下害虫的危害盛期，是小麦综合防治的第 2 个关键环节。防治纹枯病、根腐病可每亩选用 250g/L 丙环唑乳油 30～40mL，或 300g/L 苯醚甲环唑·丙环唑乳油每亩 20～30mL，或 240g/L 噻呋酰胺悬浮剂每亩 20mL 喷小麦茎基部，间隔 10～15d 再喷一次；防治麦蜘蛛宜在上午 10 时以前或下午 4 时以后进行，可每亩用 5％阿维菌素悬浮剂 4～8g 或 4％联苯菊酯微乳剂 30～50mL。以上病虫混合发生可采用以上对路药剂一次混合喷雾施药防治，达到病虫兼治的目的。

3. 镇压防倒　旺长麦田或株高偏高的品种，于小麦返青至起身期镇压 2～3 遍，抑制小麦基部节间伸长，使节间短、粗、壮，提高抗倒伏能力。

4. 重施拔节肥水　宽幅精播麦田，应重施拔节肥。追肥以氮肥为主；缺磷、钾的地块，也要配合追施磷、钾肥。每亩追施纯氮 8～9kg，钾（K_2O）3.8～5kg；每亩灌水 40m^3。

五、后期管理

1. 酌情浇水　小麦开花期至灌浆初期若墒情不适宜，要及时浇水。浇水量每亩 40m^3。要避免浇麦黄水，麦黄水会降低小麦产量和品质。

2. 综合防治病虫害　小麦穗期是麦蚜、1 代黏虫、吸浆虫、白粉病、条锈病、叶锈病、叶枯病、赤霉病和颖枯病等多种病虫集中发生期和危害盛期。防治穗蚜可每亩用 25％噻虫嗪水分散粒剂 10g，或 70％吡虫啉水分散粒剂 4g 对水喷雾，还可兼治灰飞虱。白粉病、锈病可用 20％三唑酮乳油每亩 50～75mL 喷雾防治或 30％苯甲·丙环唑乳油 1 000～1 200 倍液喷雾防治；叶枯病和颖枯病可用 50％多菌灵可湿性粉剂每亩 75～100g 喷雾防治，也可用 18.7％丙环·嘧菌酯喷雾防治。

3. 叶面喷肥　在挑旗孕穗期至灌浆期喷 0.2％～0.3％的磷酸二氢钾溶液，或 0.2％的天达 2116 植物细胞膜稳态剂等溶液，每亩喷 50～60kg。叶面追肥最好在晴天下午 4 时以后进行，间隔 7～10d 再喷一次。喷后 24h 内如遇到降雨应补喷一次。

六、收获

用联合收割机在蜡熟末期至完熟初期收获，麦秸还田。收获后要及时晾晒，防止遇雨和潮湿霉烂，并在入库前做好粮食精选，保证小麦商品粮的纯度和质量。

第三节　小麦精播亩产 800kg 栽培技术规程

一、播前准备

1. 地力选择　小麦亩产 800kg 高产栽培，必须以高水平的土壤地力和良好的肥水条件为基础。可选择常年正常生产水平达到亩产 700kg 以上、排灌条件好、土层深厚、地块平整、往年较少发生冰雹和霜冻的地块进行亩产 800kg 高产栽培攻关。一般要求 0～

20cm 土层土壤有机质含量 1.5％以上、碱解氮 100mg/kg、有效磷 35mg/kg、速效钾 120mg/kg 及以上。

2. 品种选择　选用产量潜力大、穗重高、抗病性强、抗倒伏、生育后期耐干热风、不青干、不早衰、能正常落黄成熟的品种。如济麦 22、鲁原 502、山农 29、山农 20、泰农 18、烟农 1212、烟农 999、泰山 28、山农 30 等。

3. 种子处理　小麦播种前要用专门的种衣剂包衣。没有种衣剂的要采用药剂拌种，用 2.5％咯菌腈悬浮种衣剂＋70％噻虫嗪按种子量的 0.2％拌种，预防根腐病、全蚀病、纹枯病等病害，防治蚜虫、飞虱并兼治地下害虫。

4. 合理施肥　每亩施有机肥 3 000～5 000kg、纯氮 18～20kg、磷（P_2O_5）9～12kg、钾（K_2O）10～12kg、硫酸锌 1～2kg、硼肥 1kg。上述总施肥量中，全部有机肥、磷肥、硫酸锌、硼肥、50％的氮肥、50％的钾肥作底肥，第二年春季小麦拔节期追施 50％的氮肥和 50％的钾肥。

5. 深翻整地　前茬是玉米的地块，玉米收获后用专门的秸秆还田机粉碎 2 次，秸秆长度 5cm 左右。采用大犁深耕，耕深 25cm 左右，破除犁底层、掩埋有机肥和秸秆。耕翻后及时耙地、破碎土块，达到地面平整、上松下实。

二、播种技术

1. 按规格作畦　整地时打埂筑畦，为了提高土地利用率，增加单位面积产量，一般应适当扩大畦宽，以 3.0～4.0m 为宜，畦埂宽 30cm 左右。为节约用水，提倡短畦，畦长以 50～60m 为宜。采用等行距种植的地块，可根据不同品种的株型特点，平均行距一般定在 25～28cm 为宜。

2. 适期播种　从播种至越冬开始，有 0℃以上积温 600～650℃为宜。鲁东、鲁中、鲁北的小麦最佳播期为 10 月 3～8 日；鲁西的最佳播期为 10 月 5～10 日；鲁南、鲁西南的最佳播期为 10 月 7～12 日。

3. 适量播种　在适宜播种期内，分蘖成穗率低的大穗型品种，每亩基本苗 15 万～18 万株；分蘖成穗率高的中穗型品种，每亩基本苗 12 万～15 万株。

4. 宽幅播种　采用耧腿式 2BJK 系列宽幅精量播种机。播种时，精确调整播种量，严格掌握播种深度 3～5cm，苗带宽度 8～11cm，要求播量精确、行距一致、下种均匀、深浅一致，不漏播，不重播，地头地边播种整齐。小麦播种前用机械镇压器镇压 1 次，播种后再用镇压器镇压 1～2 次，保证小麦出苗后根系正常生长，提高抗旱能力。

5. 铺设滴灌水肥一体化装置　小麦滴灌水肥一体化装置由加压滴灌首部设备和管网构成。工作时机井直接将灌溉水抽入沙石过滤器，并与主干管相连进行滴灌。管网由干管、支管及毛管组成。小麦播种后，每隔一行小麦铺设 1 条滴灌带。铺设时，管带无固定装置的要通过灌水、压土等方式固定，以防大风吹起。

三、冬前管理

1. 查苗补种　小麦出苗后及时查苗补种，对有缺苗断垄的地块，选择与该地块相同品种的种子，开沟撒种，墒情差的开沟浇水补种。

2. 适时防治病虫草害 秋季小麦 3 叶期后大部分杂草出土，是化学除草的有利时机。对以双子叶杂草为主的麦田可每亩用 15％噻磺隆可湿性粉剂 10g 加水喷雾防治，对抗性双子叶杂草为主的麦田，可每亩用 20％氯氟吡氧乙酸乳油 50～60mL 或 5.8％双氟·唑嘧胺乳油 10mL 防治。对单子叶禾本科杂草重的可每亩用 3％甲基二磺隆乳油 25～30mL 或 70％氟唑磺隆水分散剂 3～5g，茎叶喷雾防治。双子叶和单子叶杂草混合发生的麦田可用以上药剂混合使用。防治蛴螬、金针虫等地下害虫时，每亩用 50％辛硫磷或 48％毒死蜱乳油 0.25～0.3L，加水 10 倍，喷拌 40～50kg 细土制成毒土，在根旁开浅沟撒入药土，随即覆土，或结合锄地把药土施入。也可用 50％辛硫磷或 48％毒死蜱乳油 1 000 倍液顺垄浇灌毒杀。

3. 浇好冬水 于立冬至小雪期间当日平均气温稳定在 5～6℃时采用滴灌或浇大水的方式浇好越冬水，确保小麦安全越冬。但对造墒播种、麦田冬前墒情较好、土壤基础肥力较高且群体适宜或偏大的麦田，一般不要浇冬水。

四、春季管理

1. 镇压划锄 小麦返青期及早进行镇压划锄 1～2 遍，提墒增温保墒。

2. 综合防治病虫害 防治纹枯病、根腐病可选用 250g/L 丙环唑乳油每亩 30～40mL，或 300g/L 苯醚甲环唑·丙环唑乳油每亩 20～30mL，或 240g/L 噻呋酰胺悬浮剂每亩 20mL 喷小麦茎基部，间隔 10～15d 再喷一次；防治麦蜘蛛宜在上午 10 时以前或下午 4 时以后进行，可每亩用 5％阿维菌素悬浮剂 4～8g 或 4％联苯菊酯微乳剂 30～50mL。以上病虫混合发生可采用以上药剂一次混合喷雾施药防治，达到病虫兼治的目的。

3. 镇压防倒 旺长麦田或株高偏高的品种，于小麦返青至起身期镇压 2～3 次，抑制小麦基部节间伸长，使节间短、粗、壮，提高抗倒伏能力。

4. 促壮防冻 于 3 月上旬至中旬，喷施天达 2116 植物细胞膜稳态剂 2～3 次，促进小麦稳健生长，提高小麦抗逆能力，预防倒春寒。

5. 重施拔节肥水 宽幅精播麦田，应重施拔节肥。可通过滴灌水肥一体化或者浇大水的方式，每亩追施纯氮 8～10.8kg，钾（K_2O）5～6kg。

五、后期管理

1. 酌情浇水 小麦开花期至灌浆期若墒情不适宜时，要及时采用滴灌水肥一体化装置浇水补肥，延缓植株衰老，提高生物产量，促进光合产物向籽粒运转。

2. 综合防治病虫害 防治穗蚜可每亩用 25％噻虫嗪水分散粒剂 10g，或 70％吡虫啉水分散粒剂 4g 对水喷雾，还可兼治灰飞虱。白粉病、锈病可用 20％三唑酮乳油每亩 50～75mL 喷雾防治或 30％苯甲·丙环唑乳油 1 000～1 200 倍液喷雾防治；叶枯病和颖枯病可用 50％多菌灵可湿性粉剂每亩 75～100g 喷雾防治。

3. 叶面喷肥 在挑旗孕穗期至灌浆初期喷 0.2％～0.3％的磷酸二氢钾溶液和 0.2％的天达 2116 等溶液 3～4 次，每次每亩喷 50～60kg。

六、收获

用联合收割机在蜡熟末期收获，麦秸还田。收获后要及时晾晒，防止遇雨和潮湿霉烂，并在入库前做好粮食精选，保证小麦商品粮的纯度和质量。

第四节 旱地小麦播种高效栽培技术规程

一、播前准备

1. 品种选择 选用抗旱、抗倒伏、抗冻、抗病的冬性或半冬性品种，可分为抗旱耐瘠和抗旱耐肥品种。旱薄地麦田种植抗旱耐瘠品种；旱肥地土层深厚，肥力高，种植增产潜力大的抗旱耐肥品种。

2. 种子处理 用高效低毒的专用种衣剂包衣。没有包衣的种子要用药剂拌种，根病发生较重的地块，选用 4.8% 苯醚·咯菌腈按种子量的 0.2%～0.3% 拌种，或 2% 戊唑醇按种子量的 0.1%～0.15% 拌种；地下害虫发生较重的地块，选用 40% 辛硫磷乳油按种子量的 0.2% 拌种；病、虫混发地块用杀菌剂＋杀虫剂混合拌种。

3. 合理施肥 每亩施有机肥 2 000kg，纯氮 10～12kg、磷（P_2O_5）8～10kg、钾（K_2O）6～8kg，硫酸锌 1kg。所施肥料结合深耕全作基肥施入土壤。在春季降水较多的地区，可将 60%～70% 的氮肥施作底肥。剩余 30%～40% 的氮肥于第二年春季土壤返浆期开沟追施，或于小麦返青后借雨追施。

4. 耕作整地 前作收获后及早深耕，耕深 25cm。随耕随耙，耙透耙平，达到地面平整、上松下实、保墒抗旱，避免表层土壤疏松播种过深，形成深播弱苗。在干旱年份，深耕会造成失墒过多，不利于苗全苗壮，可采用免耕栽培方式。

二、播种技术

1. 适期播种 从播种至越冬开始，有 0℃ 以上积温 570～650℃ 为宜。山东旱地小麦的适宜播期为 9 月 28 日至 10 月 10 日，最适播期为 10 月 1～8 日，但播种时必须考虑土壤墒情，当土壤有失墒危险时要抢墒播种。

2. 适量播种 适期播种，每亩基本苗 15 万株左右；抢墒早播的麦田每亩基本苗 12 万株；适宜播期后播种的适当增加播种量。

3. 宽幅播种 采用小麦耧腿式宽幅精播机或圆盘式宽幅精播机播种，苗带宽度 7～8cm，行距 20～22cm，播种深度 3～4cm。播种机不能行走太快，每小时 5～7km，保证下种均匀、深浅一致、行距一致、不漏播、不重播，地头地边播种整齐。播种机需配备镇压装置，随种随压。

三、冬前管理

1. 查苗补种 出苗后及时查苗补种，对缺苗断垄的地方，用同一品种的种子浸种后开沟撒种，墒情差的开沟浇水补种。

2. 镇压划锄 出苗后遇雨或土壤板结，及时进行镇压划锄，破除板结，有利于保墒。秋冬雨雪较少，表土变干而坷垃较多时应进行镇压。

3. 适时防治病虫草害 防治地下害虫，可用 50% 辛硫磷乳油每亩 40～50mL 喷麦茎基部。秋季小麦 3 叶期后大部分杂草出土，是化学除草的有利时机。对以双子叶杂草为主的麦田可每亩用 15％噻磺隆可湿性粉剂 10g 加水喷雾防治，对抗性双子叶杂草为主的麦田，可每亩用 20％氯氟吡氧乙酸乳油 50～60mL 或 5.8％双氟·唑嘧胺乳油 10mL 防治。对单子叶禾本科杂草重的可每亩用 3％甲基二磺隆乳油 25～30mL 或 70％氟唑磺隆水分散剂 3～5g，茎叶喷雾防治。双子叶和单子叶杂草混合发生的麦田可将以上药剂混合使用。

四、春季管理

1. 镇压划锄　小麦返青期先镇压，后划锄，压碎坷垃、弥封裂缝、增温保墒。

2. 追肥　在早春土壤返浆或雨后开沟追肥，深施、埋严。

3. 综合防治病虫害　小麦返青至拔节期是小麦纹枯病、全蚀病、根腐病等根病和丛矮病、黄矮病等病毒病的又一次侵染扩展高峰期，也是危害盛期。此期是麦蜘蛛、地下害虫的危害盛期，是小麦综合防治的第二个关键环节。防治纹枯病、根腐病可选用 250g/L 丙环唑乳油每亩 30～40mL，或 300g/L 苯醚甲环唑·丙环唑乳油每亩 20～30mL，或 240g/L 噻呋酰胺悬浮剂每亩 20mL 喷小麦茎基部，间隔 10～15d 再喷一次；防治麦蜘蛛宜在上午 10 时以前或下午 4 时以后进行，可每亩用 5％阿维菌素悬浮剂 4～8g 或 4％联苯菊酯微乳剂 30～50mL。以上病虫混合发生可采用以上药剂一次混合喷雾施药防治，达到病虫兼治的目的。

五、后期管理

1. 预防赤霉病　开花期遇阴雨或雾霾天气，每亩用 50％多菌灵可湿性粉剂或 50％甲基硫菌灵可湿性粉剂 75～100g，加水稀释 1 000 倍，于开花始期和开花后对穗喷雾防治。

2. 虫害防治

①防治麦蚜。小麦开花至灌浆期间，百穗蚜量 500 头，或蚜株率达 70％时，每亩用 10％吡虫啉 10～15g 或 50％辟蚜雾可湿性粉剂 10～15g，对水 50kg 喷雾。

②防治麦红蜘蛛。当平均每 33cm 行长小麦有螨 200 头或每株有 6 头时，每亩用 20％甲氰菊酯乳油 30mL 或 40％马拉硫磷乳油 30mL，加水 30kg 稀释喷雾。

③防治小麦吸浆虫。在抽穗至开花盛期，每亩用 4.5％高效氯氰菊酯 15～20mL 或 2.5％溴氰菊酯乳油 15～20mL，加水 50kg 喷雾。

3. 叶面喷肥　灌浆期叶面喷施黄腐酸、0.2％～0.3％磷酸二氢钾、1％～2％尿素等叶面肥，延长小麦功能叶片光合高值持续期，提高小麦抗干热风的能力，延缓衰老，提高粒重。

六、收获

用联合割机在蜡熟末期至完熟初期收获，麦秸还田。优质专用小麦单收、单打、单贮。

第五节　盐碱地小麦播种简化栽培技术规程

一、围埝平整土地

在雨季土地围埝后，可以充分利用天然降雨，洗盐、压盐，这种方法压盐效果好、速度快、投资少。"盐往高处爬",土地不平是形成盐碱化的主要原因,在不平的地面上,高处比平整处的蒸发量大 6 倍,其积盐也多。所以有"修畦如修仓,平地多打粮""治碱不平地,等于白费力"的谚语。

二、灌溉压碱

灌溉是洗盐、压盐、肥地的重要措施,但排灌设施要配套,灌溉要挖好排水沟,做到有灌有排,防止大水漫灌造成土壤次生盐碱化。

三、培肥地力

一是要秸秆精细还田,增加秸秆对土壤表面的覆盖,降低土壤水分蒸发,减少盐分上升,增加土壤有机质,改良土壤结构。二是增施有机肥。每亩施土杂肥 2 000～4 000kg。三是重施氮磷化肥。一般亩施 50～75kg 复合肥(有效养分≥45%)。

四、选择耐盐品种

选择耐盐、高产、抗逆性强的小麦品种,如青麦 6 号、济南 18、德抗 961、山融 3 号、山农 25 等。

五、宽幅播种

采用圆盘式宽幅播种机播种,行距 20～25cm,苗带宽度 6～8cm。播种量一般每亩 10～15kg,随播种期推迟适当增加播量。最佳播期为 10 月上旬。

六、田间管理技术

1. 返青起身期　早春划锄,浇返青水。在地表融化 3～5cm 后,一般在初春麦田返浆时进行划锄。返青期或起身期大水灌溉,压盐冲碱。一般在 5cm 地温稳定在 5℃时进行为宜。若群体不足可结合灌水每亩追施尿素 10～15kg。

2. 中后期水肥管理　适时水肥管理,5 月上旬浇抽穗、扬花水,满足小麦生长需要。同时结合灌水追施 10～15kg 尿素。灌浆期小麦需肥量比较大,为防止小麦早衰,需叶面喷施磷酸二氢钾和尿素,每亩施磷酸二氢钾和尿素各 0.5kg,对水 100kg。可结合病虫害防治一起进行。

3. 其他技术措施　适时化控,防治病虫草害。起身期化控防倒伏,结合"一喷三防"防治病虫草害。

第六节　小麦绿色优质高效标准化生产技术规程

一、品种选择

所选品种应为通过国家或山东省农作物品种审定委员会审定,经试验和示范适应当地生产条件,抗倒伏、抗病、抗逆性强的高产优质小麦品种。

二、秸秆还田

前茬秸秆粉碎还田。粉碎后的秸秆长度以＜3cm 为宜。秸秆量过大的地块，提倡将秸秆综合利用，部分回收与适量还田相结合。

三、耕层调优

小麦播种前，应根据土壤墒情适时进行耕、松、耙、压作业，以构建合理的耕层结构。秸秆量较大或还田质量较差的麦田必须耕翻。

采用耕翻的麦田，耕深 20～25cm。耕翻后用旋耕机旋耕 2 次，旋耕深度 15cm。旋耕后及时耙压，以破碎土块，压实表层土壤，防止耕层过虚导致土壤失墒、影响播种出苗。

不耕翻的麦田，可每 3 年用深松机深松 1 次，深度 30cm。深松后及时旋耕和耙压。

四、合理筑畦

（1）采用微喷灌和滴灌的麦田。不需要筑畦，以增加有效种植面积。

（2）采用畦灌的麦田。应采用节水灌溉的畦田规格，具体参照 SL 558 实施。

五、种肥同播

1. 适时精播

①播种期以播种至越冬期 0℃ 以上积温达 570～650℃ 为宜。冬性品种在日平均气温 18～16℃ 时播种，半冬性品种在日平均气温 16～14℃ 时播种。

②在适宜播种期内，分蘖成穗率低的大穗型品种，每亩基本苗 15 万～18 万株；分蘖成穗率高的中、多穗型品种，每亩基本苗 12 万～16 万株。秸秆还田和整地质量较差的麦田应在上述种植密度的基础上适当增加基本苗 2 万～5 万株。

2. 底肥深条施或按比例分层条施 提倡采用具有种肥同播功能的小麦精量播机播种。条播的平均行距 21～25cm，播种深度 3～5cm。宽幅播种的苗带宽度以 8～10cm 为宜。每隔两行小麦在行间条施一行底肥，条施深度为 8～10cm。亦可采用底肥按比例分层条施技术，使用按比例分层施肥精量播种机，将底肥条施在 8cm、16cm 和 24cm 土层深处，三者的比例为 1∶2∶3 或 1∶2∶1。底肥应采用粒状的多元复合肥或缓控释肥。

3. 播后镇压 小麦播种机须安装镇压装置，播种后及时镇压。播后镇压可分为苗带镇压和全田镇压两种方式。采用微喷带灌溉的麦田以全田镇压为宜，有利于平整地面，减少微喷带翻转扭曲现象发生，提高灌溉水在土壤中水平分布的均匀度。

六、按需补灌

①小麦播种前 1d 或当天，测定田间地表下 0～20cm 和 20～40cm 土层土壤体积含水量。

②通过雨量数据采集器或从当地气象局（站），依次获取冬小麦播种至越冬、越冬至

拔节、拔节至开花期间的自然降水量。

③采用微喷灌和滴灌的麦田，依据作物按需补灌水肥一体化管理决策支持系统（http：//www.cropswift.com/）确定播种期、越冬期、拔节期和开花期是否需要补灌及所需补灌水量。

④采用畦灌的麦田，参照《小麦畦灌水肥一体化技术规程》中的畦田节水灌溉方案，确定灌水时期和灌水量。

七、肥水一体化管理

小麦氮、磷、钾肥的施用时期和数量应根据土壤质地、耕层主要养分含量和目标产量确定。随水追肥，小麦拔节期和开花期需要追肥的麦田，使用与微灌系统或畦灌工程相配套的溶肥和注肥机械，在补灌水的同时，将肥液注入输水管或直接溶入灌溉水，使其均匀施入田间。肥液的配制和注肥操作流程依据作物按需补灌水肥一体化管理决策支持系统（http：//www.cropswift.com/）提供的方案实施。水肥一体化须采用液体肥料或可溶性固体肥料，如尿素、氯化钾等。

八、病虫草害绿色综合防控

1. 种子处理　播种前，选用高效低毒的专用种衣剂对种子包衣。没有包衣的种子要用高效低毒杀虫剂和杀菌剂拌种。推荐使用香菇多糖等植物诱导抗性剂增强作物抗性，预防病害发生或降低发病指数，以减少化学农药的使用量。

2. 土壤处理　地下害虫发生严重的地块，应于耕地前均匀撒施农药。所选农药应符合国家法律法规和环保要求。

3. 主要病虫草害统防统治

①于冬前小麦分蘖期或越冬后小麦返青期，温度适宜（一般日平均气温10℃左右）时防除麦田杂草。

②起身至拔节期阻止蔓延。该期以防治小麦纹枯病、条锈病、白粉病等病害为重点，兼治红蜘蛛和蚜虫等虫害，局部地块防治小麦吸浆虫。

③抽穗至灌浆期"一喷三防"。抽穗扬花期遇雨或有雾高湿天气，易诱发赤霉病。该期亦是蚜虫高发和锈病、白粉病的流行关键期，应以防治蚜虫为主，兼治锈病、白粉病、赤霉病等病害。开花以后，根据病虫害发生情况，实施"一喷三防"。

4. 药械使用

①选用高效低毒且符合国家法律法规和环保要求的农药。

②大规模经营主体（总面积＞16 667 500m²，单块地面积＞1 000 050m²）宜采用飞机大面积喷防；小规模地块宜采用无人机或防飘对靶减量施药植保机械喷防。

5. 非生物灾害预防

①控旺防倒。对旺长麦田或株高偏高的品种，应于越冬前或返青至起身期镇压2～3次。

②抵御干热风。孕穗期至灌浆期叶面喷肥。提倡适时微喷，增湿降温。采用微喷增湿降温，应于小麦灌浆中后期在预报高温当天10时微喷5～10mm为宜。

九、收获

蜡熟末期至完熟初期采用联合收割机收割。提倡麦秸还田。

第七节 小麦水肥一体化微喷灌技术规程

一、微喷灌系统

①微喷灌系统的水源、首部、输配水设备、微喷灌灌水器等应符合 GB/T 50485 的要求。

②采用的微喷头应符合 SL/T 67.3 的要求。工作时微喷头压力为 0.15～0.25MPa，流量不大于 250L/h。由微喷头参与组成的微灌系统分为固定式、半固定式和移动式。固定式和半固定式微灌系统的微喷头安装在支管上，支管沿小麦种植行布置，同一条支管上微喷头间距为喷头喷洒半径的 0.8～1.2 倍，支管间距为喷头喷洒半径的 1～1.5 倍。微喷头安装的高度应超过作物最大株高 0.5m 左右。

③采用的微喷带应符合 NY/T 1361 的要求。最小喷射角 70°左右，最大喷射角 85°左右。工作时微喷带压力为 0.08～0.12MPa，流量为 80～120L/(m·h)。微喷带应沿小麦种植行向铺设，铺设间距 1.5～1.8m；当管径为 51mm 左右时，铺设长度≤80m。

④为防止灌溉水和肥液中的杂质堵塞微喷灌灌水器的出水孔，需要在微喷灌系统的首部安装过滤器。含有机污物较多的水源宜采用沙石过滤器，含沙量大的水源宜采用离心过滤器，沙石过滤器和离心过滤器必须与筛网过滤器配合使用。过滤器的孔径要根据所用灌水器的类型及流道断面大小而定。微喷要求 80～100 目过滤。

二、施肥装置

施肥装置应具有溶肥和注肥功能。施肥装置可安装于微喷灌系统首部与干管相连组成水肥一体化系统，亦可安装于下游，与支管或毛管相连组成水肥一体化系统，以便于对土壤肥力和干旱程度存在明显空间差异的地块实施区域和精准的水肥管理。电动注肥装置输出肥液的压力和流量，应根据其所连接的干管、支管或毛管的水压、流量、灌区面积、计划灌水量和计划施肥量确定。施肥装置的安装与维护应符合 GB/T 50485 的要求。

三、微喷灌节水灌溉方案

1. 土壤体积含水率的测定 于小麦播种前 1d 或当天，参照 GB/T 28418 和 SL 364，选用适宜的土壤水分测定方法，测定田间地表下 0～20cm 和 20～40cm 土层土壤体积含水率。

2. 播种期土壤贮水量的计算 播种期 0～100cm 土层土壤贮水量按公式（1）计算：

$$S_s = 7.265\theta_{v\,0\text{-}40} + 100.068 \tag{1}$$

式中，S_s——播种期 0～100cm 土层土壤贮水量（mm）；

$\theta_{v\text{-}0\text{-}40}$——播种期 0～40cm 土层土壤体积含水率（％）。

3. 播种期需补灌水量的确定

①当 $\theta_{v\text{-}0\text{-}20} > 70\%$ 且 $S_s > 317$mm 时，无需补灌。

②当 $\theta_{r\text{-}0\text{-}20}>70\%$ 且 $S_s\leqslant317$mm 时，按公式（2）计算需补灌水量：

$$I_s=317-S_s \tag{2}$$

式中：I_s——播种期需补灌水量（mm）；

$\quad\quad S_s$——播种期 0～100cm 土层土壤贮水量（mm）。

③当 $\theta_{r\text{-}0\text{-}20}\leqslant70\%$ 时，按公式（3）计算需补灌水量：

$$I_s=2\times(FC_{v\text{-}0\text{-}20}-\theta_{v\text{-}0\text{-}20}) \tag{3}$$

式中：I_s——播种期需补灌水量（mm）；

$\quad FC_{v\text{-}0\text{-}20}$——0～20cm 土层土壤田间持水率（%）；

$\quad\ \theta_{v\text{-}0\text{-}20}$——0～20cm 土层土壤体积含水率（%）。

4. 播种至越冬期主要供水量的计算　播种至越冬期主要供水量按公式（4）计算：

$$WS_{sw}=S_s+P_{sw}+I_s \tag{4}$$

式中：WS_{sw}——播种至越冬期主要供水量（mm）；

$\quad\quad S_s$——播种期 0～100cm 土层土壤贮水量（mm）；

$\quad\quad P_{sw}$——播种至越冬期有效降水量（mm）；

$\quad\quad I_s$——播种期补灌水量（mm）。

5. 越冬期需补灌水量的确定

①当 $WS_{sw}\geqslant326.8$mm 时，无需补灌；

②当 $WS_{sw}<326.8$mm 时，按公式（5）计算需补灌水量：

$$I_w=326.8-WS_{sw} \tag{5}$$

式中：I_w——越冬期需补灌水量（mm）；

$\quad\quad WS_{sw}$——播种至越冬期主要供水量（mm）。

6. 播种至拔节期需补灌水量的计算　播种至拔节期需补灌水量（不包括播种期灌水量）按公式（6）计算：

$$SI_{sj}=-7.085\times10^{-6}Y_{sj}^2+0.066Y_{sj}-89.748 \tag{6}$$

式中：SI_{sj}——播种至拔节期需补灌水量（不包括播种期灌水量）（mm）；

$\quad\quad Y_{sj}$——依据播种至拔节期自然供水条件，按公式（7）预测的冬小麦籽粒产量（kg/hm²）：

$$Y_{sj}=35.776S_{si}+6.831P_{sw}+10.103P_{wj}-5\ 250.452 \tag{7}$$

式中：S_{si}——播种期主要供水量（$S_{si}=S_s+I_s$，mm）；

$\quad\quad P_{sw}$——播种至越冬期有效降水量（mm）；

$\quad\quad P_{wj}$——越冬至拔节期有效降水量（mm）。

7. 拔节期需补灌水量的确定　拔节期需补灌水量按公式（8）计算：

$$I_j=SI_{sj}-I_w \tag{8}$$

式中：I_j——拔节期需补灌水量（mm）；

$\quad\quad SI_{sj}$——播种至拔节期需补灌水量（不包括播种期灌水量）（mm）；

$\quad\quad I_w$——越冬期补灌水量（mm）。

8. 播种至开花期需补灌水量的计算　播种至开花期需补灌水量（不包括播种期灌水量）按公式（9）计算：

$$SI_{sa} = -0.022Y_{sa} + 224.742 \tag{9}$$

式中：SI_{sa}——播种至开花期需补灌水量（不包括播种期灌水量）（mm）；

Y_{sa}——依据播种至开花期自然供水条件，按公式（10）预测的冬小麦籽粒产量（kg/hm²）：

$$Y_{sa} = 35.776S_{si} + 6.831P_{sw} + 10.103P_{wj} + 10.064P_{ja} - 5\ 250.452 \tag{10}$$

式中：S_{si}——播种期主要供水量（$S_{si} = Ss + Is$，mm）；

P_{sw}——播种至越冬期有效降水量（mm）；

P_{wj}——越冬至拔节期有效降水量（mm）；

P_{ja}——拔节至开花期有效降水量（mm）。

9. 开花期需补灌水量的确定 开花期需补灌水量按公式（11）计算：

$$I_a = SI_{sa} - I_w - I_j \tag{11}$$

式中：I_a——开花期需补灌水量（mm）；

SI_{sa}——播种至开花期需补灌水量（不包括播种期灌水量）（mm）；

I_w——越冬期补灌水量（mm）；

I_j——拔节期补灌水量（mm）。

四、施肥方案

1. 施肥原则 有机肥与化肥配施；在试验的基础上依据土壤质地、耕层主要养分含量和目标产量确定施肥配方；根据冬小麦需肥规律确定基肥与追肥的比例及追肥时间。

2. 施肥时期和数量

①仅秸秆还田不使用有机肥的地块，氮、磷、钾化肥的施用时期和数量根据土壤质地、耕层主要养分含量和目标产量确定。麦田耕层养分含量分级按照表 12-1 执行。不同土壤质地、耕层养分级别和目标产量麦田的施肥方案按照表 12-2 执行。

表 12-1 麦田耕层养分含量分级

养分级别	有机质含量（g/kg）	全氮含量（g/kg）	碱解氮含量（mg/kg）	有效磷含量（mg/kg）	速效钾含量（mg/kg）
Ⅰ	＞20	＞1.5	＞120	＞40	＞150
Ⅱ	15～20	1.0～1.5	75～120	20～40	120～150
Ⅲ	10～15	0.75～1.0	45～75	10～20	80～120
Ⅳ	＜10	＜0.75	＜45	＜10	＜80

表 12-2 麦田分类施肥

土壤质地	养分级别	目标产量（kg/hm²）	N		P₂O₅		K₂O	
			总量（kg/hm²）	B：J：A	总量（kg/hm²）	B：J：A	总量（kg/hm²）	B：J：A
N、R	Ⅰ	9 000～10 500	192～240	5：5：0	90～120	10：0：0	90～120	5：5：0
N、R	Ⅱ	9 000～10 500	240	5：5：0	120～150	10：0：0	120～150	5：5：0

（续）

土壤质地	养分级别	目标产量（kg/hm²）	N			P₂O₅			K₂O		
			总量（kg/hm²）	B：J：A		总量（kg/hm²）	B：J：A		总量（kg/hm²）	B：J：A	
N、R	Ⅰ	7 500～9 000	150～192	5：5：0		60～90	10：0：0		0～60	0：10：0	
N、R	Ⅱ	7 500～9 000	192～240	5：5：0		90～120	10：0：0		45～90	5：5：0	
N、R	Ⅲ	7 500～9 000	240	5：5：0		120	10：0：0		90～120	5：5：0	
S	Ⅱ	9 000～10 500	240	5：3：2		120～150	5：5：0		120～150	5：3：2	
S	Ⅱ	7 500～9 000	192～240	5：5：0		90～120	5：5：0		90	5：5：0	
S	Ⅲ、Ⅳ	7 500～9 000	240	5：5：0		120～150	5：5：0		90～120	5：5：0	
S	Ⅲ	6 000～7 500	192～210	5：5：0		60～90	10：0：0		60～90	10：0：0	
S	Ⅳ	6 000～7 500	210～240	5：5：0		90～120	10：0：0		90～120	10：0：0	

注：N代表黏土，R代表轻壤土、中壤土和重壤土，S代表沙壤土；B：J：A为底肥：拔节肥：开花肥。

②连续3年以上施用腐熟好的鸡粪等有机肥或优质商品有机肥每亩500～1 000kg的地块，可在表12-2规定施肥量的基础上减少氮素化肥总施用量20%～50%，减少磷素和钾素化肥总用量30%～50%。

3. 施肥方式和方法

（1）基肥。有机肥全部作基肥施用，于播种前撒施后立即耕作翻埋。所用有机肥料应符合 NY 525 的规定。基施化肥可选用氮、磷、钾三元复合肥、配方肥、缓控释肥和掺混肥料等。所用复合肥应符合 GB 15063 的规定，所用配方肥应符合 NY/T 1112 的规定，所用缓控释肥应符合 HG/T 3931 的规定，所用掺混肥料应符合 GB 21633 的规定。提倡种肥同播，采用具有化肥深条施或按比例分层条施功能的播种机械实施。化肥深条施技术要求每间隔两行小麦深条施一行化肥，条施间距 40～60cm；条施深度 8～10cm。按比例分层条施技术要求每间隔两行小麦条施一行化肥，间距 40～60cm；化肥条施在 8cm、16cm 和 24cm 土层深处，三者的比例为 1：2：3 或 1：2：1。

（2）追肥。选用可溶性常规固体肥料，或水溶肥料，或有机液体肥料。水溶肥料应符合 NY 1107 的规定。使用与微灌系统相配套的溶肥和注肥机械，在需要灌水和追肥的时期，通过以下步骤完成水肥一体化操作：根据田块大小计算所需的肥料用量；将固体肥料分次或一次性溶解制成肥液，液体肥料需要稀释则稀释后备用；待 1/3 的灌水量灌入田间后再行注肥，注肥时间约占总灌水时间的 1/3，注肥流量根据肥液总量和注肥时间确定。注肥完毕后，继续灌水直至达到预定灌水量。某生育时期土壤水分充分不需要灌水，但需要追肥时，应在该时期增灌 10mm，以随水追肥。

第八节　小麦畦灌水肥一体化技术规程

一、相关名词解释

1. 畦灌　用土埂将耕地分隔成长条形的畦田，灌溉水从一端直接进入畦田，水流在畦田上形成薄水层并沿畦长方向向前移动,边流边渗,浸润土壤的灌溉方法。

2. 注肥器 将肥液注入灌溉系统的管道中或直接注入灌溉水流中,使肥液与灌溉水混合以随水施肥的一种装置。

3. 畦灌水肥一体化 基于畦灌方式的灌溉与施肥一体化综合管理技术。该技术在首部或畦田进水口处使用注肥器将液体肥或固体可溶性肥料溶解后的肥液注入到灌溉水流中,使肥液与灌溉水充分混合,并沿畦长方向随水流向前移动、边流边渗,施入作物根部土壤。

4. 畦灌工程 畦灌工程管理和节水灌溉的畦田规格等应符合 SL 558 的要求。

5. 施肥装置 施肥装置应具有溶肥和注肥功能。田间配水工程为管道配水,且输水管可直达畦田进水口的,施肥装置可安装于首部与干管相连组成水肥一体化系统;田间配水工程为渠道配水的,则应采用便携式施肥装置,将其放置于畦田进水端,在畦田进水口处将肥液注入灌溉水中。

二、畦田节水灌溉方案

1. 灌水时期的确定

(1) 播种期。对于地表易板结不适合播种后立即灌水的麦田,应于土壤耕作前 5～7d,按照 NY/T 1121.1 和 SL 364 规定的方法测定 0～20cm 土层土壤质量含水率($\theta_{m\text{-}0\text{-}20}$,m/m,%)。用公式(1)计算土壤耕作前 0～20cm 土层土壤相对含水率($\theta_{r\text{-}0\text{-}20}$,%)。当 $\theta_{r\text{-}0\text{-}20} > 75\%$ 时,无需补灌;当 $\theta_{r\text{-}0\text{-}20} \leqslant 75\%$ 时,于耕作前 3～5d 及时实施畦灌。

$$\theta_{r\text{-}0\text{-}20} = \theta_{m\text{-}0\text{-}20} \div FC_{m\text{-}0\text{-}20} \times 100\% \tag{1}$$

式中:

$\theta_{r\text{-}0\text{-}20}$——0～20cm 土层土壤相对含水率(%);

$\theta_{m\text{-}0\text{-}20}$——0～20cm 土层土壤质量含水率(m/m,%);

$FC_{m\text{-}0\text{-}20}$——0～20cm 土层土壤田间持水率(m/m,%)。

土壤耕作前没灌水的麦田,应于小麦播种前 1～2d,按照 NY/T 1121.1 和 SL 364 规定的方法测定 0～20cm 土层土壤质量含水率($\theta_{m\text{-}0\text{-}20}$,%)。用公式(1)计算播种期 0～20cm 土层土壤相对含水率($\theta_{r\text{-}0\text{-}20}$,%)。当 $\theta_{r\text{-}0\text{-}20} > 70\%$ 时,无需补灌;当 $\theta_{r\text{-}0\text{-}20} \leqslant 70\%$ 时,于播种后及时实施畦灌。

(2) 越冬期。在日平均气温下降至 2℃左右、表层土壤夜冻昼消时,按照 NY/T 1121.1 和 SL 364 规定的方法测定 0～20cm 土层土壤质量含水率($\theta_{m\text{-}0\text{-}20}$,m/m,%)。用公式(1)计算越冬期 0～20cm 土层土壤相对含水率($\theta_{r\text{-}0\text{-}20}$,%)。当 $\theta_{r\text{-}0\text{-}20} > 60\%$ 时,无需补灌;当 $\theta_{r\text{-}0\text{-}20} \leqslant 60\%$ 时,及时实施畦灌。

(3) 拔节期。在小麦拔节初期,按照 NY/T 1121.1 和 SL 364 规定的方法测定 0～20cm 土层土壤质量含水率($\theta_{m\text{-}0\text{-}20}$,m/m,%)。用公式(1)计算拔节初期 0～20cm 土层土壤相对含水率($\theta_{r\text{-}0\text{-}20}$,%)。当 $\theta_{r\text{-}0\text{-}20} > 70\%$ 时,无需补灌;当 $\theta_{r\text{-}0\text{-}20} \leqslant 50\%$ 时,及时实施畦灌。当小麦拔节初期 $50\% < \theta_{r\text{-}0\text{-}20} \leqslant 70\%$ 时,暂不灌溉,于拔节后 10d,按照 NY/T 1121.1 和 SL 364 规定的方法测定 0～20cm 土层土壤质量含水率($\theta_{m\text{-}0\text{-}20}$,m/m,%)。用公式(1)计算拔节后 10d 的 0～20cm 土层土壤相对含水率($\theta_{r\text{-}0\text{-}20}$,%)。当 $\theta_{r\text{-}0\text{-}20} > 70\%$

时，无需补灌；当 $\theta_{r\text{-}0\text{-}20}$≤70％时，及时实施畦灌。

（4）开花期。在小麦完花期，按照 NY/T 1121.1 和 SL 364 规定的方法测定 0～20cm 土层土壤质量含水率（$\theta_{m\text{-}0\text{-}20}$，m/m，％）。用公式（1）计算完花期 0～20cm 土层土壤相对含水率（$\theta_{r\text{-}0\text{-}20}$，％）。当 $\theta_{r\text{-}0\text{-}20}$＞50％时，无需补灌；当 $\theta_{r\text{-}0\text{-}20}$≤50％时，及时实施畦灌。

2. 灌水量的确定 畦灌灌水量根据畦田规格、土壤渗透系数、入畦流量和改口成数估算。灌水定额 40～75m³。畦田节水灌溉的入畦流量和改口成数参照 SL 558 的规范实施。

三、施肥方案

1. 施肥原则 有机肥与化肥配施；在试验的基础上依据土壤质地、耕层主要养分含量和目标产量确定施肥配方；根据冬小麦需肥规律确定基肥与追肥的比例及追肥时间。

2. 施肥时期和数量 仅秸秆还田不使用有机肥的地块，氮、磷、钾化肥的施用时期和数量根据土壤质地、耕层主要养分含量和目标产量确定。麦田耕层养分含量分级按照表 12-1 执行。不同土壤质地、耕层养分级别和目标产量麦田的施肥方案按照表 12-2 执行。连续 3 年以上施用腐熟好的鸡粪等有机肥或优质商品有机肥每亩 500～1 000kg 的地块，可在表 12-2 规定施肥量的基础上减少氮素化肥总施用量 20％～50％，减少磷素和钾素化肥总用量 30％～50％。

3. 施肥方式和方法

（1）基肥。有机肥全部做基肥施用，于播种前撒施后立即耕作翻埋。所用有机肥料应符合 NY 525 的规定。基施化肥可选用氮磷钾三元复合肥、配方肥、缓控释肥和掺混肥料等。所用复合肥应符合 GB 15063 的规定，所用配方肥应符合 NY/T 1112 的规定，所用缓控释肥应符合 HG/T 3931 的规定，所用掺混肥料应符合 GB 21633 的规定。提倡种肥同播，采用具有化肥深条施或按比例分层条施功能的播种机械实施。化肥深条施技术要求每间隔两行小麦深条施一行化肥，条施间距 40～60cm；条施深度 8～10cm。按比例分层条施技术要求每间隔两行小麦条施一行化肥，间距 40～60cm；化肥条施在 8cm、16cm 和 24cm 土层深处，三者的比例为 1∶2∶3 或 1∶2∶1。

（2）追肥。选用可溶性常规固体肥料，或水溶肥料，或有机液体肥料。水溶肥料应符合 NY 1107 的规定。使用与畦灌相配套的溶肥和注肥机械或便携式施肥装置，在需要灌水和追肥的时期，通过以下步骤完成水肥一体化操作：根据畦田规格、土壤渗透系数、入畦流量和改口成数确定灌水定额；根据灌水定额和实际入畦流量计算灌水持续时间；根据田块大小计算所需的肥料用量；将固体肥料分次或一次性溶解制成肥液，液体肥料需要稀释则稀释后备用；根据肥液总量和灌水持续时间确定注肥流量。注肥开始和结束的时间与灌水开始和结束的时间同步。某生育时期土壤水分充分不需要灌水，但需要追肥，可趁雨撒施肥料。也可选择适宜农机进地作业的时机，用机械划沟将肥料深条施。每间隔两行小麦条施一行化肥，条施间距 40～60cm；条施深度 8～10cm。

第九节 强筋小麦济麦 44 优质高产高效生产技术规程

一、土壤地力条件

适宜中壤以上条件下种植，即以棕壤土和砂姜黑土、褐土及质地较黏重的潮土等土壤类型较宜，而不宜在沙壤和没有灌溉条件的瘠薄地种植。要求地势平坦、土层深厚，表层具有良好的团粒结构，土壤容重 1.2～1.5g/mL，耕层土壤有机质含量 1.2％以上，全氮 0.09％以上，水解氮 70mg/kg 以上，有效磷 15mg/kg 以上，速效钾 80mg/kg 以上，pH6.5～7.5。

二、产量结构及群体动态

1. 群体动态指标 济麦 44 分蘖成穗率高，每公顷基本苗 180 万～240 万株，冬前总茎数 900 万～1 200 万，最大总茎数 1 050 万～1 350 万。

2. 产量结构指标 济麦 44 属于分蘖成穗率高的多穗型品种，每公顷穗数 540 万～675 万穗，穗粒数 35 粒左右，千粒重 40～45g。

三、生产技术

1. 播前准备

（1）种子质量。大田用种纯度不低于 99.0％，净度不低于 99.0％，发芽率不低于 85％，水分不高于 13.0％。要求精选种子。选用饱满的大粒种子是实现幼苗健壮的基础，未经精选的种子不仅影响出苗率，而且出苗势弱，分蘖少，长势差，不利于个体的健壮生长和群体良好发育。除去小粒、秕粒、破碎粒、霉变粒、虫伤粒和杂质，提高用种质量。

（2）种子包衣或拌种处理。小麦专用种衣剂包括杀菌剂、杀虫剂、微肥和生长调节剂，提倡播种前用种衣剂对种子进行包衣处理。提倡新型包衣技术，如每亩地种子采用 21％戊唑•吡虫啉种衣剂 30mL＋0.003％丙酰芸薹素内酯水剂 5mL 包衣。没有包衣设备和条件的，应根据常年病虫发生特点，统一选购适宜的药剂，进行药剂拌种。根部病害发生较重的地块，选用 2％戊唑醇按种子量的 0.10％～0.15％拌种；地下害虫发生较重的地块，选用 50％辛硫磷乳油，按种子量的 0.2％拌种；病、虫混发地块用以上杀菌剂＋杀虫剂混合拌种。拌种后应注意增加 10％左右的播种量。同时，药剂拌种后，应在 4～8h 内播完，不可隔夜再播，防止烧种或导致麦苗畸变。

（3）施足基肥。耕地前每亩施用优质有机肥 4 000～5 000kg，或优质腐熟厩肥 1 000kg。将上茬作物秸秆如玉米秸秆等粉碎后直接还田，配合施用无机肥料，也可达到培肥地力的目的。基施化肥的种类和数量应在测土基础上根据土壤养分情况确定，原则是磷、钾肥全部作基肥施入，氮肥基施数量以全生育期氮肥总施用量的 1/2 左右为宜。一般地块参考基肥每亩施用量为：标准氮肥 20～30kg，过磷酸钙 50～60kg 或磷酸氢二铵25～30kg，硫酸钾（或氯化钾）15～20kg，硫酸锌 1～1.5kg。也可用三元复合肥或多元复合肥 60～70kg。在施入大量优质有机肥的情况下，尽可能少用氮素化肥作基肥。当耕层土壤养分较低时，则应适当增加所缺乏营养元素的投入量；对土壤中含量丰富的元素，则可不施入或者降低施用数量，实现营养平衡。

（4）土壤处理。地下害虫严重的地块，每公顷用 40％辛硫磷乳剂 4.5kg，对水 15～30kg，拌细土 400kg 制成毒土，耕地前均匀撒施地面，随耕地翻入土中。

（5）精细整地。耕地时间应在宜耕期内进行，防止过湿或过干耕翻土地，确保在播种时土壤耕层相对持水量保持在 70％～80％。在干旱年份或土壤墒情较差时，必须造墒播种，做到宁晚勿早。采用机耕或深松，耕深 25cm 或深松 30cm，破除犁底层，耕旋耙配套，耕层土壤不过暄，无明暗坷垃，无架空暗垡，达到上松下实；旋耕麦田应旋耕两年，深耕或深松一年；畦面平整，保证浇水均匀，不冲不淤。播前土壤墒情不足的应造墒，坚持足墒播种。提倡秸秆还田。机耕（松）机旋机耙配套，随耕随耙，耙细、耙匀、耙透、耙平。

2. 播种

（1）适期播种。根据山东省的气候变化特点和小麦目前的生产水平，在播期方面要避免播种过早造成基础群体过大。冬小麦的适宜播种范围在冬前 0℃ 以上积温 600～650℃，即日平均气温 16～18℃ 时播种为宜。济麦 44 适应性强，播期弹性较大，该品种分蘖性强、冬前生长发育进程较快，应在适宜播期范围内晚播。济麦 44 常年适宜的播期范围为 10 月 5～20 日。在冬季正积温少，春季气温回升慢的地区（如鲁西北、鲁北和胶东地区），最佳播期 10 月 5～15 日；而秋季降温迟，春季气温回升快的地区（如鲁西南和鲁南地区），最佳播期 10 月 10～20 日。

（2）适量播种。采用小麦精播机，推荐使用宽幅精量小麦播种机。每公顷播种量（kg）＝每公顷计划基本苗数×千粒重（g）／［发芽率（％）×出苗率（％）×1 000×1 000］。

（3）种植规格。采用等行距或大小行种植，平均行距为 21～26cm 为宜，播深 3～5cm。畦宽根据当地种植习惯和机械要求调整，畦宽可适当加大，以减少畦埂占地，充分利用地力和光能。

（4）足墒播种。土壤含水量为田间最大持水量的 70％～80％时播种。

（5）播后镇压。用带镇压装置的小麦播种机，在播种时随播随压；没有浇水造墒的秸秆还田地块，播种后再用镇压器镇压 1～2 次，保证小麦出苗后根系正常生长，提高抗旱能力。

3. 冬前管理

（1）查苗补种。出苗后要及时查苗，对缺苗断垄的麦田要及早补种，杜绝 10cm 以上的缺苗和断垄现象。如有缺苗断垄，在 2 叶期前浸种催芽，及时补种。

（2）及时划锄。小麦 3 叶期至越冬前，每遇降雨或浇水后，都要及时划锄。对旺长麦田还要注意进行镇压或深耘断根，深耘深度 10cm 左右。

（3）防虫除草。对未拌种，地下害虫发生严重的地片，用辛硫磷等与细土拌匀，撒在小麦基部或对水成 1 500 倍液顺垄浇灌。小麦阔叶杂草可用 40％唑酮草酯干悬浮剂每亩 4～5g 防治；节节麦等禾本科杂草可用 3％甲基二磺隆乳油每亩 25～30mL 或 15％炔草酸可湿性粉剂每亩 25～30g 防治。济麦 44 对甲基二磺隆较敏感，在使用时一定要注意药剂浓度，防止发生药害。同时，可结合使用吡虫啉和苯丁·哒螨灵防治红蜘蛛和蚜虫。除草剂应选择气温 10℃左右，且晴天无风或微风天气喷施。

（4）浇冬水。浇冬水有利于沉实土壤，保证麦苗安全越冬，有利于麦田贮存水分，补足底墒、来年早春保持较好墒情，以推迟春季第一次肥水，为氮肥后移创造条件。立冬至小雪可依据土壤墒情、苗势强弱，浇足越冬水。对基施氮肥不足的地块和苗稀苗弱地段，结合浇冬水适量追肥。浇水采用小麦定额灌溉技术。于 11 月下旬至 12 月上旬浇冬水，日平均气温 5℃ 开始，夜冻昼消时结束，灌溉量每公顷 $600m^3$，冬灌后及时划锄。在底墒充足，群体适宜或偏大的麦田，可不浇冬水。

（5）冻害补救。冬季发生主茎和大分蘖冻死的麦田，在小麦返青期追肥浇水，每公顷追施尿素 150kg，浇水 $600m^3$，缺磷地块适当混配磷酸氢二铵使用。仅有叶片受冻麦田，早春及早划锄，提高地温。

4. 春季管理

（1）适时划锄。麦田返青期管理的关键是划锄，这有利于通气、提温、保墒，促进根系发育，促苗早返青早生长，没有划锄条件的，可采取耙、搂等措施。

（2）春灌追肥。春灌推迟至小麦拔节期，并结合灌溉每公顷追施纯氮（N）90～144 kg，钾（K_2O）38～57kg。施拔节肥、浇拔节水的具体时间要根据地力、墒情和苗情掌握。群体适宜，可在拔节后期（旗叶露尖）追肥浇水，灌溉量 $600m^3/hm^2$。

（3）化控防倒。在小麦起身以前，对旺长麦田，要进行化控，防止后期倒伏。化控时间以 3 月上中旬为佳，应注意严格掌握浓度、安全性等尺度，以免造成药害。旺长麦田要在起身期前后，每公顷用壮丰安 450～600mL，对水 450kg 喷施，抑制小麦基部第一节间伸长，使节间短、粗、壮，进一步提高抗倒能力。

（4）化学除草。小麦阔叶杂草可用 40％唑酮草酯干悬浮剂每亩 4～5g 防治；节节麦等禾本科杂草可用 3％甲基二磺隆乳油每亩 25～30mL 或 15％炔草酸可湿性粉剂每亩25～30g 防治。济麦 44 对甲基二磺隆较敏感，在使用时一定要注意药剂浓度，防止发生药害。

（5）防治纹枯病、茎基腐病。在返青至拔节期，可选用 250g/L 丙环唑乳油每亩 30～40mL，或 300g/L 苯醚甲环唑·丙环唑乳油每亩 20～30mL，或 240g/L 噻呋酰胺悬浮剂每亩 20mL 对水喷小麦茎基部，间隔 10～15d 再喷一次；茎基腐病防治：宜每亩选用18.7％丙环·嘧菌酯 50～70mL，或 40％戊唑醇·咪鲜胺水剂 60mL，喷淋小麦茎基部。

（6）防治麦蜘蛛。每亩用 5％阿维菌素悬浮剂 4～8g 或 4％联苯菊酯微乳剂30～50mL。

（7）冻冷害补救。如果小麦拔节期发生倒春寒或孕穗期发生低温冷害，应立即施速效氮肥和浇水，促进植株发育，减轻灾害损失。

5. 后期管理

（1）浇开花水。小麦开花期至灌浆初期浇水，灌溉量每公顷 $600m^3$。严禁浇麦黄水，以免影响小麦品质。土壤墒情适宜时也可不浇水。

（2）条锈病防治。济麦 44 具有较好的抗条锈病特性，正常年份可以不用专门防治。

（3）赤霉病防治。尤其在鲁南、鲁西南需加强赤霉病预防，如果天气预报小麦扬花期有 2d 以上的连阴雨天气，首次施药时间应提前至破口抽穗期，见穗打药。小麦齐穗期，选用 25％氰烯菌酯悬浮剂每亩 100～200mL，或 25％咪鲜胺乳油每亩 50～60g，对水后对准小麦穗部均匀喷雾。施药后 6h 内遇雨，雨后应及时补治。如遇病害严重流行，第一次防治结束后，需隔 5～7d 再喷药 1～2 次，以确保控制效果。

（4）白粉病防治。济麦 44 具有较好的抗白粉病特性，正常年份可以不用专门防治。

（5）虫害防治。济麦 44 低感麦蚜，但小麦开花至灌浆期间，百穗蚜量达到 500 头或蚜株率 70％时，每公顷用 10％吡虫啉 150～225g 或 50％抗蚜威可湿性粉剂 150～225g，对水 750kg 喷雾防治；当平均每 33cm 行长小麦有红蜘蛛 200 头时，每公顷用 20％甲氰菊酯乳油 450mL 或 40％马拉硫磷乳油 450mL 或 1.8％阿维菌素乳油 120～150mL，对水 450kg 喷雾防治；小麦抽穗 50％～70％时，每公顷选用 2.5％溴氰菊酯 150～225mL 或 4.5％高效氯氰菊酯 750～1 050mL，对水喷雾防治防治吸浆虫。

（6）叶面喷肥。灌浆期叶面喷施 0.2％～0.3％磷酸二氢钾＋1％～2％尿素，延长小麦功能叶片光合高值持续期，提高小麦抗干热风的能力，防止早衰。

（7）"一喷三防"。可将本规程后期管理中列出的杀菌剂、杀虫剂与磷酸二氢钾进行混配，在孕穗期至灌浆期一次喷施，达到防虫、防病、防干热风的目的。

（8）适时收获。蜡熟末期至完熟期收获，即植株茎秆全部黄色，叶片枯黄，茎秆尚有弹性，籽粒含水量 14％左右，籽粒颜色接近本品种固有光泽、籽粒较为坚硬。提倡用联合收割机收割，麦秆还田。收贮时要做到单收、单打、单运、单晒，确保纯度和品质。

第十节　小麦全程机械化生产技术规程

一、播前准备

1. 秸秆处理　前茬玉米可使用穗茎兼收的收获机械，收获玉米后进行秸秆还田，要求秸秆切碎后均匀抛洒，切碎长度不大于 5cm，抛撒不均匀率不大于 20％。

2. 播前整地　可采用深耕或深松的方法进行土壤耕作，两者选一。采用耕翻的麦田，应耕深≥30cm，破除犁底层，掩埋前茬秸秆。耕翻后及时耙地或镇压，考虑生产成本 2～3 年深耕一次即可。深松后，采用旋耕机旋耕，旋耕深度 15cm。旋耕后及时用钉齿耙耙压或用镇压器镇压。

3. 种子准备　选用通过国家或山东省农作物品种审定委员会审定，经当地试验、示范，适应当地生产条件的冬性或半冬性高产小麦品种。播种前用高效低毒的专用种衣剂进行种子包衣或药剂拌种。

二、播种

1. 机械选择　选用耧腿式或圆盘式宽幅施肥精量播种机，建议开沟、播种、施肥、覆土、镇压一次性完成。

2. 播期、播量　适宜的播期应掌握在日平均气温 14～17℃。全省小麦的适宜播期参考值为：鲁东地区应为 10 月 1～10 日；鲁中地区应为 10 月 3～13 日；鲁南、鲁西南地区应为 10 月 5～15 日；鲁北、鲁西北地区应为 10 月 2～12 日。在适宜播种期内，分蘖成穗率低的大穗型品种，每亩基本苗 15 万～20 万株；分蘖成穗率高的中穗型品种，每亩基本苗 12 万～18 万株。为确保适宜的播种量，应按下列公式计算：

$$每亩播种量（kg）=\frac{要求基本苗×千粒重（g）}{1\,000×1\,000×发芽率×出苗率}$$

3. 作业要求　作业过程中严禁倒退，避免堵塞开沟器。作业速度一般为 2～5km/h，播种深度 3～4cm。作业过程中应随时检查播量、播深、行距，要经常观察播种机各部件工作是否正常，特别是看排种、输种管是否堵塞，种子和肥料在箱内是否充足。

三、田间管理

1. 划锄镇压　小麦 3 叶期至越冬前，每遇降雨或浇水后，都要及时机械划锄。立冬后，若每亩总茎数达 80 万以上时，要进行镇压。早春要适时镇压划锄，对于吊根苗和土壤暄松的地块，要在早春土壤化冻后进行机械镇压。

2. 肥水管理　对于悬根苗，以及耕种粗放、坷垃较多及秸秆还田的一般麦田要浇越冬水。拔节期、开花期追施肥水。推荐使用滴管、喷灌及水肥一体化设备在冬前、返青、拔节、孕穗、灌浆等关键时期，根据土壤墒情和苗情长势，统筹进行肥水调控。

3. 病虫草害防治　冬前和春季是防治病虫害和进行化学除草的关键时期，要根据病虫草害类型和发生严重程度，正确选择药剂，规范施用。在孕穗期至灌浆期进行"一喷三防"，将杀虫剂、杀菌剂与磷酸二氢钾（或其他的预防干热风的植物生长调节剂、微肥）混配，叶面喷施，一次施药可达到防虫、防病、防干热风的目的。建议使用喷药机、弥雾机或无人机飞防进行植保作业。

四、适时收获

小麦蜡熟末期至完熟期使用小麦联合收割机收获，小麦秸秆还田，实行单收、单打、单贮。

第十一节　有机紫色小麦生产技术操作规程

一、有机紫色小麦

指生产过程中不使用化学农药、化肥、化学防腐剂等合成物质，也不用基因工程生物及其产物，并通过国家有机食品认证机构认证的紫色小麦。

二、产地条件

1. 产地环境　选择土层深厚，结构疏松，腐殖质丰富的土壤。产地应远离城区、工矿区、交通主干线、工业污染源和生活垃圾场等。应符合以下要求：土壤环境质量应符合 GB 15618 的二级标准规定；农田灌溉用水水质应符合 GB 5084 规定；环境空气质量应符合 GB 3095 的二级标准和 GB 9137 规定。

2. 缓冲带　有机紫色小麦种植单元与常规小麦种植单元之间设置缓冲区，宽度≥10m；若缓冲带种植作物，应按有机生产方式。

3. 转换期　从常规种植专项有机种植应有≥24 个月的转换期，新开荒地或撂荒多年的土地≥12 个月的转化期。

三、播种

1. 品种选择　选用山农紫麦 1 号等通过国家或山东省农作物品种审定委员会审定的，适应该生态区生产条件的紫色小麦品种。播前精选种子，去除病粒、霉粒、烂粒，并选晴天晒种 1～2d。

2. 底肥　可以利用畜禽粪便、作物秸秆等动物源、植物源原料堆制腐熟的农家肥，根据当地土地肥力情况亩施 3 000～4 000kg，结合整地一次施入。

3. 整地　机械深翻整地，耕深≥25cm，随耕随耙，地面平整，无明暗坷垃。可以每隔 2～3 年深耕一次，其他年份采用旋耕或免耕等保护性耕作。

4. 底墒　足墒播种，适宜墒情为土壤相对含水量的 70%～75%，对于墒情不足的地块应提前造墒或浇蒙头水。

5. 播期、播量　采用宽幅播种机播种，苗带宽度 8～10cm。播期、播量应根据茬口、品种特性和种植区域生态条件确定。

四、田间管理

1. 镇压　播后及时镇压，以保墒提温，在冬前结合浇水或降雨进行 1～2 次镇压，以压碎坷垃，弥实裂缝，踏实土壤，提墒保墒，促进根系发育。镇压禁止高速作业。地硬、地湿、苗弱忌压。

2. 灌溉　根据土壤墒情和苗情，在冬前、返青至拔节期、孕穗至灌浆期进行灌溉。

3. 中耕除草　采用人工或机械中耕除草，禁止使用化学除草剂。

五、病虫害防治

1. 农业防治　选用抗病虫品种，采用轮作倒茬、休耕、深翻、培育壮苗等防治措施。

2. 物理防治　利用灯光诱杀，防虫网或机械捕捉等物理方法防治虫害。

3. 生物防治　创造天敌适宜生存环境，利用自然天敌或人工释放天敌防治虫害。

4. 药剂防治　禁止使用化学农药、激素类等防治病虫，可以使用印楝素、天然除虫菊素、石硫合剂、波尔多液等植物、动物、矿物、微生物来源的植物保护产品，可参照 GB/T 19630.1 中表 A.2 产品目录。

六、收获、贮藏、运输

成熟后及时收获。单收、单运、单贮，防止与普通小麦混杂。

第十二节　小麦赤霉病防控技术规程

一、防治策略

以选用抗病优质品种为基础，适期药剂预防为关键，农业措施为辅助的综合防病策略。

二、品种选择

应因地制宜选择中感或中抗赤霉病品种或耐病品种，禁止使用高感赤霉病品种。

三、农业措施

1. 播期准备　尽量粉碎秸秆，提高秸秆还田质量，及时清除多余秸秆和田间杂草，定期深翻，压低菌源基数。

2. 适期精量播种　适期适量播种，防止小麦群体过大、田间郁闭。

3. 科学肥水管理　要进行合理施肥，增施磷钾肥，提高植株免疫力；小麦扬花前后尽量避免灌溉；雨水较多的情况下，及时清沟排渍，防止田间积水。

4. 合理作物布局　鼓励轮作休耕，大力推广小麦与大豆、花生、蔬菜等作物轮作的种植模式，压低菌源基数，降低病害危害程度。

四、药剂防治

1. 防治时期　在小麦抽穗至扬花期若遇降雨或持续 2d 以上的阴天、结露、多雾天气时，要施药预防。对高危地区的高感品种，首次施药时间可提前至破口抽穗期。或在小麦抽穗达到 70%、小穗护颖未张开前，进行首次喷药预防，并在小麦扬花期再次喷药。

2. 药剂选择　可选用 25% 氰烯菌酯悬浮剂每亩 100～200mL，或 25% 咪鲜胺乳油每亩 50～60g，或 50% 多菌灵可湿性粉剂每亩 100～150g，对水后对准小麦穗部均匀喷雾。其他已登记用于小麦赤霉病防治的药剂，按推荐剂量使用。不同类型药剂应交替使用或混合使用，防止抗药性。

3. 注意事项　如果施药后 3～6 小时内遇雨，雨后应及时补治。如遇连阴天气，应赶在下雨前施药。如雨前未及时施药，应在雨停麦穗晾干时抓紧补喷。

第十三节　晚茬小麦宽幅增量播种高产栽培技术规程

近年来，随着耕作制度改革和复种指数的提高，麦/稻、麦/棉、麦/烟、麦/薯等种植模式常常导致小麦播种偏晚。加之秋播期间常常遇到不同程度的干旱或雨涝灾害，导致小麦不能适期播种，形成晚茬麦。由于晚茬小麦冬前有效积温低，苗小、苗弱，分蘖少或无分蘖，最终成穗数少，制约了单产的提高。实践表明，采用宽幅增量播种高产栽培技术，可以提高小麦出苗率和均匀度，协调群体和个体矛盾，增产显著。

一、选用早熟良种，搞好种子处理

选用生育期较短、具有晚播早熟的半冬性或偏春性良种。播种之前搞好麦种处理，可缩短小麦的出苗期。一是搞好晒种，小麦播种前选择晴天晒种 3～4d，达到种子充分干燥。晒种不但能杀灭种子表面的病菌，而且能打破种子的休眠，使种子早出苗 1～3d。二是浸种催芽。立冬后播种的地块，宜进行浸种催芽。将麦种放入 50℃ 的水中，及时搅拌，水量以漫过种子为宜，浸泡 6～8h，捞出后进行堆闷催芽，保持堆内温度 25℃，每 3h 翻动一次，待

5%左右的种子"咧嘴露白"时即可播种。经过催芽的种子播种后可早出苗 2～3d。

二、提高整地质量

晚茬小麦因温度低，发芽出苗慢，顶土力弱，因此，更需要提高整地质量，做到深耕细耙，土壤上虚下实，无坷垃、无根茬，墒情良好，土壤含水量达到 70%～80%。晚茬麦若播种过深，会导致出苗晚、幼苗弱，故宜适当浅播，一般为 3cm。

三、增施肥料

晚茬麦常因前茬作物收获迟，土壤速效养分消耗大，地力得不到休闲恢复，而且晚茬麦的幼苗瘦弱、根系较少，对肥料的吸收能力较差，因此，必须增施肥料。播前结合整地施足基肥，科学使用种肥，并尽量做到测土配方施肥。因磷肥对促进根系发育和分蘖成穗效果好，故应适当增施、磷肥。一般亩施优质土肥 3 000～4 000kg、尿素 10～15kg、过磷酸钙 50～60kg 或磷酸氢二铵 25～30kg、硫酸钾（或氯化钾）15～20kg、硫酸锌 1～1.5kg 作基肥。

四、宽幅增量播种

因晚茬小麦分蘖少，成穗率低，故应随着播种期的推迟而适当增加播种量。采用圆盘式宽幅播种机，苗带宽度 6～8cm。按播期和栽培措施确定播种量：一般 10 月中下旬播种，每亩播种量 10～12kg；10 月下旬至 11 月上旬，每亩播种量 12.5～17.5kg；独秆栽培法每亩播种量 20～25kg。

五、加强田间管理

1. 冬前管理 以镇压为主，沉实土壤，防止透风，提墒保温，盐碱地不宜镇压，防止泛盐。

2. 早春管理 在麦苗返青前进行浅划锄镇压，墒情较差的地块，以镇压为主；墒情好的地块先划锄后镇压；洼碱地只划锄，不镇压；并结合铲除杂草，防治病虫害。

加强春季肥水管理是促进晚茬麦成穗的关键时期。对一般晚茬麦田应加强起身期肥水攻促；对独秆栽培麦田于拔节至挑旗期追肥浇水，根据地力确定追肥浇水数量。

3. 后期管理 晚茬麦生长后期一般不再追肥，预防贪青晚熟。开花后浇足灌浆水，保持田间持水量 75%左右。注意防止干热风侵袭和病虫危害。

六、适时收获

收后晾晒、脱粒，籽粒含水率 13%以下时安全贮藏。

第十四节 小麦干热风灾害防控技术规程

一、干热风灾害

小麦生育后期容易发生的一种高温低湿并伴有一定风力的灾害性天气，它可使小麦失去水分平衡，严重影响各种生理功能，使千粒重明显降低，导致小麦显著减产。

二、干热风灾害等级指标

1. 轻型干热风　田间 14 时气温高于 30℃，田间相对湿度低于 30％，风力≥3m/s。

2. 重型干热风　田间 14 时气温高于 35℃，田间相对湿度低于 25％，风力≥3m/s。

三、防控措施

1. 农业技术防控　品种选用通过国家或山东省农作物品种审定委员会审定，单株生产力高、抗倒伏、抗病、抗逆性强的冬性或半冬性高产小麦品种；使用种衣剂包衣或药剂拌种；精细整地，施足基肥；规范化播种；及时预防病虫害；精细做好冬前和春季各项田间管理措施；健壮个体，提高抗性。根据干热风天气预警预报，在干热风发生前 1～2d 浇水，可减轻危害。

2. 生物防控　植树造林，营造防风林，降低温度，增加湿度，削弱风速，减少地表水分蒸发，改善田间小气候，抵御干热风危害。

3. 化学防控　根据干热风天气预警预报，在干热风来临前及时喷洒天达 2116、磷酸二氢钾溶液等预防干热风，连喷 1～2 次。小麦"一喷三防"技术是小麦后期防病、防虫、防干热风、增加粒重、提高单产的关键措施，也是防灾、减灾、增产最直接、最简便、最有效的措施。

四、适期收获

在完熟期适时收获。若收获期有降雨过程，及时抢收，天晴时及时晾晒，防止穗发芽和籽粒霉变。

第十五节　旱地小麦抗逆高效简化栽培技术规程

一、播前整地

土层厚度大于 100cm 通过深耕或深松进行，耕深以 25cm 左右为宜。土层深度小于 100cm 进行旋耕加 2～3 年深耕或深松 1 次。

二、播种与施肥

选用抗旱性强、抗病性好的小麦良种。确定合理的群体结构。对分蘖成穗率低的大穗品种，每亩 15 万～18 万株基本苗，冬前每亩总茎数为计划穗数的 2.0～2.5 倍，春季最大总茎数为计划穗数的 2.5～3.0 倍，亩成穗数 30 万～35 万穗，每穗粒数 40 粒左右，千粒重 45g 以上；对分蘖成穗率高的品种，每亩 12 万～15 万株基本苗，冬前每亩总茎数为计划穗数的 2.0～2.5 倍，春季最大总茎数为计划穗数的 2.5～3.0 倍，亩成穗数 45 万～50 万穗，每穗粒数 32～35 粒，千粒重 40g 左右。

实行保水剂与化肥配合施用，氮、磷、钾肥平衡施用，重视磷、钾肥，氮、磷、钾比一般为 1∶1∶0.8 为宜，其中缓释肥与复合肥各占 50％，即施肥量为：纯氮 9～12kg，

P_2O_5 9～12kg，K_2O 7～10kg；再配施凹凸棒石保水剂每亩 1.5kg。

播种时选用种肥同播机，减少肥料损失，提高肥料利效率。据田间墒情适时播种，不起垄，不作畦，平均行距 22～26cm，播种深度为 3～5cm，下种均匀，深浅一致，不漏播，不重播，地头地边播种整齐。

三、田间管理

播种后耕层墒情较差时即应进行镇压，以利于出苗。早春麦田管理，在降水较多年份，耕层墒情较好时应及早中耕保墒；秋冬雨雪较少，表土变干而坷垃较多时应进行镇压。从小麦拔节期开始，就应注意防治纹枯病、白粉病、锈病及蚜虫。在后期田间脱肥时，用浓度 1%～2% 的尿素或 0.1%～0.3% 的磷酸二氢钾溶液，在开花前后喷施两次，每次间隔 10d，可与防治病虫的药剂配合使用，实现"一喷三防"。

四、适期收获，秸秆还田

籽粒含水量 20% 左右收获。提倡用联合收割机收获，小麦秸秆还田，实行单收、单打、单贮。

第十六节　富硒小麦栽培技术规程

一、术语与定义

1. 富硒小麦　通过硒肥拌种或叶面喷施含硒肥料或小麦自然富集硒元素，通过小麦的生理转化，使小麦籽粒中硒的含量达到 0.1～0.3mg/kg。

2. 硒肥　硒盐酸与腐殖酸发生螯合反应而生成，并经农业部登记许可的水溶性肥料。分拌种型和喷施型，拌种型硒含量为 0.25%，喷施型硒含量为 0.83%。

二、播前准备

1. 种子选择　选择增产潜力大、抗病、抗倒伏能力强的优良品种。如济麦 22、济麦 23、山农 29、泰科麦 33 等良种。

2. 种子处理　用拌种型硒肥加高效低毒的专用种衣剂进行种子包衣或药剂拌种。

3. 土壤肥力与合理施肥　每亩撒施 $4m^3$ 左右优质有机肥和 50～60kg 氮、磷、钾三元复合肥（15：15：15），缺锌地块每亩施硫酸锌 1kg，硼肥 1kg。

4. 精细整地　前茬是玉米的麦田，用玉米秸秆还田机粉碎 2～3 次，秸秆长度 5cm 左右。选择适耕期进行机耕或深松，耕深 25cm 或深松 30cm，旋耕麦田，必须旋耕 2～3 次。不能过湿或过干耕翻土地，土壤水分不足地块，可在耕地前 7d 造墒。一定要足墒播种。

三、播种

1. 播种期　鲁东、鲁中、鲁北的小麦最佳播期为 10 月 3～8 日；鲁西的最佳播期为 10 月 5～10 日；鲁南、鲁西南的最佳播期为 10 月 7～12 日。

2. 播种量　在适宜播种期内，分蘖成穗率低的大穗型品种，每亩基本苗 20 万～25 万株；分蘖成穗率高的中穗型品种，每亩基本苗 12 万～18 万株。

3. 播种方式、行距、深度 用小麦精播机或宽幅精播机播种，行距 21～25cm，播种深度 3～5cm。播种机不能行走太快，每小时 5km，保证下种均匀、深浅一致、行距一致，不漏播、不重播，地头地边播种整齐。

4. 播种后镇压 用带镇压装置的小麦播种机械，在播种时随种随压；未带镇压装置的要在小麦播种后用镇压器镇压。播种后镇压才能保证小麦正常出苗及根系正常生长，提高抗旱能力。

四、冬前管理

1. 小麦出苗后及时查苗 对有断垄的地块，选择与该地块相同品种的种子，开沟补种，墒情差的开沟浇水补种。

2. 防除杂草 于 11 月上中旬，日平均温度在 10℃ 以上及时防除麦田杂草。于冬前小麦分蘖期，或越冬后小麦返青期，喷洒除草剂除草。阔叶杂草每亩用 75% 苯磺隆 1g 或 15% 噻磺隆 10g，抗性双子叶杂草每亩用 5.8% 双氟磺草胺悬浮剂 10mL 或 20% 氯氟吡氧乙酸乳油 50～60mL，对水 30kg 喷雾防治。单子叶杂草每亩用 3% 甲基二磺隆乳油 30mL，对水 30kg 喷雾防治。野燕麦、看麦娘等禾本科杂草每亩用 6.9% 精噁唑禾草灵水乳剂 60～70mL 或 10% 精噁唑禾草灵乳油 30～40mL，对水 30kg 喷雾防治。

3. 控制旺苗 对于旺长麦田，可进行机械镇压，控制旺长。

4. 浇越冬水 日平均气温降至 3～5℃ 时浇冬水，夜冻昼消时结束，冬水后进行划锄保墒。

五、春季管理

1. 划锄镇压 小麦返青期进行锄划镇压，增温保墒，旺长麦田镇压 2～3 次。

2. 防除杂草 冬前没有进行杂草防除或春季杂草较多的麦田，应于小麦返青期，日平均温度在 10℃ 以上时防除麦田杂草。

3. 肥水管理 起身拔节期追肥浇水，每亩追施尿素 15～20kg，先追肥后浇水。

4. 防治病虫害 纹枯病、麦蜘蛛等是春季麦田常发生的病虫害，达到防治指标时，及时防治。

（1）纹枯病。起身期至拔节期，每亩用 5% 井冈霉素水剂 150～200mL，或 25% 烯唑醇粉剂 30～40g，对水 75～100kg 喷洒小麦茎基部防治，间隔 10～15d 再喷一次。

（2）麦蜘蛛。当平均每 33cm 行长小麦有螨 200 头时，20% 哒螨灵乳油或 1.8% 阿维菌素乳油 10～15mL，对水 30kg 喷雾防治。

5. 早春冷害（倒春寒）的补救措施 小麦起身拔节后，出现倒春寒天气，易发生冷害。发生低温冷害的麦田，立即追施尿素 7.5kg 左右并浇水。

六、后期管理

1. 浇水 后期需浇水时，浇水应在抽穗扬花前完成。

2. 防治病虫害 白粉病、赤霉病、锈病、蚜虫等病虫害，及时防治。所用药剂按照 GB 4285 农药安全使用标准以及 GB/T 8321 农药合理使用准则规定执行。

（1）小麦白粉病、锈病。5月10～20日注意观察，连续高湿和阴雨白粉病、锈病开始发生，就需要进行防治。锈病每亩用15％三唑酮可湿性粉剂80～100g或20％戊唑醇可湿性粉剂60g，对水50～75kg喷雾防治。白粉病每亩用40％戊唑双可湿性粉剂30g或20％三唑酮乳油30mL，对水50kg喷雾防治。

（2）小麦赤霉病。5月上旬开花期遇阴雨，每亩用50％多菌灵可湿性粉剂对水稀释1 000倍，于开花后对穗喷雾防治。

（3）小麦条锈病。当地菌源病叶率5％，外来菌源病叶率1％时，每亩用20％戊唑醇可湿性粉剂，或40％戊唑双可湿性粉剂60g，加水50kg喷雾防治。

3."一喷三防"　　开花后，实施"一喷三防"。"一喷三防"的药剂为每亩用15％三唑酮可湿性粉剂80～100g、10％吡虫啉可湿性粉剂10～15g、0.2％～0.3％磷酸二氢钾100～150g对水30kg，叶面喷施。根据情况和效果可以实施1～3次。

七、收获

用联合收割机在蜡熟末期至完熟初期收获，提倡秸秆还田。

第十七节　小麦滴灌技术规程

一、品种选择

选择抗逆性强、抗病性好、高产优质、适合山东省种植的冬小麦品种。播前要求种子纯度≥99.0％，净度≥98.0％，发芽率≥85％，水分≤13.0％。

二、种子处理

播前用含有苯醚甲环唑、戊唑醇、咯菌腈等杀菌剂和吡虫啉、噻虫嗪等杀虫剂成分的种子包衣剂拌种，以防治小麦茎基腐病、根腐病、纹枯病、黑穗病等病害和金针虫、蚜虫等害虫。小麦拌种后放在阴凉干燥处，自然晾干后播种。

三、精细整地

选择地势平坦、土层深厚、耕层结构良好，中等以上肥力的地块种植。底肥不足的可通过秸秆还田、增施有机肥、配合施用化肥等逐步培肥地力。秸秆还田后配合机耕、深松或旋耕及时将地块耙平耙匀。

四、播种

根据品种分蘖成穗特性、播种期、种子质量等统筹播种量。山东省冬小麦适宜播期约为10月上旬。播种时要做到下种均匀、行距一致、深浅一致、播行端直、覆土良好、镇压结实。

五、滴灌网组装配套

小麦滴灌系统由加压滴灌首部设备和管网构成。工作时机井直接将灌溉水抽入沙石过滤器，并与主干管相连进行滴灌。管网由干管、支管及毛管组成。铺设时每条滴灌带间隔60～70cm，可随滴灌播种一体机铺设或播后铺设。管带一般铺设于1～2cm的浅土中，自行铺设无固定装置的要通过灌水、压土等方式固定，以防大风吹起。播后及时连接好主管、支管和毛管。

六、肥水管理

1. 水分管理　根据土壤墒情和小麦生长情况适期、适量滴水。山东省小麦滴水次数一般为3～5次。每亩滴水量20～40m³。底墒不足的小麦在播后及时滴出苗水。越冬前及时滴好越冬水。播后麦苗长势良好，冬前土壤墒情适宜、镇压及时的地块，也可不滴越冬水。返青拔节期、孕穗期、抽穗扬花期、灌浆期根据土壤墒情和降雨情况及时滴水。灌浆后期要减少滴水量，以防止大风造成倒伏。

2. 肥料管理　小麦整个生长期内施用的全部磷肥、约40％的氮肥、50％钾肥以及全部的农家肥或有机肥，一起作底肥基施到土壤中，其余根据生育进程结合滴灌追肥。滴灌肥料应选用水溶性肥料或液体肥料。返青期或拔节期结合滴灌，每亩追施高氮复合肥6～8kg，以减少无效分蘖，促使茎秆健壮。开花期或灌浆期结合滴灌，每亩追施氮、磷、钾复合肥8～10kg，以防止干热风危害，增加粒重，提升品质。

七、病虫草害防治

1. 病虫害防治　小麦生长期发生的病害主要有根腐病、茎基腐病、白粉病、锈病、纹枯病、赤霉病等，虫害主要有麦红蜘蛛、麦吸浆虫、蚜虫等。小麦病虫害防治要遵循"预防为主，综合防治"的原则。小麦播前进行药剂拌种，可有降低病虫害的发生程度。播后结合"一喷三防"，白粉病、锈病等可选用含有醚菌酯、吡唑醚菌酯、丙环唑、戊唑醇等成分的药剂，赤霉病可选用含有氰烯菌酯、咪鲜胺等成分的药剂，麦红蜘蛛、吸浆虫、蚜虫等害虫可选用含有阿维菌素、菊酯类和吡虫啉、噻虫嗪等成分的药剂，各药剂按使用说明对水稀释后均匀喷雾。

2. 杂草防治　冬前分蘖期是进行小麦化学除草的最佳时机，可选择日平均气温6℃以上，晴天且气温高于10℃时喷施。冬前未喷施的应在早春及时补喷。喷施除草剂的种类应根据田间杂草种类确定。对以播娘蒿、荠菜等阔叶杂草为主的麦田，每亩可选用5％双氟磺草胺15～20mL加56％2甲4氯钠30～50g或10％唑草酮10～12g对水15kg混合喷雾。对以野燕麦、雀麦等禾本科杂草为主的麦田，每亩可选用70％氟唑磺隆3～4g，对水15kg喷雾。对以节节麦、雀麦、野燕麦混发的麦田可用3％甲基二磺隆30mL加70％氟唑磺隆2g对水15kg喷雾。对阔叶杂草与禾本科杂草混发的麦田，可用以上3～4种药剂混合防治。

八、适时收获

在小麦蜡熟末期适时收获。小麦收割前1周把部分主管道移除，以利于机械化收获。采用小麦玉米滴灌配套技术的，滴灌带可不用收回或依据种植模式部分收回。

第十八节　小麦"一翻两免"秸秆全量还田轮耕技术规程

一、技术核心

小麦"一翻两免"秸秆全量还田轮耕技术模式适用于小麦-玉米或小麦-大豆一年两熟的种植模式，3 年为一个轮耕周期，第一年秋季玉米或大豆收获，秸秆粉碎，进行翻耕作业，上茬作物秸秆翻埋全量还田，然后播种小麦；第二年和第三年秋季作物收获，秸秆粉碎后，不进行土壤耕作，上茬作物秸秆地表覆盖还田，小麦采取免耕播种。第四年开始新一轮的轮耕周期。

二、农艺要求

1. 品种选择　选用经过国家或者省级农作物品种审定委员会审定，优质、节水、稳产、抗病的小麦品种。种子质量应符合 GB 4404.1 的规定，要求种子的纯度和净度应达98％以上，发芽率不低于 85％，含水量不高于 13％。

2. 种子处理　用具有杀菌和杀虫作用的高效低毒种衣剂进行种子包衣，一般可选用60％吡虫啉悬浮剂种衣剂 30mL＋6％戊唑醇悬浮剂种衣剂 10mL，加水 0.3～0.4kg，包衣 15～20kg 小麦。种子包衣要尽量提前，在播种两周之前包衣备用，以保证药剂被种子充分吸收。

3. 秸秆粉碎　前茬玉米或大豆成熟后，用联合作业机械收获，同时将作物秸秆切碎均匀撒到田间，秸秆切碎后的长度在 3～5cm，割茬高度小于 5cm，漏切率小于 2％。

4. 播期播量　小麦适宜播期在 10 月 5～15 日。播种量按照小麦品种的分蘖成穗率特性而确定，分蘖成穗率高的中穗型品种，每亩基本苗在 13 万～18 万株；分蘖成穗率低的大穗型品种，每亩基本苗在 15 万～20 万株。在适宜播种期内的前几天，地力水平高的地块取下限基本苗；在适宜播种期的后几天，地力水平一般的地块取上限基本苗。如果因为干旱等原因推迟播种期，要适当增加基本苗。

5. 施肥管理　施肥量应符合 NY/T 1118，进行测土配方施肥。每亩总施肥量：纯氮（N）14～16kg，磷（P_2O_5）6～7kg，钾（K_2O）6～8kg，硫酸锌（$ZnSO_4$）1.5～2kg，提倡增施有机肥，合理施用中量和微量元素肥料。上述总施肥量中，全部有机肥、磷肥、钾肥、微肥作底肥，氮肥的 50％作底肥，翌年春季小麦拔节期再施余下的 50％。

6. 病虫防治　在小麦抽穗至扬花初期，每亩用 5％阿维菌素悬浮剂 8g 对水适量喷雾防治小麦红蜘蛛；每亩用 5％高效氯氟氰菊酯水乳剂 11g 对水喷雾防治小麦吸浆虫；每亩用 70％吡虫啉水分散粒剂 4g 对水喷雾防治穗蚜。用 20％三唑酮乳油每亩 50～75mL 喷雾防治白粉病、锈病；用 50％多菌灵可湿性粉剂每亩 75～100g 喷雾防治叶枯病和颖枯病；用 50％多菌灵可湿性粉剂每亩 100g 防治赤霉病。农药使用应符合 GB/T 8321 的规定。

三、技术流程与作业要求

1. 第 1 年——秸秆翻埋整地后播种　用联合收获机完成玉米或大豆收获，同时进行作物秸秆粉碎抛撒。翻地作业应在土壤水分≤25％时进行，不应湿翻地。一般要求以 90 马力以上拖拉机为牵引动力，配套 3 铧以上液压翻转犁，前后犁铧深浅一致，翻垡一致，要求翻深≥25cm，到头到边。然后选用旋耕机进行对角线或交叉旋地 2 次，秸秆混拌均匀，土壤散碎，上虚下实，耙深 15～20cm，作业质量符合 NY/T 499 的规定。建议用小麦宽幅精量播种机进行等行距播种，行距 22～26cm，播种深度 3～5cm。

2. 第 2、3 年——秸秆覆盖免耕直播 同第 1 年，也用联合收获机完成前茬作物收获，同时进行秸秆粉碎抛撒。对于秸秆量大，秸秆还田质量不高的田块，应选用秸秆还田机再对秸秆进行 1～2 次还田作业。采用小麦免耕播种机械一次性完成开沟、肥料深施、播种、覆土、镇压等作业工序。建议选用带状免耕施肥播种机，种子与肥料上下间距大于 5cm。

四、适期收获

蜡熟末期收获。联合收割机收割，并进行秸秆还田。

第十九节　夏玉米种肥精准同播生产技术规程

一、播种准备

1. 品种选择 种子质量应符合 GB 4404.1 的规定。选用高产、抗性强、株型较紧凑、耐密植的中早熟品种。

2. 肥料选择与用量 根据地力条件和产量水平确定施肥量。肥料选择应符合 NY/T 496 的要求。推荐选用玉米专用缓控释肥料或稳定性肥料，推荐氮、磷、钾配比 28：7：9，每亩施肥量 40～50kg。选用普通化肥，可依据以下养分量准备肥料。中产田：每亩纯氮（N）12～14kg、磷（P_2O_5）4～6kg、钾（K_2O）8～10kg、硫酸锌 1～2kg。高产田：每亩纯氮（N）14～17kg、磷（P_2O_5）6～8kg、钾（K_2O）9～12kg、硫酸锌 2～3kg。

3. 麦茬处理 麦茬处理有两种方式。一是免耕残茬覆盖，小麦收获时，采用带秸秆切碎（粉碎）的联合收获机，留茬高度≤15cm，秸秆切碎（粉碎）长度≤10cm，秸秆切碎（粉碎）合格率≥90％，并均匀抛撒，田间作业符合 NY/T 500 的要求；二是灭茬作业，地表紧实或明草较旺时，可利用圆盘耙、旋耕机等机具实施耙地或旋耕，表土处理不低于 8cm，将小麦残茬和杂草切碎，并与土壤混合均匀，田间作业符合 GB/T 24675.4 或 GB/T 5668 的规定。

4. 播种机械选择 免耕播种，可选择玉米免耕播种施肥联合作业机具，实现开沟、播种、施肥、覆土和镇压等联合作业，作业质量应符合 NY/T 1628 的规定。灭茬播种，可选择旋耕施肥播种机或苗带旋耕施肥播种机（只旋耕播种带土壤）在麦茬地联合作业，作业质量应符合 NY/T 1229 的规定；麦茬地经耙地或旋耕后播种，可选择单粒精密播种机作业，作业质量应符合 NY/T 503 的规定。在土层板结的情况下，宜选择深松多层施肥玉米精量播种机，作业质量应符合 NY/T 503 的规定。

二、种肥精准同播

1. 播种期　小麦收获后，及时抢茬播种。6月5～15日为山东省最佳播种时间。玉米粗缩病严重的地区，播种时间可推迟5d。

2. 播种密度　根据品种特性确定播种密度。耐密型玉米品种中产田4 200～4 500株/亩，高产田4 500～4 800株/亩；非耐密型品种中产田3 800～4 000株/亩，高产田4 000～4 500株/亩。

3. 种肥精准同播　免耕播种或灭茬播种，均等行距单粒播种，行距（60±5）cm，播深3～5cm。应做到深浅一致、行距一致、覆土一致、镇压一致，防止漏播、重播或镇压轮打滑。粒距合格指数≥80%，漏播指数≤8%，晾籽率≤3%，伤种率≤1.5%。选用玉米专用缓控释肥料或稳定性肥料，作为种肥一次性集中施入。选用普通化肥，可采用侧深施或分层施肥法，即浅施用量占总施肥量的30%～40%，供玉米苗期需肥；深施用量占60%～70%，供玉米中后期需肥。种肥分离，播种行与施肥行间隔8cm以上，施肥深度在种子下方5cm以上。作业时一次完成深松、全层施肥、单粒播种、挤压覆土、重镇压等工序，其作业质量符合NY/T 1229的要求。

三、田间管理

1. 灌溉与排涝　推荐节水灌溉，灌溉用水质量应符合GB 5084的要求。田间持水量降到60%以下时及时灌溉。灌溉方式采用滴灌、喷灌或沟灌。遇涝及时酌情排涝。灌溉或排涝作业应符合SL 207和SL/T 4的规定。

2. 杂草防治　播种时墒情较好，可在播种结束后每亩均匀喷施40%乙·阿合剂200～250mL，或33%二甲戊乐灵乳油100mL＋72%都尔乳油75mL对水50L，在地表形成一层药膜。墒情差时，在玉米幼苗3～5叶、杂草2～5叶期每亩喷施4%烟嘧磺隆悬浮剂100mL。农药的使用符合GB/T 8321的要求，田间防治作业应符合GB/T 17997的规定。

3. 病虫害防治　苗期注意监测迁飞性害虫棉铃虫、黏虫、甜菜夜蛾等发生情况，虫株率达5%时喷雾防治；大喇叭口期监测病虫发生情况，病虫株率达5%～10%时选用防效高、持效期长的药剂防治1次。穗期防控玉米螟、棉铃虫、桃蛀螟，7月中旬、8月中旬各释放赤眼蜂1次，每亩地放蜂总量为20 000头，分2次释放，间隔5～7d。农药的使用符合GB/T 8321的要求，田间防治作业应符合GB/T 17997的规定。

四、收获

1. 适期收获　根据玉米成熟度适时进行机械收获作业，提倡晚收。成熟标志为籽粒乳线基本消失、基部黑层出现。根据地块大小和种植行距及作业要求选择合适的联合收获机，符合GB 16151.12的规定。机械化收获作业质量符合NY/T 1355和NY/T 1409的规定。玉米收获果穗，籽粒损失率≤2%，果穗损失率≤3%，籽粒破碎率≤1%，果穗含杂率≤3%，苞叶未剥净率<15%。

2. 秸秆处理　推荐秸秆还田，秸秆粉碎长度≤10cm，切碎合格率≥90%，留茬高度≤8cm，覆盖率≥80％。

第二十节 盐碱地夏玉米栽培技术规程

一、产地环境

选择地势平整、排水良好、有灌溉条件、无污染的地块。播种时土壤含盐量＜0.3％。

二、播前准备

1. 整地 夏玉米生育期短，为抢墒抢时，一般采用铁茬直播。也可用旋耕机浅灭茬，混匀前茬秸秆，以提高播种质量。

2. 品种选择与种子处理 根据当地自然条件，选用经国家和省级品种审定委员会审定通过的抗逆、耐盐碱能力强，稳产、优质的杂交品种，如郑单958、登海605等包衣商品种，种子包衣剂能有效减少玉米病害传播和杀死地下害虫。

三、播种

1. 播种期 夏播适宜时间为6月5～15日，可根据麦收时间确定，麦收后抢时早播，晚播的可选用早熟品种，最迟不晚于6月30日。

2. 精量播种 播量一般为2～2.5kg/cm，可根据品种特性酌量增减或根据如下公式计算播种量：

$$播种量（kg/cm）= \frac{计划每厘米株数 \times 0.08 \times 千粒重}{发芽率 \times 出苗率 \times 1\,000 \times 1\,000}。$$

3. 播种方式 采用免耕播种机播种，播深3～5cm，均行距60～70cm或采用大小行，大行80～90cm，小行40～50cm。播种时要做到深浅、覆土、镇压一致，防止漏播或重播，保证苗齐苗匀。施用种肥时，应分层施肥，种肥间距应＞5cm，避免烧苗。墒情不足时，播后浇"蒙头水"，以保证种子正常萌发和出苗。

四、田间管理

1. 化学除草 化学除草要求严格选择除草剂种类，掌握最佳用药期，准确控制用量。盐碱地夏玉米化学除草可在苗前或出苗后进行，苗前用莠去津、乙草胺土壤喷雾。苗后用莠去津＋烟嘧磺隆复混剂，在3～5叶期茎叶喷雾。化学除草时，适时适量均匀喷洒，漏喷、重喷率≤5％，按照化学除草技术规程操作，保证除草效果。

2. 间苗、定苗 出苗后及时查苗，缺苗断垄严重的应及时催芽补种或带土移栽；于3叶期间苗，5叶期定苗，拔除小株、弱株、混杂株，留下健壮植株。个别缺苗地方可在定苗时就近留双株进行补偿，在小喇叭口期（第8～9叶展开）、大喇叭口期（第12片叶展开）及时拔除病弱株和分蘖，保证个体健壮，群体均匀一致，改善群体通风透光条件。

3. 化学调控 在拔节到小喇叭口期，喷施安全高效的植物生长调节剂，缩短基部节间，防止玉米倒伏。喷施时，要严格按照药剂使用说明操作，防止过量喷施，造成生物量不足，导致减产。

4. 辅助授粉和去雄　花期遇到高温或者干旱等不利环境因素导致花粉量不足时，进行人工辅助授粉。有去雄机械的，在授粉结束后去除雄穗和上 1～2 叶，减少营养消耗，增加冠层特别是穗位叶的光照。

5. 施肥　盐碱地夏玉米施肥要施足苗肥、重施大口肥、补追花粒肥。根据目标产量，按每生产 100kg 籽粒施用纯氮 3kg，P_2O_5 1kg，K_2O 2kg 计算施肥量；肥料种类根据测土结果选择酸性、中性复合肥。施肥时，磷、钾肥作底肥一次施入，60％的氮肥作为追肥。根据拔节以后的长势，分别在玉米大喇叭口期（叶龄指数 55％～60％，第 11～12 片叶展开）追施总氮量的 40％，在籽粒灌浆期追施总氮量的 20％。追肥时，沿玉米植株一侧沟施或两株之间穴施，有滴灌设施的随水滴灌。

6. 灌溉与排涝　夏玉米生育期降水较多，一般不需要灌溉。干旱年份时，当土壤含水量低于生育时期适宜含水量时（田间持水量的百分数，播种期 75％左右，苗期 60％～75％，拔节期 65％～75％，抽穗期 75％～85％，灌浆期 67％～75％），及时补灌。发生涝害时，及时开沟排出积水，防止盐碱加重。

五、病虫害防治

玉米苗期病虫害主要是通过种衣剂来防治。苗枯病可用多菌灵可湿性粉剂或三唑酮可湿性粉剂喷茎基部。蓟马可用 10％吡虫啉可湿性粉剂或 25％噻虫嗪水分散粒剂喷雾。大喇叭口期主要是防治玉米螟，每亩可用 3％辛硫磷颗粒剂 300～400g 拌细沙撒心叶，或用 20％氟苯虫酰胺悬浮剂喷雾，同时可加入防治叶斑病、锈病和茎枯以及穗粒腐等病害的药剂。

六、适时收获

玉米收获应在完熟期，此时籽粒基部黑层出现，乳线基本消失，苞叶变白，上口松开。玉米穗一般在 10 月 1 日之后收获，及时晾晒、脱粒。玉米收获时，采用联合收割机将秸秆打碎还田，以改良盐碱地，培肥地力，严禁焚烧。适于青贮的品种可以整株适时收获，青贮用作饲料。

第二十一节　中低产田玉米稳产增效栽培技术规程

一、播前准备

1. 品种选择　选择耐瘠薄、稳产、抗倒、适宜机收紧凑型优质杂交种。可选用郑单958、浚单 20、鲁单 9066、青农 11 号、农大 108、鲁单 981、天泰 33、金海 5 号、中科 11、登海 618、鲁单 818 等；青贮玉米品种可选用鲁单 9088、青农 8 号、金海 604、诺达 1 号、东单 60、青农 105。种子质量应符合 GB 4404.1 的规定，种子纯度≥99.0％，含水量≤13.0％，发芽率≥85.0％，净度≥99.0％。

2. 种子处理　尽量选用经过包衣处理的商品种。若没有包衣处理，可选择 5.4％吡虫啉·戊唑醇等高效低毒无公害的玉米种衣剂包衣，控制苗期灰飞虱、蚜虫、丝黑穗病和纹枯病等；用辛硫磷、毒死蜱等药剂拌种，防治地老虎、金针虫、蝼蛄、蛴螬等地下害虫。种衣剂及拌种剂的使用应按照产品说明书进行，并符合 GB 15671 的要求。禁止使用含有克百威（呋喃丹）、甲拌磷（3911）等的种衣剂。

3. 施肥量 根据地力条件和产量水平确定施肥量，施肥总量按每生产 100kg 籽粒需施纯氮 2.4～3.0kg、P_2O_5 1.5～2.0kg，K_2O 2.0～2.5kg 计算，一般每亩施纯氮 16～20kg，P_2O_5 10～12kg，K_2O 14～216kg，硫酸锌 1～1.5kg，硼砂 1～1.5kg。推荐选用玉米专用缓控释肥料或生物有机肥，作为种肥一次性施入。宜选用中性或偏酸性化肥，如硫酸钾型三元素复合肥、过磷酸钙、重过磷酸钙等；避免施用碱性肥料，如碳酸氢铵、钙镁磷肥等。肥料选择与施用方法均符合 NY/T 496 的规定。以地定产配方以不施肥区夏玉米产量为依据把地力分为 3 级：即每亩夏玉米产量低于 250kg 为低产田；250～350kg 为中产田；350kg 以上高产田。低产田每亩需施纯氮 15～17kg、P_2O_5 8～10kg、K_2O 3～5kg。中产田每亩需施纯氮 12～15kg、P_2O_5 7～8kg、K_2O 5～7kg。高产田每亩需施纯氮 12～13kg、P_2O_5 7kg、K_2O 7～9kg。

微量元素缺乏的田块，锌、硼、锰基肥用量为每亩 0.7kg、0.5kg、1.5kg。施用时掺入适量细土，均匀撒于地表，犁入土中。作种肥时，可用 0.01%～0.05% 的溶液浸种 12～24h，晾干后即可播种。也可用 0.1%～0.2% 的溶液作根外追肥，每亩用量 60kg，喷施两次，时间间隔 15d 左右。

二、播种

1. 播种期 小麦收获后，及时抢茬播种。6 月 10～20 日为最佳播种时间。

2. 种植密度 根据品种特性选择适宜种植密度，紧凑型品种种植密度为 4 500～5 000 株/亩，平展大穗型品种种植密度为 3 500～4 000 株/亩，保证以群体优势获高产，同时减少地面裸露时间。

3. 播种量 根据品种特性和种植密度确定，一般每亩 1.5～2kg。

4. 播种方式

（1）播种要求。采用精量单粒播种，等行距，行距（60±5）cm。播深 3～5cm，深浅保持一致。播种单粒率≥90%，空穴率<5%，伤种率≤1.5%，株距合格率≥80%。播种行直线性好，偏差≤4cm。种肥分离，防止烧苗。

（2）播种机具。免耕播种可选择玉米免耕播种施肥联合作业机具，实现开沟、播种、施肥、覆土和镇压等联合作业，所选机具的作业质量应符合 NY/T 1628 的规定；灭茬播种，可选择旋耕施肥播种机或条带旋耕施肥播种机（只旋耕播种带土壤）在麦茬地联合作业，所选机具的作业质量应符合 NY/T 1229 的规定；麦茬地经耙地或旋耕后播种，可选择单粒精密播种机作业，其作业质量应符合 NY/T 503 的规定。

5. 种肥 选用玉米专用缓控释肥料或生物菌肥，作为种肥一次性施入。选用普通化肥，将氮肥总量的 40% 与全部磷、钾、硫、锌肥作为种肥施入。

三、田间管理

1. 灌溉与排涝 播种或施肥后及时灌溉。全生育期推荐节水灌溉，灌溉用水质量要符合 GB 5084 的要求。苗期不灌溉，之后各生育时期，土壤相对含水量降到 60% 以下时及时灌溉。灌溉方式采用微灌、喷灌或沟灌。遇涝及时酌情排涝、洗盐。灌溉或排涝作业要符合 GB/T 50363 和 SL/T 4 的规定。苗期耐旱怕涝，若遇大雨出现积水要及时排水。

2. 中耕追肥 在拔节期（第 6～8 叶展开）或小喇叭口期（第 9～10 叶展开），追施氮肥的 60%。利用中耕追肥机一次完成开沟、施肥、镇压等作业，追肥部位在植株行侧 10～15cm，肥带宽度 3～5cm，无明显断条，且无明显伤根，伤苗率 <3%，深度 8～10cm，施肥后覆土严密。中耕追肥机械化作业符合 NY/T 740 的要求。苗肥在定苗后拔节前追施，每亩施玉米配方肥 15～20kg 或尿素 8～12kg、磷酸氢二铵 2～3kg、氯化钾 2～4kg、硫酸锌 0.5～1kg，沿幼苗一侧开沟深施，距苗 15～20cm，深施 15cm。

四、病虫草害防治

1. 防治原则 按照"预防为主、综合防治"的原则，合理使用化学防治，农药的使用符合 GB 4285 的要求，田间防治作业要符合 GB/T 17997 的规定。

2. 杂草防治 出苗前防治，可在播种时每亩同步均匀喷施 40% 乙·阿合剂 0.2～0.25L，或 33% 二甲戊乐灵乳油 0.1L 或 72% 异丙甲草胺乳油 0.1L 对水 50L，在地表形成一层药膜。出苗后防治，可在玉米幼苗 3～5 叶、杂草 2～5 叶期每亩喷施 4% 烟嘧磺隆悬浮剂 0.1L 对水 50L。

3. 病虫防治 根据当地玉米病虫害的发生规律，合理选用药剂及用量。通过种衣剂包衣或拌种防治玉米生育前期粗缩病、灰飞虱、地老虎等病虫害。

（1）苗期。可用 5% 吡虫啉乳油 2 000～3 000 倍液或 40% 乐果乳油 1 000～1 500 倍液喷雾防治灰飞虱和蓟马，同步防治粗缩病；用 20% 氰戊菊酯乳油或 50% 辛硫磷 1 500～2 000 倍液防治黏虫；利用灯光或糖醋酒液诱杀地老虎、蝼蛄等害虫，也可用 40% 乐果乳油，加适量水拌炒香的麦麸、米糠、豆饼、谷子等 50～70kg，制成毒饵诱杀。

（2）穗期。在小喇叭口期（第 9～10 叶展开），用 2.5% 的辛硫磷颗粒剂撒于心叶丛中防治玉米螟，每株用量 1～2g；用 10% 双效灵 200 倍液，在抽雄期前后各喷 1 次，防治玉米茎腐病。

（3）花粒期。用 25% 灭幼脲 3 号悬浮剂或 50% 辛硫磷乳油 1 000～1 500 倍液喷雾防治黏虫、棉铃虫，用 40% 乐果乳剂 1 000～1 500 倍液防治蚜虫；用 25% 三唑酮可湿性粉剂 1 000～1 500 倍液，或用 50% 多菌灵可湿性粉剂 500～1 000 倍液喷雾防治锈病、小斑病、大斑病等。

五、适时收获

1. 收获时间 根据玉米成熟度适时进行机械收获作业，提倡适当晚收。

2. 作业要求 根据地块大小和种植行距及作业要求选择合适的联合收获机。机械化收获作业质量符合 NY/T 1355 和 NY/T 1409 的规定。玉米收获果穗，籽粒损失率 ≤2%，果穗损失率 ≤3%，籽粒破碎率 ≤1%，果穗含杂率 ≤3%，苞叶未剥净率 <15%。玉米

收获后，严禁焚烧秸秆，及时秸秆还田，还田作业秸秆粉碎长度应≤5cm，切碎合格率≥90％，留茬高度≤8cm，覆盖率≥80％。

第二十二节 玉米规范化播种技术规程

一、整地

实行秋翻冬灌，以深松为基础，深、松、旋相结合进行耕作。每3年深翻一次，翻地深度28cm以上，耕深一致，翻垡均匀，冬前精细平地保墒。

1. 春播整地 春播时，气温回升后及时耕耙，保蓄土壤墒情。整地前，施足基肥，基肥一般以农家肥为主、化肥为辅。耕前每亩施用有机肥2 000～3 000kg，60％氮肥和全部磷肥、钾肥。

2. 夏播整地 夏播时，在小麦收获后用农用翻土机进行深翻深耕，加厚耕作层。播前耕作要求较高，以确保播种质量，达到一播全苗。

二、精选品种

按种植区域优势和品种特点选择适宜的品种。选择耐密高产、抗病抗倒、脱水快、适宜机械化收获的优质玉米品种。春播品种如蠡玉16、丹玉86和山农206等，夏播品种如先玉335、登海605、迪卡517、郑单958等。

三、选种

播种前对种子采用手选或风选等方法进行精选，去除种子中混杂的瘪粒、虫蛀粒、病虫粒，要求种子纯度≥98％，发芽率≥90％，净度≥98％。选过的种子质量高，整齐度高，出苗后苗齐、苗匀，便于田间管理。

四、种子处理

选用经过包衣处理的商品种子。若种子没有包衣，根据当地地下害虫及主要病害选择不同药剂拌种。如选择高效低毒无公害的三唑酮、福美双或70％吡虫啉悬浮种衣剂等药剂拌种，可以控制苗期灰飞虱、蚜虫和纹枯病，减轻玉米丝黑穗病的发生。

五、播种

1. 播种期 土壤5～10cm土层稳定在10℃后，土壤墒情适宜时，开始播种。春玉米最适播种期为4月20～30日。夏玉米最适播种期为6月10～15日。

2. 播种量 播种采用单粒精播，每亩用量为1.5～2kg。夏播要抢墒早播。

3. 播种密度 根据品种的耐密性和区域特点，确定适宜的种植密度。中低产田种植密度为3 500～4 500株/亩，高产田种植密度为4 500～5 500株/亩，高产创建田种植密度为6 000株/亩。

4. 机械播种

①机械选择。采用机械精量播种。免耕播种可选择玉米免耕播种施肥联合作业机具，

实现开沟、播种、施肥、覆土和镇压等联合作业；灭茬播种，可选择旋耕施肥播种机或条带旋耕施肥播种机（只旋耕播种带土壤）在麦茬地联合作业。

②播种方法。播种深浅要适宜。一般土壤墒情好的地块，播深以 4～5cm 为宜。黏土或土壤过湿时，播种宜浅，以 3～4cm 为好。底墒不足时，播深应增加到 6～7cm。播种要做到深浅一致，以保证出苗后群体整齐度高。在播种后要进行适当镇压，将播种沟上土块整碎、整平，利于达到苗全、苗齐。采用等行或宽窄行播种，等行距一般为 60cm，宽窄行时，宽行距为 80cm，窄行距为 40cm。也可以采用玉米机械化种肥同播技术，将玉米种子和缓控释肥料（每亩 40～50kg），按一定有效距离同时播入田间。

六、水肥管理

适量施用种肥复合肥每亩 10kg 或磷酸氢二铵每亩 3～5kg。种肥要与种子分开使用，种肥左右间隔 10cm、上下间隔 10cm 以上，防止烧苗。人工播种时，进行侧深施或种间穴深施；机械播种时，要将种子与肥料隔离 7～10cm。为保证一播全苗，生产上要浇好底墒水，尤其要浇好播前水和蒙头水。对于免耕播种的夏玉米，蒙头水对苗齐苗壮有很重要的作用。为了抢时间早播种，在干旱时可以先播种，后浇水。

七、化学除草

玉米播种后出苗前的除草技术，选用土壤封闭型除草剂，将杂草消灭在萌芽状态。一般每亩用 50％乙草胺乳油 150～200mL，对水 40～50kg 或 40％乙莠水悬浮剂 150～200mL，在玉米播种后出苗前均匀喷施于土表。

第二十三节　玉米减肥减药高效栽培技术规程

一、品种选择

玉米品种选择耐密植、抗倒伏、抗逆性强、病虫害少、适合机械化作业的高产玉米；要求品种质量种子纯度≥98％、发芽率≥95％、净度≥98％、含水量≤13％。

二、药剂拌种

选用高效低毒玉米专用种衣剂包衣的种子；若种子未包衣可根据实际病虫害防治需求进行药剂拌种，如用 5.4％吡·戊玉米种衣剂包衣可控制苗期灰飞虱、蚜虫、粗缩病、丝黑穗病和纹枯病等。用戊唑醇、福美双、三唑酮等药剂拌种可以减轻玉米丝黑穗病的发生，用辛硫磷、毒死蜱等药剂拌种，可以防治地老虎、金针虫、蛴螬等地下害虫。拌种晾干后再播种。

三、前茬处理

夏玉米机播前要处理好小麦秸秆，否则会影响播种质量。小麦收获使用带秸秆切碎功能的联合收割机，要求秸秆切碎长度≤10cm，切碎合格率≥95％，抛撒不均匀率≤20％，漏切率≤1.5%；根茬高出地面不超过 15cm。

四、播种

夏玉米适宜播期在 6 月上中旬，小麦收获后应及时抢茬播种，采用等行或大小行足墒机械播种，等行距一般应为 60cm，大小行时，大行距应为 80cm，小行距为 40cm；紧凑型玉米品种每亩留苗 4 500～5 000 株；播后根据墒情酌情浇水。

五、减肥减药技术措施

1. 减肥技术措施

（1）施用玉米缓（控）释专用肥料。根据土壤肥力状况，结合夏玉米全生育期需肥特点确定适宜的缓释配方肥，一般氮肥（N）、磷肥（P_2O_5）和钾肥（K_2O）的养分含量分别为每亩 15～16kg、6～8kg 和 12～14kg，种肥一次性同播，后期不再追施肥料。

（2）应用水肥一体化技术。夏玉米播种前，根据土壤养分测定结果和目标产量来计算施肥量。滴灌水肥一体化条件下建议每生产 100kg 籽粒施用纯氮（N）2.2kg、磷（P_2O_5）1kg、钾（K_2O）2kg。播种、玉米大喇叭口期、抽雄吐丝期、灌浆期施肥比例：氮肥为 30%、40%、20%、10%；磷肥为 40%、30%、20%、10%；钾肥为 40%、40%、20%、0%；大喇叭口期水溶肥成分建议添加镁≥0.5%、硼≥0.1%、锌≥0.1%。

2. 减药技术措施

（1）生物防治。生物防治是利用有益生物及其代谢产物来控制生物种群数量的方法。如玉米螟可采取生物防治方式，减少农药用药量，田间释放赤眼蜂，每亩 1.5 万头，在灯诱成虫盛发期开始，分 2～3 次释放，每亩挂 2～3 个蜂卡即可。1 个玉米心叶中只需要 1 头草间小黑蛛就能抑制玉米蚜的发生。

（2）科学轮作。可以减少伴生性杂草危害，免除和减少某些连作所特有的病虫草的危害，达到病虫草综合防治的目的。

（3）合理用药。认真做好田间调查，根据田间杂草发生种类，合理选用除草剂配方。苗后除草，适期喷药。改土壤封闭除草方式为苗后茎叶除草，见草用药，改 1～2 次用药为 1 次精准用药，减少除草剂用药量。

（4）选用玉米抗病品种，加强健身栽培。淘汰在当地对玉米大斑病等病害表现出明显感病的品种，尽量选用抗病性较强的品种，有效减轻病害发生程度。

六、田间管理

1. 水分管理　玉米中后期浇水要进行 4 次。第 1 水：拔节前后浇拔节水，要浅，土壤水分保持在田间持水量的 65%～70% 即可；第 2 水：大喇叭口期灌水，浇足，土壤水分保持在田间持水量的 70%～80% 即可；第 3 水：开花至籽粒形成期，是促粒数的关键水；第 4 水：在乳熟期，是增加粒重的关键水。

2. 病虫害防治　苗期加强粗缩病、灰飞虱、地老虎和黏虫等病虫害的综合防控。小喇叭口至大喇叭口期之间，有效防控褐斑病和玉米螟等，普遍用药一次，可采用飞机喷雾或高地隙喷雾器混喷苯醚甲环唑水分散颗粒剂 1 000 倍液和 200g/L 氯虫苯甲酰胺悬浮剂

3 000 倍液，防治玉米中后期小斑病、弯孢叶斑病、南方锈病、褐斑病等叶斑病和玉米螟、桃蛀螟、棉铃虫等虫害。

3. 防高温干旱、防渍涝　苗期怕涝，淹水持续时间不能超过 1d。如遇涝渍天气，应及时排水；孕穗至灌浆期如遇高温、干旱应集中有限水源，实施有效灌溉，加强田间管理，玉米开花授粉期间如遇连续阴雨或极端高温，应采取人工辅助授粉等补救措施，提高玉米结实率。

七、适时收获

1. 机械晚收　不耽误下茬小麦播种的情况下适时晚收，宜在 10 月 3～8 日收获，收获后及时晾晒，脱粒。

2. 作业要求　根据地块大小和种植行距及作业要求选择合适的联合收获机。玉米收获果穗，籽粒损失率≤2%，果穗损失率≤3%，籽粒破碎率≤1%，果穗含杂率≤3%，苞叶未剥净率<15%。

3. 秸秆还田　严禁焚烧玉米秸秆，应进行秸秆还田，并做到切碎和抛匀秸秆。秸秆粉碎长度≤5cm，切碎合格率≥90%，留茬高度≤8cm，覆盖率≥80%。

第二十四节　夏玉米高产高效栽培技术指标

一、高产指标要求

1. 气象指标

①温度。活动积温 2 200～2 700℃，有效积温 1 300～1 600℃。

②光照。日照时数 800～1 000h。

2. 栽培技术指标

（1）土壤。麦茬高度不超过 20cm。耕层厚度 20cm 以上，总孔隙度 50%～55%，容重 1.1～1.3g/cm³。土壤有机质大于 1g/kg，速效氮 80mg/kg，有效磷 20mg/kg，速效钾 100mg/kg 以上。

（2）品种。选用高产、稳产、优质、多抗、广适、耐密、籽粒脱水快的品种，全生育期在 100～110d。种子纯度大于等于 99%，发芽率大于等于 95%，种子质量符合 GB 4404.1 要求；种子用种衣剂及拌种剂处理，应符合 GB/T 15671 和 GB/T 8321 的要求。

（3）播种。播种机单粒精播一次完成清茬开沟、施肥、播种、覆土、镇压等工序。小麦收获后直播，根据区域气候特征可适当晚播，但播期不晚于 6 月 20 日；出苗密度在 4 500～5 500 株/亩，根据品种酌情增减。

（4）施肥。

①施肥量。每生产 100kg 籽粒玉米地上部分需纯氮（N）2.0kg、磷（P_2O_5）0.75kg、钾（K_2O）1.8kg；磷钾复合肥作底肥；基肥测深施，与种子分开，施用应符合 NY/T 394 的规定。

②基肥、穗期、粒期的氮肥施肥比例为（40%～50%）：（40%～50%）：10%。

③新型肥料。玉米专用缓释肥，一次性施肥，养分总量可减少 10％～20％。

（5）灌溉。按作物水分生产率 1.8～2.2kg/m³ 浇水。播种至出苗，土壤相对含水量 70％～80％；出苗至拔节，60％～70％；拔节至抽雄，70％～80％；抽雄至灌浆，75％～80％；灌浆至成熟，70％～80％。

（6）喷药。

①病害防治。粗缩病防治，苗期用蚜虱净防治灰飞虱，农药使用符合 GB/T 8321 和 NY/T 1276 的规定。

②虫害防治。防治黏虫、蓟马、玉米螟和蚜虫等。

③杂草防治。播后苗前或苗期喷施除草剂，除草剂选用符合 GB/T 17980.42 的要求。

二、玉米生长指标

1. 叶面积指数

①最大叶面积指数 4.5～5.5。

②3 叶期 0.1～0.2。

③拔节期 1.5～2.5。

④大喇叭口期 2.5～3.5。

⑤开花期 4.5～5.5。

⑥灌浆期 3.0～3.5。

⑦成熟期 2.5～3.0。

2. 光合生产率

①全生育期平均 7～8g/(m² · d)。

②出苗至拔节期 10～11g/(m² · d)。

③拔节至大喇叭口期 12～15g/(m² · d)。

④大喇叭口至抽雄开花期 7～8g/(m² · d)。

⑤抽雄开花至灌浆期 9～10g/(m² · d)。

⑥成熟前 6.5～7.5g/(m² · d)。

3. 每亩干物质积累

①全生育期 1 200～1 500kg。

②拔节期 25～35kg。

③大喇叭口期 250～300kg。

④灌浆期 800～1 000kg。

⑤成熟期 1 200～1 500kg。

4. 产量结构

①每亩穗数 4 500～5 500。

②穗粒数 400～500。

③千粒重 320～340。

5. 收获标准 果穗籽粒硬化，呈现固有的品种特点，中部籽粒着生部位发生黑色离层，乳线完全消失，籽粒含水量小于 35％，提倡晚收。收获指数范围在 0.4～0.5。

第二十五节　夏玉米农业气象灾害防控技术规程

一、播前准备

1. 品种选择　选用抗干旱、雄穗分枝多、抗逆性强的优质品种。种子纯度≥98％，发芽率≥85％，净度≥98％，含水量≤13％。

2. 种子处理　选择高效低毒无公害的玉米种衣剂。可用 5.4％吡·戊玉米种衣剂包衣，控制苗期灰飞虱、蚜虫、粗缩病、丝黑穗病和纹枯病等。或采用戊唑醇、福美双、三唑酮等药剂拌种，可以减轻玉米丝黑穗病的发生，用辛硫磷、毒死蜱等药剂拌种，防治地老虎、金针虫、蝼蛄、蛴螬等地下害虫。

二、播种期

1. 播种时间　根据高温发生时间及开花授粉时间，选择适宜播期。适宜播期为 6 月上中旬。小麦收获后播种玉米，鲁西北及鲁西南地区，可适当晚播，但是不宜晚于 6 月 20 日。

2. 播种量　紧凑型玉米品种每亩留苗 4 500～5 000 株，紧凑大穗型品种留苗3 500～4 000 株，留苗密度可根据品种特性适当调整。

3. 播种方式　麦收后，夏直播，采用等行 60cm 或大小行（70cm、50cm）足墒机械播种，根据墒情酌情浇水，高温严重地区宜采用大小行播种；有条件地区可以不同抗逆品种间播或混播（红芯和白芯，生育期接近）。

4. 种肥　施肥量为氮肥（N）、磷肥（P_2O_5）和钾肥（K_2O）的养分含量分别为每亩 15～16kg、6～8kg 和 12～14kg，磷肥和钾肥与种肥一次性同播，50％的氮肥于大喇叭口期追施。基肥施肥于种子侧下方 3～5cm。与种子分开，防止烧种和烧苗。

三、苗期

玉米播种后，及时浇水，确保一次播种全苗。播种后出苗前，墒情好时可每亩喷施 40％乙·阿合剂 200～250mL 对水 750kg 进行封闭式喷雾；墒情差时，于玉米幼苗 3～5 片可见叶、杂草 2～5 叶期用 4％烟嘧磺隆悬浮剂 100mL 对水 750kg 喷雾。

四、主要气象灾害应对措施

1. 季节性干旱

（1）播种期干旱。播种期土壤墒情低，播种后应及时灌溉，以保障播种全苗；灌溉量不宜太多，每亩 20m³ 左右。

（2）拔节至抽雄期干旱。大喇叭口期为水分敏感期，如果土壤相对含水量低于 70％，应及时灌溉；灌溉量每亩 40～60m³。

（3）开花期至灌浆期干旱。开花至灌浆期，土壤相对含水量低于 70％时，应及时灌溉；灌溉量每亩 40～60m³。

2. 高温

（1）大喇叭口期高温危害特征及对策。

①大喇叭口期为雌雄蕊分化期，为干旱高温敏感期，干旱或高温叠加，当温度超过35℃，容易造成雌雄穗各部位分化差异，可能出现雌雄不调、苞叶短小、顶端缺粒、畸形穗等现象，后期容易发生病虫害及出现黄曲霉的现象。

②大喇叭口期，如遇干旱或高温应及时灌溉，有助于提高空气湿度，缓解高温带来的不良影响；喷施叶面肥（如磷酸二氢钾800～1 000倍液），降温增湿，增强植株抗逆能力。

（2）抽雄扬花期高温危害特征及对策。

①抽雄扬花期，当日最高温度超过30℃，空气湿度小于60%时，或者日最高温度超过35℃，容易发生高温热害（GB/T 21985—2008）；容易造成玉米凸尖、缺粒，影响穗粒数。

②遇持续高温时，可适当灌水；采用人工辅助授粉；喷施叶面肥（如磷酸二氢钾800～1 000倍液），降温增湿，增强植株抗逆能力。

（3）灌浆期高温危害特征及对策。

①灌浆日平均气温高于25℃时，不利于干物质的运输和积累，降低千粒重。

②遇持续高温时，可适当灌溉，但灌溉量不宜大；可采取喷施叶面肥（如磷酸二氢钾800～1 000倍液），降温增湿，增强植株抗逆能力。

3. 低温寡照

（1）抽雄吐丝期。抽雄吐丝期低温寡照，不利于开花授粉，造成花粒，可喷施促开花结果类植物生长调节剂。

（2）灌浆期。灌浆期低温寡照，影响玉米灌浆速率，造成百粒重降低；可以喷施提高植物活性或促生长类植物生长调节剂。

4. 洪涝 玉米苗期为洪涝敏感期，涝渍时间不宜超过2d，应及时排水。

第二十六节　冬小麦、夏玉米周年抗逆稳产技术规程

一、冬小麦、夏玉米周年管理基本原则

冬小麦和夏玉米均采用抗逆优良品种。冬小麦、夏玉米周年播期及施肥量需统筹考虑，冬小麦生育期磷肥和钾肥增加50%，夏玉米生育期磷肥和钾肥减少50%。冬小麦返青水后移为拔节水，规避早春晚霜冻害。夏玉米的播期根据气象灾害发生时间，可适当调整，如晚播应不迟于6月20日。

二、冬小麦

1. 播前准备

（1）品种选择。选择增产潜力大、抗病、抗倒伏能力强的优良品种。鲁东地区选择综合抗逆品种，鲁西北选择抗高温热害品种，鲁西南选择抗干旱及低温品种。

（2）种子处理。选用高效低毒的专用种衣剂包衣，没有包衣的种子要用高效低毒杀虫剂和杀菌剂拌种。

（3）整地。玉米进行秸秆粉碎还田，耕深25cm以上，耕耙配套，地面平整。

（4）基肥。小麦玉米周年，部分磷肥和钾肥前移至冬小麦生长季。每亩基施氮肥（纯氮）10kg 左右、磷肥（P_2O_5）9kg 左右、钾肥（K_2O）7kg 左右、硫酸锌 1.5kg。

2. 播种

（1）播种期。适宜播种期为 10 月 1～15 日。胶东和鲁北地区早播，鲁南地区晚播。适宜范围内，冬性品种早播，半冬性品种晚播。

（2）播种量。在适宜播种期内，每亩基本苗 13 万～18 万株。分蘖成穗率高的中、多穗型品种，每亩基本苗 13 万～15 万株；分蘖成穗率低的大穗型品种，每亩基本苗 15 万～18 万株。适宜播种期之后，每晚播 1d，每亩增加基本苗 0.5 万～1.0 万株。

（3）播种方式。采用宽幅精播，行距 26～28cm，播种深度 3～4cm，播种时进行镇压。

3. 田间管理

（1）冬前管理。11 月上中旬（小麦 3～4 叶期），选择气温在 10℃以上、晴朗无风或微风天气时进行田间化学除草；根据墒情，在 11 月底至 12 月上旬，日平均气温降至 3～5℃时开始浇越冬水，每亩浇水 40～50m³。

（2）春季管理。小麦拔节期，每亩灌水量 40～50m³，结合浇水施氮肥（纯氮）5kg；主要以防治麦田杂草、地下害虫、麦蜘蛛和纹枯病为主。

（3）中后期管理。视墒情浇好抽穗扬花水，每亩灌水量 40m³ 左右。喷灌宜选择无风或微风的天气进行。结合"一喷三防"，进行病虫害防治。

4. 收获　在蜡熟末期至完熟初期进行机械收割，适时抢收。小麦收获时，宜使用秸秆粉碎和抛撒效果好的收获机，留茬高度应≤15cm。

三、夏玉米

1. 播前准备

（1）品种选择。选用产量潜力大、抗逆性强的耐密紧凑型玉米杂交种。

（2）种子处理。选用高效低毒的专用种衣剂包衣，没有包衣的种子要用高效低毒杀虫剂和杀菌剂拌种。

2. 播种

（1）播种。小麦收获后，采用玉米单粒精播机抢茬播种。种植密度为每亩 5 000～6 500 株，播种规格以 60cm 等行距种植为主，也可采用宽窄行种植，宽行 70cm，窄行 50cm，株距根据种植密度确定。播种深度 3～5cm。

（2）基肥。每亩需施氮肥（纯氮）10kg、磷肥（P_2O_5）3kg、钾肥（K_2O）3kg。每亩需增施硫酸锌（$ZnSO_4$）1.0～1.5kg。

3. 田间管理

（1）化学除草。播种后，宜根据杂草种类选用高效低毒、低残留的化学除草剂。墒情好时可在出苗前进行田间封闭式喷雾；墒情差时，于玉米幼苗 3～5 叶、杂草 2～5 叶期进行苗后化学除草。

（2）灌溉与追肥。大喇叭口期结合灌溉或降雨，每亩需施氮肥（纯氮）5kg。

（3）病虫害防治。苗期应进行粗缩病、地老虎、金针虫、二点委夜蛾、二代黏虫、玉米螟、红蜘蛛、蓟马、灰飞虱等病虫害的防治；中后期应及时进行叶斑病、茎基腐病、锈病、玉米蚜、三代黏虫等病虫害防控。

（4）化控。在拔节（第 6 叶展开）到小喇叭口期（9～10 叶展开），对长势过旺的玉米，喷施安全高效的植物生长调节剂；灌浆期遇低温寡照，喷施促生长和成熟类调节剂，提高灌浆效率。

4. 收获 宜适期晚收，使用玉米联合收获机在成熟期即苞叶变成黄白色、籽粒乳线基本消失、基部黑层出现时收获。

第二十七节 冬小麦、夏玉米周年农业气象灾害防控技术规程

一、冬小麦主要气象灾害应对措施

1. 季节性干旱

①苗期干旱。土壤水分低于 60％，影响出苗，应及时灌溉，保证出苗率。每亩灌水量不宜太多，10～20m³ 为宜。

②越冬期干旱。浇冻水过早或气候反常，导致表土干燥。干土层达到 3cm 开始产生不利影响；5cm 时，影响严重；8cm 时，可能死亡。应灌好越冬水，每亩灌水量在 40～60m³。

③返青拔节期干旱。当返青拔节期土壤含水量低于相对含水量 60％时，应适时灌溉；根据气象灾害发生规律，可适当晚浇水，在拔节期灌溉，每亩灌水量在 40～60m³。

④开花灌浆期干旱。当开花期灌浆期土壤含水量低于相对含水量 65％时，分蘖成穗率会显著降低；抽穗开花期低于 70％，会降低结实率。

2. 越冬期冻害

①冬前积温增加，容易导致冬小麦旺长，应预防越冬期冻害。

②越冬期土壤含水量低，容易导致越冬期冻害。

3. 返青拔节期霜冻害 早春持续低温，化冻晚，推迟返青；缩短了穗分化期，导致穗粒数减少；起身后持续低温，抽穗推迟，灌浆期缩短，粒重下降。

应及时灌溉，或叶面喷施叶面肥或调控制剂。

4. 干热风 冬小麦灌浆期日最高温度大于等于 32℃、14 时相对湿度小于等于 30％、风速大于等于 2m/s 时，冬小麦即发生轻度干热风危害；日最高温度大于等于 35℃，14 时相对湿度小于等于 25％，风速大于等于 2.5m/s 时，冬小麦即发生重度干热风危害。干热风发生时，可喷施叶面肥，不仅有助于降低温度，而且有助于灌浆。有条件地区可微量喷灌，能够调节空气温湿度。

二、夏玉米主要气象灾害应对措施

1. 季节性干旱

①播种期干旱。播种期土壤墒情低，播种后应及时灌溉，以保障播种全苗；灌溉量不宜太多，每亩 10～20m³。

②拔节至抽雄期干旱。大喇叭口期为水分敏感期，如果土壤相对含水量低于70％，应及时灌溉；灌溉量每亩40～60m³。

③开花期至灌浆期干旱。开花至灌浆期，土壤相对含水量低于70％时，应及时灌溉；灌溉量每亩40～60m³。

2. 高温

①大喇叭口期高温危害特征及对策。

a. 大喇叭口期为雌雄蕊分化期，为干旱高温敏感期，干旱或高温叠加，当温度超过35℃，容易造成雌雄穗各部位分化差异，可能出现雌雄不调、苞叶短小、顶端缺粒、畸形穗等现象，后期容易发生病虫害及出现黄曲霉的现象。

b. 大喇叭口期，如遇干旱或高温应及时灌溉，有助于提高空气湿度，缓解高温带来的不良影响；喷施叶面肥（如磷酸二氢钾800～1 000倍液），降温增湿，增强植株抗逆能力。

②抽雄扬花期高温危害特征及对策。抽雄扬花期，当日最高温度超过30℃，空气湿度小于60％时，或者日最高温度超过35℃，容易发生高温热害；容易造成玉米凸尖、缺粒，影响穗粒数。遇持续高温时，可适当灌水；采用人工辅助授粉；喷施叶面肥（如磷酸二氢钾800～1 000倍液），降温增湿，增强植株抗逆能力。

③灌浆期高温危害特征及对策。灌浆日平均气温高于25℃时，不利于干物质的运输和积累，降低千粒重。遇持续高温时，可适当灌溉，但灌溉量不宜大；可采取喷施叶面肥（如磷酸二氢钾800～1 000倍液），降温增湿，增强植株抗逆能力。

3. 低温寡照

①抽雄吐丝期。抽雄吐丝期低温寡照，不利于开花授粉，造成花粒，可喷施促开花结果类植物生长调节剂。

②灌浆期。灌浆期低温寡照，影响玉米灌浆速率，造成百粒重降低；可以喷施提高植物活性或促生长类植物生长调节剂。

4. 洪涝　玉米苗期为洪涝敏感期，涝渍时间不宜超过2d，应及时排水。

第二十八节　夏玉米高温逆境减灾栽培技术规程

一、播前准备

1. 品种选择　选用雄穗分枝多、抗逆性强的优质品种。种子纯度≥98％，发芽率≥85％，净度≥98％，含水量≤13％。

2. 种子处理　选择高效低毒无公害的玉米种衣剂。可用5.4％吡·戊玉米种衣剂包衣，控制苗期灰飞虱、蚜虫、粗缩病、丝黑穗病和纹枯病等。或采用戊唑醇、福美双、三唑酮等药剂拌种，可以减轻玉米丝黑穗病的发生，用辛硫磷、毒死蜱等药剂拌种，防治地老虎、金针虫、蝼蛄、蛴螬等地下害虫。

二、播种期

1. 播种时间　根据高温发生时间及开花授粉时间，选择适宜播期。适宜播期为6月上中旬。小麦收获后播种玉米，鲁西北及鲁西南地区，可适当晚播，但是不宜晚于6月

20日。

2. 播种量 紧凑型玉米品种每亩留苗4 500～5 000株，紧凑大穗型品种留苗3 500～4 000株，留苗密度可根据品种特性适当调整。

3. 播种方式 麦收后，夏直播，采用等行60cm或大小行（70cm、50cm）足墒机械播种，根据墒情酌情浇水，高温严重地区宜采用大小行播种；有条件地区可以不同抗逆品种间播或混播（红芯和白芯，生育期接近）。

4. 种肥 施肥量为氮肥（N）、磷肥（P_2O_5）和钾肥（K_2O）的养分含量分别为每亩15～16kg、6～8kg和12～14kg，磷肥和钾肥与种肥一次性同播，50％的氮肥于大喇叭口期追施。基肥施肥于种子侧下方3～5cm。与种子分开，防止烧种和烧苗。

三、苗期

玉米播种后，及时浇水，确保实行玉米一次播种全苗。播种后出苗前，墒情好时可每亩直接喷施40％乙·阿合剂等200～250mL对水750kg进行封闭式喷雾；墒情差时，于玉米幼苗3～5片可见叶、杂草2～5叶期用4％烟嘧磺隆悬浮剂100mL对水750kg喷雾。

四、高温应对措施

1. 大喇叭口期高温危害特征及对策

①大喇叭口期为雌雄蕊分化期，也是干旱高温敏感期，干旱或高温叠加，当温度超过35℃，容易造成雌雄穗各部位分化差异，可能出现雌雄不调、苞叶短小、顶端缺粒、畸形穗等现象，后期容易发生病虫害及出现黄曲霉的现象。

②大喇叭口期，如遇干旱或高温应及时灌溉，有助于提高空气湿度，缓解高温带来的不良影响；喷施叶面肥（如磷酸二氢钾800～1 000倍液），降温增湿，增强植株抗逆能力。

2. 抽雄扬花期高温危害特征及对策

①抽雄扬花期，当日最高温度超过30℃，空气湿度小于60％时，或日最高温度超过35℃，容易发生高温热害；容易造成玉米凸尖、缺粒，影响穗粒数。

②遇持续高温时，可适当灌水；采用人工辅助授粉；喷施叶面肥（如磷酸二氢钾800～1 000倍液），降温增湿，增强植株抗逆能力。

3. 灌浆期高温危害特征及对策

①灌浆日平均气温高于25℃时，不利于干物质的运输和积累，降低千粒重。

②遇持续高温时，可适当灌溉，但灌溉量不宜大；可采取喷施叶面肥（如磷酸二氢钾800～1 000倍液），降温增湿，增强植株抗逆能力。

第二十九节　夏玉米水肥一体全程机械化技术规程

一、设备与材料

滴灌系统包括：水源部分、首部枢纽、输配水管网和滴水器。夏玉米滴灌水肥一体化机械化技术田间管网布局设计以及设备安装应符合GB/T 50363—2006、GB/T 50485—2005、NY/T 2623—2007规定。

1. 首部枢纽　包含水泵、控制阀、空气阀、测量控制仪表、过滤系统、施肥装置。对于工作压力或流量变幅较大的滴灌系统，应选配变频调速设备。

（1）过滤器。根据水源水质情况选配过滤器。过滤水中的沙石，可选用离心式过滤器作一级过滤设备；过滤水中有机杂质和其他杂质，可选用网式、离心式或沙石介质式过滤器作二级过滤设备。泥沙很细且较多时，可考虑在一级过滤前用沉淀池先进行预处理。过滤器可安装在滴灌首部枢纽处。灌溉一段时间后，过滤器要打开清洗。

（2）施肥器。可选用压差式、文丘里式、注射泵式施肥器。注射泵式施肥器一般用在系统首部较多，田间小区多用压差式或文丘里式施肥器。安装于过滤器前面，以防未溶解的化肥颗粒堵塞滴水器。施肥装置应按要求配置各种阀门和进排气阀，以便于操作控制和保障管道安全运行。应根据设计流量大小、肥料和化学药物的性质选择，应配套必要的人身安全防护措施。

（3）控制及测量设备。主要包括控制阀、进排气阀、冲洗排污阀、水表、压力表等，各种手动、机械操作或电动操作的闸阀，如水力自动控制阀、流量调节器等。控制阀、进排气阀和冲洗排污阀要求止水性好、耐腐蚀、操作灵活。水表要求阻力损失小、灵敏度高、量程适宜。压力表的精度不应低于 1.5 级，量程应为系统设计压力的 1.3～1.5 倍。

2. 输配水管网　包括干管、支管以及必要的调节设备（如压力表、闸阀、流量调节器等），将加压水均匀地输送到滴灌带。根据水源压力和滴灌面积来确定滴灌管道的安装级数。一般采用二级管道，即干管和支管。管道可采用薄壁 PE 管。

3. 滴灌带（管）　滴灌带（管）技术参数应符合 GB/T 17187—2009 要求。滴灌管（带）技术参数应符合 GB/T 17187—2009 要求。选用内镶贴片式滴灌带，滴头出水量 1.8～2.0L/h，滴头距离 30cm。等行距播种时滴灌管铺设在苗带上，大小行播种时滴灌管铺设在小行中间，滴灌管距离苗 7～10cm。

4. 设备调试与维护　设备管带布置好后要注意检查，保证滴灌管网正常运行。定期检查、及时维修系统设备，每次滴灌前检查管道接头、滴灌管（带），防止漏水，如有漏水及时修补；收获前及时将田间滴灌管及施肥罐等设备收回。

二、播种

1. 品种选择　选择耐密、株型紧凑、茎秆坚韧、抗逆性强、脱水快、适宜机械化收获的高产玉米品种。精选后的种子，要求种子纯度≥98%、发芽率≥90%、净度≥98%、含水量≤13%。选用经过包衣处理的商品种子。若种子没有包衣，可选用 5.4% 吡·戊玉米种衣剂包衣，或使用 70% 吡虫啉悬浮种衣剂拌种。

2. 麦茬处理　免耕残茬覆盖，小麦收获时，采用带秸秆切碎（粉碎）的联合收获机，留茬高度≤15cm，秸秆切碎（粉碎）长度≤10cm，秸秆切碎（粉碎）合格率≥90%，并均匀抛撒，残茬覆盖率≥85%。

3. 播种作业　选用集播种、铺管、施肥于一体的滴灌铺管播种机进行播种，播深 5～6cm 为宜。可采用等行或大小行播种，等行距一般为 60cm，大小行时，大行距应为 80cm，小行距为 40cm。采用精量单粒播种，根据品种特性选择适宜种植密度。

三、水肥管理

1. 水分管理　自然降雨与补水灌溉相结合，玉米生长前期要控水，中期适当增加灌水量。灌水次数与灌水量依据玉米需水规律、灌前土壤墒情及降雨情况确定。灌溉水质应符合 GB 5084—2005 规定，在足墒播种的情况下，苗期一般不需浇水，控上促下，如遇干旱必须进行灌溉，苗期—拔节、拔节—扬花、扬花—灌浆中期、灌浆后期各阶段田间相对含水量分别保证 60%、70%、75% 和 60% 以上。如果遇上涝灾应及时排涝。玉米前期淹水时间不应超过 0.5d。生长中后期对涝渍敏感性降低，淹水不得超过 1d。

2. 肥料管理　肥料应选用水溶性肥料或液体肥料。肥料选择应符合 NY 1107—2010、NY 1428—2010、NY 2266—2012、NY/T 496—2010 相关规定。有机肥及非水溶性肥料基施；施肥量按照养分平衡法计算，滴灌水肥一体化条件下建议每生产 100kg 籽粒施用氮（N）2.2kg、磷（P_2O_5）1kg、钾（K_2O）2kg 计算，施肥量（kg/cm）＝（作物单位产量养分吸收量×目标产量－土壤测定值×0.15×土壤有效养分校正系数)/(肥料养分含量×肥料利用率）。播种、玉米大喇叭口期、抽雄吐丝期、灌浆期施肥比例：氮肥为 30%、40%、20%、10%；磷肥为 40%、30%、20%、10%；钾肥为 40%、40%、20%、0；大喇叭口期建议添加镁≥0.5%、硼≥0.1%、锌≥0.1%。

3. 滴灌施肥　滴灌前，先滴清水 20~30min，待滴灌管得到充分清洗，土壤湿润后开始施肥，灌水及施肥均匀系数达到 0.8 以上；施肥时，将配比好的可溶性化肥溶于施肥罐中，随水施入作物根部。施肥期间及时检查，确保滴水正常；施肥结束后，继续滴清水 20~30min，将管道中残留的肥液冲净。

四、病虫草害防治

按照"预防为主，综合防治"的原则，合理使用化学防治。

1. 杂草防治　出苗前防治，可在播种时同步均匀喷施 40% 乙·阿合剂 200~250mL，或 33% 二甲戊乐灵乳油 0.1L 或 72% 异丙甲草胺乳油 80mL 对水 750L，在地表形成一层药膜。出苗后防治，可在玉米幼苗 3~5 叶、杂草 2~5 叶期喷施 4% 烟嘧磺隆悬浮剂 100mL 对水 750L。

2. 病虫防治　玉米生育期间主要病害有粗缩病、锈病等；虫害有二代黏虫，玉米螟、红蜘蛛、蓟马、玉米蚜、三代黏虫、玉米穗虫等。锈病防治：发病初期用 25% 三唑酮可湿性粉剂 1 000~1 500 倍液，或用 50% 多菌灵可湿性粉剂 500~1 000 倍液喷雾防治。苗期黏虫、蓟马防治：黏虫可用灭幼脲、辛硫磷乳油等喷雾防治，蓟马可用 5% 吡虫啉乳油 2 000~3 000 倍液喷雾防治。玉米螟防治：在小口期（第 9~10 叶展开），用 1.5% 辛硫磷颗粒剂 0.25kg，掺细沙 7.5kg，混匀后于傍晚撒入心叶，每株 1.5~2g。有条件的地方，当田间百株卵块达 3~4 块时释放松毛虫赤眼蜂，防治玉米螟幼虫。也可以在玉米螟成虫盛发期用黑光灯诱杀。

五、收获

1. 滴灌设备回收　收获前 1 周将滴灌管收起，以利于机械化收获。采用滴灌管带回收机械及时回收滴灌带、支管等。

2. 收获时间　根据玉米成熟度适时进行机械收获作业，提倡适当晚收。即籽粒乳线基本消失、基部黑层出现时收获，收获后及时晾晒。

3. 作业要求　根据地块大小和种植行距及作业要求选择合适的联合收获机。籽粒损失率≤2%，果穗损失率≤3%，籽粒破碎率≤1%，果穗含杂率≤3%，苞叶未剥净率＜15%，秸秆粉碎长度≤5cm，切碎合格率≥90%，留茬高度≤8cm，覆盖率≥80%。